斯尔教育
SINCERE EDU

只做好题

税法（Ⅰ）

税务师职业资格考试辅导用书·基础进阶 全2册·上册

斯尔教育　组编

北京理工大学出版社
BEIJING INSTITUTE OF TECHNOLOGY PRESS
·北京·

图书在版编目（CIP）数据

只做好题. 税法. Ⅰ：全2册 / 斯尔教育组编. --
北京：北京理工大学出版社, 2024.6
税务师职业资格考试辅导用书. 基础进阶
ISBN 978-7-5763-4123-2

Ⅰ. ①只… Ⅱ. ①斯… Ⅲ. ①税法–中国–资格考试–习题集 Ⅳ. ①F810.42-44

中国国家版本馆CIP数据核字(2024)第110445号

责任编辑：武丽娟　　**文案编辑**：武丽娟
责任校对：刘亚男　　**责任印制**：边心超

出版发行 / 北京理工大学出版社有限责任公司
社　址 / 北京市丰台区四合庄路6号
邮　编 / 100070
电　话 /（010）68944451（大众售后服务热线）
（010）68912824（大众售后服务热线）
网　址 / http://www.bitpress.com.cn

版 印 次 / 2024年5月第1版第1次印刷
印　刷 / 三河市中晟雅豪印务有限公司
开　本 / 787mm×1092mm　1/16
印　张 / 17
字　数 / 439千字
定　价 / 32.70元（全2册）

·开卷必读·

只学习不做题，等于无效学习，任何一个考试都离不开做题。在备考的过程中，至少要花费 50% 的时间和精力在做题上，但是，千万不要盲目地做题，一定要会做题，做好题。这本《只做好题·税法（Ⅰ）》一定是你备考税务师的绝佳之选。

这本书是在经过了大量的真题研究之后精心编写而成，与真题的契合度以及知识点的覆盖度都很高，只要能够充分利用，认真研习训练，完全可以达到通过考试的目的。通过考试不能凭运气，要靠实力，做题技巧也是实力的一部分。通过这本书，你将会掌握实用的做题技巧，建立正确的做题思路，提高做题速度，进而顺利通过考试。

2024 年的《只做好题·税法（Ⅰ）》在栏目上做了重大升级：

每个章节分为“做经典”“做新变”两个部分。

其中，“做经典”部分的习题，多是对历年真题的改编，尽可能帮助同学们还原真实的考试难度，客观公正地评估税务师考试的难度，这部分题目也是各位同学在复习阶段必须完成的题。

“做新变”部分的习题，以当年教材的“新变”考点作为命题点，该部分习题契合了税务师考试“逢新必考”的特点，以帮助同学们尽早理清当年教材的变化，并提早应对。

如何才能充分地利用好这本书。

第一，这本书是和对应科目的“打好基础”配套的，在学完“打好基础”每一章之后，都要去做对应章节的题目，及时地对知识点进行巩固。

第二，一定要培养独立解题的能力，虽然每道题目的后面都附有详细的解析，但是你必须先自己思考，遇到不会的题目，可以去翻看讲义或者笔记，想办法自己解决，待所有题目完成之后，统一对照答案表，再根据解析掌握正确的解题思路。

第三，复盘的重要性，对于拿不准的题目和做错的题目都要进行标记，这些都是学习过程中掌握不够扎实的知识点，需要进行二次复盘，查漏补缺，这才是做题的主要目的和意义，在复盘的过程中，你的能力会得到极大的提升。

第四，也许一开始你的错误率会很高，但是不要丧失信心，这是一个循序渐进的过程，随着不断深入学习，你的正确率一定会节节攀升，最终达到一个满意的结果。

命运不会偏袒任何人，却会眷顾努力上进的人，低头耕耘，静待花开，好好做题，成功上岸！

· 目　录 ·

第一章　税法基本原理

一、单项选择题

1.1 从立法过程看，税法属于（　　）。

A. 制定法　　B. 习惯法

C. 义务性法规　　D. 综合性的法律

1.2 下列关于税收和税法的表述中，说法正确的是（　　）。

A. 国家征税依据的是财产权力

B. 税收具有强制性、无偿性、规范性的特征

C. 税收是国家与纳税人之间形成的以国家为主体的社会剩余产品分配关系

D. 税法调整的是税收分配关系

1.3 下列属于税法基本原则的是（　　）。

A. 税收合作信赖主义　　B. 法律不溯及既往

C. 新法优于旧法　　D. 特别法优于普通法

1.4 下列各项中，体现实质课税原则的是（　　）。

A. 税法主体的权利义务必须由法律加以规定

B. 应根据纳税人的真实负担能力决定纳税人的税负

C. 没有充足证据税务机关不能对纳税人是否依法纳税有所怀疑

D. 税收负担必须根据纳税人的负担能力分配

1.5 关于税法适用原则的说法，正确的是（　　）。

A. 新法优于旧法打破了法律等级效力

B. 实体法不具备溯及力，程序法在一定条件下具备溯及力，体现了程序优于实体原则

C. 提请税务行政复议必须缴清税款或提供纳税担保，体现了程序优于实体原则

D. 法律优位原则中税收行政规章的效力高于税收行政法规

1.6 下列属于最常见的税法失效宣布方式的是（　　）。

A. 税法本身规定失效的日期　　B. 授权地方政府自行确定失效日期

C. 直接宣布某项税法失效　　D. 以新税法代替旧税法

1.7 下列关于税法解释的说法中，正确的是（　　）。

A. 行政解释是国家税务机关在执法过程中对税收法律、法规等如何具体应用所作的解释，可以直接作为判案依据

B. 最高人民法院作出的审判解释、最高人民检察院作出的检察解释可以作为判案依据

C. 字面解释是指对税法条文所进行的窄于其字面含义的解释

D. 法定解释是针对具体法律条文、事件或案件作出的，所以不具有普遍性和一般性

1.8 下列关于税法作用的说法中，错误的是（　　）。

A. 税法是税收根本职能得以实现的法律保障

B. 不确定的税法指引主要是通过税法的义务性法规来实现的

C. 税法是监督管理宏观经济的重要手段

D. 税法的强制作用是税收强制性的法律依据

1.9 下列关于税法与行政法关系的说法中，正确的是（　　）。

A. 税法和行政法都属于义务性法规

B. 税法和行政法都是调整国家机关之间、国家机关与法人或自然人之间的法律关系

C. 税法和行政法都具有经济分配的性质

D. 税法和行政法都与社会再生产密切相连

1.10 下列关于税法与其他部门法的关系，正确的是（　　）。

A. 税法和刑法都具备明显的强制性

B. 税法与民法调整的都是财产关系和人身关系

C. 税法和刑法都属于义务性法规

D. 对税收犯罪和刑事犯罪的司法调查程序不一致

1.11 下列关于税收法律关系的表述中，正确的是（　　）。

A. 纳税人履行纳税义务会引起税收法律关系发生变更

B. 纳税人自身的组织状况发生变化会导致税收法律关系消灭

C. 某些税法的废止会导致税收法律关系消灭

D. 税法是税收法律关系产生的标志

1.12 下列关于税收法律关系的说法中，正确的是（　　）。

A. 不同种类的纳税主体，在税收法律关系中享受的权利和承担的义务也不尽相同

B. 税收法律关系是双主体，其中税务机关是真正意义上的征税主体

C. 税收法律关系的客体是指税收法律关系主体所享有的权利和所承担的义务

D. 在税收法律关系中，征税主体具有征收的权利，不承担义务；纳税主体承担纳税义务，不具有权利

1.13 关于纳税人和负税人，下列说法错误的是（　　）。

A. 所得税的纳税人和负税人通常是一致的

B. 负税人是实际负担税款的单位和个人

C. 造成纳税人和负税人不一致的主要原因是税负转嫁

D. 代扣代缴义务人是纳税人，不是负税人

1.14 下列关于税法要素的说法中，正确的是（　　）。

A. 征税对象是区别一种税与另一种税的最主要标志

B. 计税依据是对课税对象质的表现，代表征税的广度

C. 税源是税收制度的核心和灵魂

D. 税目是对课税对象量的表现，代表课税的深度

1.15 下列关于税目的表述中，正确的是（　　）。

A. 粗列举税目的优点是税目较少，查找方便

B. 消费税中的“小汽车”属于细列举税目

C. 小概括税目的缺点是税目过多，不便于查找，不利于征管

D. 所有税种都需要规定税目

1.16 对个人销售额未达起征点的，免征增值税；对达到起征点的，依照规定全额计算增值税。该项税收优惠是（　　）。

A. 税率式减免　　B. 核定征收

C. 税额式减免　　D. 税基式减免

1.17 下列减免税中，属于税率式减免的是（　　）。

A. 零税率　　B. 免征额

C. 起征点　　D. 抵免税额

1.18 下列各课税要素，与纳税期限的选择密切相关的是（　　）。

A. 计税依据　　B. 纳税环节

C. 课税对象的性质　　D. 纳税人

1.19 我国划分税收立法权的直接法律依据主要是中华人民共和国的（　　）。

A.《税收征收管理法》　　B.《立法法》

C.《税务部门规章制定实施办法》　　D.《宪法》和《立法法》

1.20 关于税务规章规定的事项，下列说法正确的是（　　）。

A. 税务规章规定的事项指县以上税务机关依照法定职权制定并公布的事项

B. 税务规章可以设定增加本部门权力的法定职责

C. 税务规章由国家税务总局负责解释

D. 可以根据实际情况单独制定

1.21 关于税务规范性文件的事项，下列说法正确的是（　　）。

A. 属于立法行为，效力低于税务行政规章

B. 税务规范性文件解释权由制定机关负责解释

C. 各级税务机关的内设机构，可以自己的名义制定税务规范性文件

D. 税务规范性文件的名称可以使用“通知”“批复”

1.22 下列各项法律法规中，由国务院制定的是（　　）。

A.《中华人民共和国税收征收管理法实施细则》

B.《中华人民共和国增值税暂行条例实施细则》

C.《中华人民共和国个人所得税法》

D.《税务代理试行办法》

1.23 下列关于税收执法与税收司法的说法中，正确的是（　　）。

A. 税收行政司法以具体税收行政行为为审查对象，因此对具体行政行为提出复议申请时，不得一并向复议机关提出对该规范性文件的审查申请

B. 税收执法监督的主体是税务机关及其工作人员

C. 根据税收优先权，税款的征收优先于罚款、没收违法所得

D. 税收执法的基本原则仅局限于合法性原则

1.24 关于税收执法监督，下列表述正确的是（　　）。

A. 税收执法监督的对象是纳税人和其他税务行政相对人

B. 重大税务案件审理制度属于事中监督

C. 税务机关的人事任免属于税收执法监督的监督范围

D. 税收执法监督的主体是司法机关、审计机关

二、多项选择题

1.25 关于税法效力的表述，下列说法正确的有（　　）。

A. 一般而言，税收程序法多采用从新原则

B. 对于重要税法个别条款的修订，目前大多采用自通过发布之日起生效的方式

C. 税法的时间效力是指税法何时生效、何止终止效力的问题

D. 税法的效力范围表现为空间效力、时间效力和对人的效力

E. 我国税法采用的是属地原则

1.26 关于税法与民法的关系，下列说法正确的有（　　）。

A. 民法与税法中权利义务关系都是对等的

B. 民法原则总体上不适用于税收法律关系的建立和调整

C. 税法大量借用了民法的概念、规则和原则

D. 涉及税务行政赔偿的可以适用民事纠纷处理的调解原则

E. 税法的合作依赖原则与民法的诚实信用原则是对抗的

1.27 下列关于税法基本原则的表述中，正确的有（　　）。

A. 税收法律主义要求税务行政机关必须严格依据法律的规定稽核征收，而无权变动法定课税要素和法定征收程序

B. 通过转移定价或其他方式减少计税依据的，税务机关有权调整，体现的是税收公平主义

C. 税收合作信赖主义认为税收征纳双方的关系就其主流来看是相互信赖、相互合作的，而不是对抗性的

D. 只要纳税人和税务机关就减免税、退补税和延期纳税等问题达成一致，就不违反税收法律主义

E. 实质课税的意义在于防止纳税人的避税与偷税，增强税法适用的公正性

1.28 下列属于引起税收法律关系消灭原因的有（　　）。

A. 纳税义务的免除

B. 税法修订或调整

C. 因不可抗力造成破坏损失

D. 纳税人经营或财产情况发生变化

E. 纳税人履行纳税义务

1.29 下列属于减免税基本形式的有（　　）。

A. 税额式减免

B. 加计式减免

C. 税基式减免

D. 法定式减免

E. 税率式减免

1.30 下列各项中，属于减免税基本形式中的税额式减免的有（　　）。

A. 跨期结转

B. 重新确定税率

C. 核定减免率

D. 另定减征税额

E. 减半征收

1.31 下列关于税率的说法中，正确的有（　　）。

A. 实际税率常常低于名义利率

B. 我国目前采用的累进税率形式有全额累进、超额累进和超率累进

C. 边际税率大于平均税率

D. 负税率是政府利用税收形式对所得额低于特定标准的家庭或个人给予补贴的比例

E. 比例税率分为产品比例税率、行业比例税率、地区差别比例税率、有幅度比例税率

1.32 下列关于税率的说法中，正确的有（　　）。

A. 城镇土地使用税采用地区差别定额税率

B. 车辆购置税采用幅度比例税率

C. 土地增值税采用超率累进税率

D. 环境保护税采用定额税率

E. 消费税采用地区差别比例税率

1.33 按照税收实体法要素的规定，下列表述正确的有（　　）。

A. 纳税人是税法中规定的负担税款的单位和个人，包括自然人和法人

B. 流转税在生产和流通环节纳税，所得税在分配环节纳税

C. 当纳税人收入超过起征点时，只就超过的部分征税

D. 同一税种，纳税人生产经营规模大、应纳税额多的，纳税期限短，反之则纳税期限长

E. 税率是税收制度的核心和灵魂

1.34 税收程序法的主要制度包括（　　）。

A. 表明身份制度

B. 回避制度

C. 职能分离制度

D. 听证制度

E. 欠税管理制度

1.35 行政机关作出的下列行政处罚中，当事人要求听证的，行政机关应当组织听证的有（　　）。

A. 较大数额罚款

B. 没收较大数额违法所得

C. 暂扣许可证

D. 降低资质等级

E. 责令停产停业

1.36 我国目前已立法税种包括（　　）。

A. 烟叶税

B. 企业所得税

C. 土地增值税

D. 契税

E. 消费税

1.37 下列税收文件属于税收法规的有（　　）。

A.《中华人民共和国税收征收管理法实施细则》

B.《中华人民共和国个人所得税法实施条例》

C.《中华人民共和国资源税法》

D.《中华人民共和国企业所得税法》

E.《税务部门规章制定实施办法》

1.38 税收执法合法性原则的具体要求体现在（　　）。

A. 执法对象合法

B. 执法主体法定

C. 执法内容合法

D. 执法根据合法

E. 执法程序合法

1.39 税收司法行为应当遵循的基本原则有（　　）。

A. 税收司法独立性原则

B. 税收司法中立性原则

C. 税收司法谨慎性原则

D. 税收司法及时性原则

E. 税收司法监督性原则

1.40 下列关于税收司法的说法中，正确的有（　　）。

A. 对税务机关作出的征税行为不服，属于税收行政诉讼具体的受案范围

B. 税收民事司法包括税收优先权、税收代位权和税收撤销权

C. 税收刑事司法以《刑法》和《刑事诉讼法》为法律依据

D. 保障纳税人的合法权益是税收行政司法制度的重要内容

E. 税收司法的主体是税务机关

错题整理页

第二章　增值税

一、单项选择题

2.1　关于增值税纳税人的规定，下列说法正确的是（　　）。

A. 境外单位在境内提供应税劳务，一律以购买者为纳税人

B. 承包经营，以发包方的名义对外经营且由发包方承担法律责任的，以发包方为纳税人

C. 建筑企业与发包方签订合同后，内部授权给第三方提供建筑服务，则第三方和建筑企业均负有增值税的纳税义务

D. 在运输工具舱位承包业务中，承包方无须缴纳增值税，以发包方为纳税人

2.2　下列纳税人，必须办理一般纳税人登记的是（　　）。

A. 其他个人

B. 非企业性单位

C. 不经常发生应税行为的单位

D. 年应税销售额超过 500 万元且经常发生应税行为的工业企业

2.3　根据增值税纳税人登记管理的规定，下列说法错误的是（　　）。

A. 非企业性单位、不经常发生应税行为的企业，可以选择按小规模纳税人纳税

B. 年应税销售额超过 500 万元的非企业性单位，可选择按照小规模纳税人纳税

C. 纳税人登记为一般纳税人后，如果年应税销售额未超过标准，可以转为小规模纳税人

D. 纳税人偶然发生的销售无形资产、转让不动产的销售额，不计入应税行为年应税销售额

2.4　关于纳税人登记年应税销售额的说法中，正确的是（　　）。

A. 免税销售额和税务机关代开发票销售额应计入年应税销售额

B. 计算年应税销售额中的经营期不含未取得销售收入的月份或季度

C. 稽查查补和纳税评估调整的销售额需计入税款所属期

D. 年应税销售额是指纳税人在一个会计年度内累计应征增值税销售额

2.5　根据增值税征税范围的规定，下列说法正确的是（　　）。

A. 纳税人销售的外卖食品，按照“销售货物”缴纳增值税

B. 无运输工具承运业务，应当按照“经纪代理服务”缴纳增值税

C. 固定电话和宽带的初装费，按照“建筑服务——安装服务”缴纳增值税

D. 融资性售后回租，按照“租赁服务”缴纳增值税

2.6　下列增值税应税服务项目中，应按照“金融服务”计征增值税的是（　　）。

A. 融资性售后回租业务中承租人出售资产的行为

B. 以货币资金投资收取的保底利润

C. 融资租赁业务中的租金收入

D. 被保险人获得的保险赔付

2.7　下列应税行为中，不属于增值税“现代服务”征收范围的是（　　）。

A. 逾期票证收入

B. 度假村提供会议场地及配套服务

C. 为电信企业提供的基站天线等塔类站址管理业务

D. 纳税人对安装运行后的机器设备提供的维护保养服务

2.8　下列应税行为中，不属于“现代服务——租赁服务”的是（　　）。

A. 道路通行费

B. 建筑物、构筑物广告位出租

C. 纳税人以长（短）租形式出租酒店式公寓并提供配套服务

D. 出租建筑施工设备，不配备操作人员

2.9　根据增值税金融服务的有关规定，下列说法错误的是（　　）。

A. 单位转让非上市公司的股权，不缴纳增值税

B. 单位转让上市公司的股票，不缴纳增值税

C. 持有上市公司股票取得的股息收入，不缴纳增值税

D. 持有非上市公司股权取得的股息收入，不缴纳增值税

2.10　下列行为属于在我国境内销售无形资产、不动产或服务，应缴纳增值税的是（　　）。

A. 境外单位销售位于我国境内的不动产

B. 境内单位销售位于境外的不动产

C. 境外单位向境内单位销售完全在境外使用的无形资产

D. 境外单位向境内单位提供会议展览地点在境外的会议展览服务

2.11　下列情形，应征收增值税的是（　　）。

A. 德国H公司向我国D公司销售德国境内自然资源的自然资源使用权

B. 美国G公司向我国C公司提供在美国境内的会议展览服务

C. 法国E公司向我国A公司销售位于我国境内的办公楼

D. 英国F公司向我国B公司销售完全在英国境内使用的无形资产

2.12　企业取得的下列收入，不征收增值税的是（　　）。

A. 供电企业收取的并网费

B. 经营单位购入罚没物品再销售取得的收入

C. 房屋租赁费

D. 存款利息

2.13 企业取得的下列收入，征收增值税的是（ ）。

A. 融资性售后回租业务中，承租方出售资产的行为

B. 纳税人取得的与销售收入及数量直接挂钩的财政补贴

C. 售卡或者持卡人充值取得的充值或预收资金

D. 单位或者个体工商户为员工提供应税服务

2.14 C公司为增值税一般纳税人，主要生产节能灯，其生产销售的节能灯按政府指导价定价为30元/只。同时，C公司每销售1只节能灯，可申请不含税财政补贴10元，2024年2月，C公司共收到该项财政补贴350万元。此外，当地政府为支持C公司更新设备，通过财政补贴方式拨付C公司1000万元。上述财政补贴的销项税额为（ ）万元。

A.0

B.45.50

C.130.00

D.175.50

2.15 下列业务属于增值税视同销售的是（ ）。

A. 单位的员工为本单位提供取得工资的服务

B. 将不动产无偿转让用于公益事业

C. 将货物交付其他单位代销

D. 设有两个机构并实行统一核算的纳税人，将货物从一个机构移送同一县（市）其他机构用于销售

2.16 下列业务不属于增值税视同销售的是（ ）。

A. 单位以自建的房产捐赠给关联企业

B. 单位无偿为关联企业提供建筑服务

C. 单位无偿为公益事业提供建筑服务

D. 单位无偿向其他企业提供建筑服务

2.17 甲公司为增值税一般纳税人，2023年1月出租2018年购置的仓库，租期为1年。第1个月为免租期，每月租金2万元/月（不含税），每季度初支付。1月收到首季度租金4万元，上述业务甲公司应纳销项税额为（ ）万元。

A.0.36

B.0.54

C.1.98

D.2.16

2.18 下列属于混合销售行为的是（ ）。

A. 某建筑公司销售自产机器设备的同时提供安装服务

B. 某广告公司同时为客户提供的设计服务和装饰服务

C. 某家具城销售家具的同时提供送货上门服务

D. 某建材市场销售建材给A客户，为B客户提供装饰服务

2.19 某建筑生产企业为增值税一般纳税人，2022 年 6 月销售自产的活动板房给某工地，并为其提供安装服务，该活动板房不含税价款为 230 万元，安装服务费为 4 万元（含税），该企业选择适用一般计税方法，则该企业当月销项税额为（　　）万元。

A.21.06

B.30.42

C.30.36

D.30.23

2.20 关于单用途商业预付卡增值税的规定，下列说法正确的是（　　）。

A. 售卡方可以向购卡人开具增值税专用发票

B. 持卡人使用单用途卡购买货物时，货物的销售方可以开具增值税普通发票

C. 持卡人使用单用途卡购买货物时，货物的销售方不缴纳增值税

D. 售卡方因发行单用途卡并办理相关资金收付结算业务时，取得的手续费应按规定缴纳增值税

2.21 下列项目中，2019 年 4 月 1 日后适用增值税 13% 税率的货物的是（　　）。

A. 肉桂油

B. 葡萄籽油

C. 巴氏杀菌乳

D. 图书

2.22 下列属于适用 9% 税率的应税行为的是（　　）。

A. 卫星电视信号落地转接服务

B. 转让补充耕地占用指标

C. 销售农机零部件

D. 车辆停放服务

2.23 下列适用 6% 税率的是（　　）。

A. 出租或出售带宽、波长

B. 转让土地使用权

C. 退票手续费

D. 飞机、车辆广告位出租

2.24 甲炼钢厂与乙环保公司均为一般纳税人，2024 年 6 月 1 日双方签订两年期的垃圾无害化处理协议，由乙公司采取填埋、焚烧等方式对甲厂产生的废料和垃圾进行专业化处理。根据合同约定，乙公司每周对甲厂的废料和垃圾进行专业化处理。专业化处理后如果产生货物的，货物应归属于甲厂。下列关于乙环保公司的增值税处理正确的是（　　）。

A. 如果专业化处理后产生货物，且货物归属委托方，按照合同约定，乙公司属于提供“现代服务”

B. 如果专业化处理后未产生货物，按照合同约定，乙公司属于提供“生活服务”

C. 如果专业化处理后产生货物，且货物归属委托方，按照合同约定，乙公司属于提供“加工劳务”

D. 乙环保公司应采用简易计税方法按照 3% 的征收率计征增值税

2.25 境内单位向境外单位提供的完全在境外消费的下列服务中，适用零税率的是（　　）。

A. 电信服务

B. 广播影视节目的播映

C. 信息系统服务

D. 国际货物运输代理服务

2.26 下列国际运输服务中，说法正确的是（　　）。

A. 境内单位或个人提供程租服务用于国际运输，由承租方适用零税率

B. 向境内单位提供期租服务用于国际运输，由承租方适用零税率

C. 向境外单位提供湿租服务用于国际运输，由承租方适用零税率

D. 以无运输工具承运方式提供的国际运输服务，由无运输工具承运方适用零税率

2.27 增值税一般纳税人的下列行为，可以选择简易计税方法计算增值税的是（　　）。

A. 影视节目制作服务

B. 文化体育服务

C. 医疗防疫服务

D. 客运场站服务

2.28 下列应税行为中，一般纳税人可以选择简易计税方法的是（　　）。

A. 提供学历教育服务

B. 县级及县级以下的小型火力发电单位生产的电力

C. 资管产品管理人运营资管产品过程中发生的增值税应税行为

D. 提供税务咨询服务

2.29 一般纳税人提供的下列服务中，可以选择简易计税方法按 5% 的征收率计算缴纳增值税的是（　　）。

A. 公共交通运输服务

B. 营改增前取得的不动产经营租赁服务

C. 甲供工程的建筑服务

D. 营改增试点前开工的高速公路通行费

2.30 下列应税行为中，一般纳税人可以选择简易计税方法的是（　　）。

A. 仓储服务

B. 销售抗艾滋病病毒药品

C. 网络货运经营

D. 拍卖行受托拍卖取得的手续费或佣金收入

2.31 关于转让金融商品征收增值税的规定，下列说法正确的是（　　）。

A. 可以开具增值税专用发票

B. 以卖出价为计税销售额

C. 按照卖出价扣除买入价后的余额为计税销售额

D. 转让金融商品出现的负差可结转到下一个会计年度的金融商品销售额中抵扣

2.32 甲公司为增值税一般纳税人，2023 年 2 月基于社会责任将职工食堂改造成对外开放的社区食堂，对孤寡老人以低价提供餐饮服务，取得含税收入 40 万元，本月取得与收入直接挂钩的财政补贴 5 万元，对其他社会人员按市场价格提供餐饮服务，取得含税收入 135 万元，为职工提供免费餐饮服务，成本为 45 万元。甲公司上述业务销项税额为（　　）万元。

A.10.80　　B.10.19　　C.12.74　　D.7.92

2.33 某烟酒经销企业（增值税一般纳税人）2023 年 5 月销售啤酒取得不含税销售收入 250 万元，同时收取包装物押金 5 万元，逾期包装物押金 1 万元。销售茅台酒取得不含税销售收入共计 120 万元，同时收取包装物押金 2 万元，逾期包装物押金 1 万元，该烟酒经销企业 2023 年 5 月的增值税销项税额为（　　）万元。

A.48.45　　B.48.49　　C.48.91　　D.49.02

2.34 下列关于特殊销售方式下销售额的确定方法中，正确的是（　　）。

A. 销售折扣方式下可以按折扣后的销售额征收增值税

B. 纳税人采取以旧换新方式销售货物，以实际收到的价款作为销售额计算缴纳增值税

C. 销售折让可以通过开具红字专用发票从销售额中减除

D. 还本销售货物的，可以从销售额中减除还本支出

2.35 某工业企业为增值税一般纳税人，2023 年 6 月销售货物，开具的增值税专用发票上注明金额 300 万元，在同一张发票的“金额栏”注明的折扣金额共计 50 万元。为鼓励买方及早付款，实行现金折扣：2/30，1/45，N/90，买方第 45 天付款。该企业上述业务增值税销项税额为（　　）万元。

A.32.18　　B.32.50　　C.38.61　　D.39.00

2.36 某企业为增值税一般纳税人，2023 年 3 月销售一批钢材取得含税销售额 58 万元。2023 年 5 月因质量问题该批钢材被全部退回，企业按规定开具红字发票；5 月销售钢材取得不含税销售额 150 万元。该企业 5 月增值税销项税额为（　　）万元。

A.10.58　　B.11.96　　C.12.83　　D.19.50

2.37 某商场为增值税一般纳税人。2024 年 3 月举办促销活动，全部商品八折销售。实际取得含税收入 380 000 元，销售额和折扣额均在同一张发票“金额”栏分别注明。上月销售商品本月发生退货，向消费者退款 680 元（开具了红字增值税发票），该商场当月销项税额是（　　）元。

A.34 895.22

B.43 628.41

C.43 638.58

D.43 716.81

2.38 下列应税行为中，差额确定销售额的是（　　）。

A. 房地产开发企业销售自行开发的项目，选择简易计税方法

B. 一般纳税人提供劳务派遣服务，选择一般计税方法

C. 企业转让持有的上市公司的股票

D. 一般纳税人采用一般计税方法提供建筑服务

2.39 某金银饰品店为增值税一般纳税人，2023 年 11 月销售金银首饰取得不含税销售额 50 万元。另取得以旧换新销售金银首饰，按新货物销售价格确定的含税收入 25.2 万元，收回旧金银首饰作价 11.7 万元（含税）。当期可抵扣进项税额为 5.16 万元。该金银饰品店当月应纳增值税（　　）万元。

A.4.24

B.3.10

C.3.49

D.2.89

2.40 某森林公园为增值税一般纳税人，2023 年 3 月取得第一道门票含税收入 62 万元，在景区经营摆渡车取得含税收入 6 万元，景区停车场（2017 年自建）收取含税停车费 4 万元，该公园上述业务应确认销项税额（　　）万元。

A.0.57

B.0.67

C.4.18

D.4.08

2.41 某企业为增值税一般纳税人，对外出租房屋，适用简易计税方法，由于承租方（增值税一般纳税人）提前解除租赁合同，收取承租方的违约金。关于收取的违约金，下列税务处理正确的是（　　）。

A. 不需要缴纳增值税

B. 按照 1.5% 征收率缴纳增值税

C. 按照 5% 征收率缴纳增值税

D. 需要缴纳增值税，不得开具增值税专用发票

2.42 增值税一般纳税人甲商业银行，2023 年第一季度提供贷款服务取得含税利息收入 5 300 万元，提供直接收费服务取得含税收入 106 万元，开展贴现业务取得含税利息收入 500 万元。该银行上述业务的销项税额为（　　）万元。

A.157.46　　B.172.02　　C.306.00　　D.334.30

2.43 下列项目，允许抵扣增值税进项税额的是（　　）。

A. 个人消费的购进货物

B. 纳税人取得增值税电子普通发票的道路通行费

C. 纳税人支付的贷款利息

D. 纳税人购进的娱乐服务

2.44 某公司为增值税一般纳税人，2023 年 7 月 1 日购入食品直接捐赠当地福利院，取得增值税专用发票上注明金额 50 000 元；2023 年 7 月 15 日，向目标脱贫地区某县教育局捐赠外购学生书包 1 000 个，购入价为 100 元 / 个（不含税），取得增值税专用发票。以上业务可抵扣的进项税额为（　　）元。

A.0　　B.6 500　　C.13 000　　D.19 500

2.45 甲烟厂为增值税一般纳税人，2023 年 3 月从烟农处收购烟叶，实际支付价款总额 50 万元，开具收购发票，支付运费取得专用发票，税额为 0.36 万元，本月领用上月购进买价为 20 万元的库存烟叶和本月购进的 80% 生产卷烟，本月从销项税中抵扣的进项税额是（　　）万元。

A.6.24　　B.6.44　　C.5.46　　D.6.46

2.46 某药厂为增值税一般纳税人，2022 年 4 月从农户手中收购各种药材，收购发票上注明收购价款 10 万元，其中 40% 做成了中药饮片，其余 60% 做成了中成药，不考虑其他条件，该药厂 2022 年 4 月收购药材允许抵扣的进项税额为（　　）万元。

A.0.90　　B.0.96　　C.1.00　　D.1.14

2.47 甲公司为一般纳税人，2022 年 7 月从农业生产者手上购进梨 20 000 斤，共计 200 万元，开具农产品收购发票；从中间商贩小规模纳税人张三手上购进葡萄 2 000 斤，价税合计 20.6 万元，取得增值税专用发票；从一般纳税人小世商贸公司购进苹果 1 000 斤，价税合计 10.9 万元，取得增值税专用发票。7 月将购进的梨、苹果与葡萄加工成饮料，共领用梨 10 000 斤、葡萄 1 000 斤，领用苹果 500 斤。甲公司 2022 年 7 月能抵扣农产品进项税额为（　　）万元。

A.20.70　　B.20.84　　C.21.85　　D.23.00

2.48 根据增值税农产品进项税额核定办法的规定，下列说法正确的是（　　）。

A. 扣除率为购进货物的适用税率

B. 耗用率由试点纳税人向主管税务机关申请核定

C. 核定扣除的纳税人购进农产品可选择依扣税凭证抵扣进项税额

D. 卷烟生产属于核定扣除试点范围

2.49 某企业为增值税一般纳税人，2023 年 7 月本单位员工出差，取得航空电子客票行程单上注明机票款 2 000 元，燃油附加费 300 元，取得高铁火车票上注明票面金额 500 元，取得公路客票上注明票面金额 80 元。该企业上述业务允许抵扣的进项税额为（　　）元。

A.208.75　　B.213.03　　C.233.52　　D.237.80

2.50 增值税一般纳税人购进的下列服务中，进项税额不得从销项税额中抵扣的是（　　）。

A. 咨询服务

B. 贷款服务

C. 信息技术服务

D. 货物运输服务

2.51 某大数据科技公司为增值税一般纳税人，收入来自数据信息技术服务。2023 年 3 月，为大型企业提供数据采集及公司运营服务，取得不含税收入 860 万元。购进办公用品等固定资产，取得的增值税专用发票注明的税款为 16 万元。该公司当期应缴纳增值税（　　）万元。

A.33.20　　B.35.60　　C.34.00　　D.34.80

2.52 某企业为增值税一般纳税人，生产的产品适用 13% 税率。2023 年 6 月购进一台设备，取得的增值税专用发票上注明金额 100 万元；购进一批原材料，取得的增值税专用发票上注明税额 20 万元。该设备和原材料都是用来生产产品 A 和 B，其中 A 为免税产品。当月原材料全部耗用，生产出来的 A 和 B 全部销售完毕，其中 A 的销售额为 200 万元，B 的销售额为 300 万元，均不含增值税。不考虑其他因素，该企业 2022 年 6 月应该缴纳的增值税为（　　）万元。

A.14.00　　B.19.20　　C.27.00　　D.40.00

2.53 2016 年 5 月，某公司（增值税一般纳税人）购入不动产用于办公，取得的增值税专用发票上注明金额 2 000 万元、税额 100 万元，进项税额已按规定申报抵扣。2024 年 1 月，该办公楼改用于职工宿舍，当期净值为 1 800 万元，该办公楼应转出进项税额（　　）万元。

A.85.71　　B.90.00　　C.100.00　　D.162.00

2.54 根据小规模纳税人增值税阶段性减免政策的规定，下列表述错误的是（　　）。

A. 小规模纳税人出租不动产取得的租金收入不适用增值税的免税规定

B. 小规模纳税人取得应税销售收入，适用免征增值税政策的，纳税人可就该笔销售收入选择放弃免税并开具增值税专用发票

C. 适用差额征税的小规模纳税人，以差额后的销售额确定是否可以享受免征增值税政策

D. 小规模纳税人扣除本期发生的销售不动产后的销售额确定是否可以享受免征增值税政策

2.55 甲个体工商户为按月纳税的小规模纳税人，2023 年 3 月出租住房取得含税租金 2 万元，出租门市房取得含税租金 16 万元，上述业务应缴纳的增值税为（　　）万元。

A.0.26　　B.0.76　　C.0.79　　D.0.86

2.56 根据一般纳税人转让取得不动产的增值税管理办法的规定，下列说法中正确的是（　　）。

A. 取得的不动产，不包括自建的不动产

B. 转让 2015 年自建的不动产，以取得的全部价款和价外费用扣除取得不动产时的作价后的余额为计税销售额

C. 转让 2015 年自建的不动产，可以选择适用简易计税方法

D. 取得不动产转让收入，应向不动产所在地的主管税务机关申报纳税

2.57 某生产企业为增值税一般纳税人，于 2023 年 12 月销售其 2016 年 4 月购入的不动产，取得含税收入 4 500 万元；向税务机关提供购入时契税完税凭证上注明的计税金额为 2 000 万元。该企业选择简易计税方法，其上述业务增值税应纳税额为（　　）万元。

A.114.29　B.119.05　C.125.00　D.214.29

2.58 关于二手车购销业务的增值税处理，下列说法正确的是（　　）。

A. 单位销售自己使用的二手车，不征收增值税

B. 纳税人不得为购买方开具增值税专用发票

C. 从事二手车经销的纳税人销售其收购的二手车，减按 2% 征收增值税

D. 从事二手车经销的纳税人销售其收购的二手车，按简易计税方法征收增值税

2.59 某商贸企业为小规模纳税人，专门从事二手车经营，2023 年 7 月销售其收购的二手车取得含税销售额 32 万元，该批车辆原含税收购价为 26 万元。当月另转售一辆本企业自用小汽车取得含税销售额 3 万元，该车辆系 2016 年 6 月购置。上述业务当月应缴纳增值税（　　）万元。

A.0.17　B.0.19　C.0.68　D.0.99

2.60 2023 年 7 月，王某出租一处住房，预收一季度含税租金 39 万元。王某收取租金应缴纳增值税（　　）万元。

A.3.22　B.1.86　C.0.56　D.0

2.61 2023 年 5 月，A 市增值税一般纳税人甲建筑公司在 B 市提供建筑服务，选择一般计税方法纳税，取得全部价款（含税）1 000 万元，将部分建筑业务分包给乙建筑公司，支付分包款（含税）200 万元。甲公司当月在 B 市应预缴增值税（　　）万元。

A.14.68　B.15.24　C.18.35　D.22.02

2.62 某企业为增值税一般纳税人，2023 年 5 月买入 A 上市公司股票，买入价为 280 万元。当月卖出其中的 50%，发生买卖负差 10 万元。2023 年 6 月，卖出剩余的 50%，卖出价为 200 万元。该企业 2022 年 6 月应缴纳增值税（　　）万元。（以上价格均为含税价格）

A.3.00　B.3.40　C.3.60　D.2.83

2.63 根据最新的留抵退税政策，下列说法正确的是（　　）。

A. 纳税人可以同时享受免抵退税政策和留抵退税政策

B. 纳税人适用免退税办法的，相关进项税额可以用于退还留抵税额

C. 纳税人自 2019 年 4 月 1 日起已取得留抵退税款的，可以再申请享受增值税即征即退政策

D. 符合条件的微型企业，可以自 2022 年 3 月纳税申报期起向主管税务机关申请一次性退还存量留抵税额

2.64 根据最新的留抵退税政策，下列关于存量留抵税额和增量留抵税额的说法中，正确的是（　　）。

A. 纳税人申请存量留抵退税前的存量留抵税额是指 2019 年 3 月 31 日期末留抵税额

B. 纳税人获得一次性存量留抵退税后，增量留抵税额为当期期末留抵税额

C. 纳税人不能同时申请增量留抵退税和存量留抵退税

D. 纳税人获得一次性存量留抵退税后，存量留抵税额为当期期末留抵税额

2.65 某小型企业 B 为增值税一般纳税人，符合第 14 号公告要求的退税条件，其 2019 年 3 月 31 日的期末留抵税额为 150 万元，2022 年 4 月 30 日的期末留抵税额为 180 万元。进项构成比例为 100%，2022 年 5 月申请期内，B 申请一次性退还的存量留抵税额为（　　）万元。

A.0　　B.30　　C.150　　D.180

2.66 某小微企业 F 为增值税一般纳税人，出口货物享受免抵退税政策且符合第 14 号公告要求的留抵退税条件。已知 2019 年 3 月 31 日的期末留抵税额为 10 万元，截至 2022 年 4 月 30 日的期末留抵税额为 50 万元，当期计算的免抵退税应退税额为 20 万元，进项构成比例为 100%。2022 年 5 月，F 企业进行增值税纳税申报之后，同期内申报了出口货物免抵退税、增值税增量留抵退税和存量留抵退税，下列说法正确的是（　　）。

A. 当期可申请增量留抵退税 10 万元

B. 当期可申请增量留抵退税 40 万元

C. 当期可申请存量留抵退税 10 万元

D. 当期可申请存量留抵退税 20 万元

2.67 某皮草制品企业 D 为增值税一般纳税人，符合第 14 号公告要求的退税条件。2019 年 4 月至 2022 年 3 月底的增值税进项税额中，增值税专用发票为 600 万元，公路通行费电子普通发票为 200 万元，海关进口增值税专用缴款书为 100 万元，农产品收购发票抵扣进项税额为 200 万元。2020 年 10 月，因管理不善发生非正常损失，转出增值税进项税额 60 万元。则 D 企业的进项构成比例为（　　）。

A.100%　　B.81.82%　　C.80.77%　　D.86.54%

2.68 下列选项属于免征增值税的是（　　）。

A. 供热企业向高新技术企业供热

B. 专业培训机构提供培训服务

C. 从事蔬菜批发的纳税人销售的蔬菜

D. 个人出租住房

2.69 下列项目免征增值税的是（　　）。

A. 销售不动产　　B. 退役士兵创业就业

C. 个人转让著作权　　D. 飞机修理

2.70 甲企业为增值税一般纳税人、省级科技企业孵化器。2023 年 3 月将园区内办公楼（2022 年接受投资转入）出租给在孵企业，取得租金收入 20 万元。另外为在孵企业提供其他服务，取得经纪代理服务收入 8 万元、饮食服务收入 6 万元、打字复印服务收入 5 万元，上述均为含税金额。则甲企业应缴纳的增值税为（　　）万元。

A.2.73　　B.2.27　　C.2.44　　D.0.62

2.71 增值税一般纳税人销售自行开发生产的软件产品，可享受的增值税税收优惠政策是（　　）。

A. 减半征收　　B. 即征即退

C. 先征后退　　D. 先征后返

2.72 网络游戏开发公司为增值税一般纳税人，2023 年 3 月，销售自行开发的网络游戏软件取得不含税销售额 900 万元，取得自行开发软件运维服务不含税销售额 100 万元。本月购进材料取得的增值税专用发票注明税额 40 万元。本月即征即退增值税（　　）万元。

A.54　　B.53　　C.60　　D.50

2.73 A 塑料厂是增值税一般纳税人，主营再生塑料制品生产业务，其再生塑料制品以回收废旧农膜为原料。假设 2024 年 3 月 A 塑料厂可享受即征即退的销售额为 1 000 万元，销项税额为 130 万元，进项税额为 40 万元，退税比例为 100%。当月，A 塑料厂收购废旧农膜 5 000 万元，其中 2 000 万元应取得但未取得发票。A 塑料厂即征即退税额为（　　）万元。

A.38　　B.90　　C.12　　D.78

2.74 下列关于增值税先征后退的说法中，正确的是（　　）。

A. 外文图书出版适用增值税 100% 先征后退政策

B. 少数民族文字出版物印刷业务适用增值税 50% 先征后退政策

C. 少年儿童期刊出版适用增值税 50% 先征后退政策

D. 盲文印刷出版物适用增值税 100% 先征后退政策

2.75 境外单位为境内单位（小规模纳税人）提供宣传画册设计服务（服务在境内发生），境内单位支付含税服务费 10 300 元。该境外单位在境内未设立机构，则境内单位应代扣代缴增值税（　　）元。

A.0　　B.300.00　　C.583.02　　D.618.00

2.76 关于增值税出口退税，下列说法正确的是（　　）。

A. 适用不同退税率的货物劳务，未分开报关核算的，从低适用退税率

B. 出口企业既适用增值税免抵退，也适用即征即退，增值税即征即退可参与免抵退计算

C. 纳税人提供零税率服务，适用简易计税方法，可适用免抵退税额

D. 生产企业进料加工复出口货物，增值税退税计税依据按出口货物离岸价确定

2.77 某境外旅客 2023 年 10 月 5 日在内地某退税商店购买了一件瓷器，价税合计金额为 2 260 元，取得退税商店开具的增值税普通发票及退税申请单，发票注明税率 13%。2023 年 10 月 10 日该旅客离境，应退增值税（　　）元。（退税率为 11%）

A.220.00

B.260.00

C.248.60

D.223.96

2.78 下列货物，不适用增值税免税政策的是（　　）。

A. 增值税小规模纳税人出口的货物

B. 非列名生产企业出口的非视同自产货物

C. 农业生产者自产农产品

D. 进料加工复出口的货物

2.79 关于增值税境外旅客购物离境退税政策，下列说法正确的是（　　）。

A. 一次购买金额达到 300 元可以退税

B. 退税币种为退税者所在国货币

C. 退税物品不包括退税商店销售的增值税免税物品

D. 境外旅客是指在中国境内居住满 365 天的个人

2.80 下列关于海南自由贸易港国际税收船舶的增值税政策中，正确的是（　　）。

A. 对符合条件的从事国际运输业务的船舶实行增值税退税政策，由境内船舶建造企业申请退税

B. 申请退税的购进船舶需在“中国洋浦港”登记

C. 对所有出口企业从符合条件的启运港报关出口的离境的集装箱货物，实行启运港退税政策

D. 承运适用启运港退税政策货物的船舶，需从启运港直接行驶至海南省洋浦港区离境，不可在经停港加装、卸载货物

2.81 下列关于增值税汇总纳税的说法中，正确的是（　　）。

A. 分支机构预缴税款的预征率由国务院确定，不得调整

B. 总机构汇总的应征增值税销售额，不包括总机构本身的销售额

C. 总机构汇总的进项税额，为各分支机构发生的进项税额

D. 分支机构发生当期已预缴的增值税税款，在总机构当期增值税应纳税额中抵减不完的，可以结转下期继续抵减

2.82 某生产企业为增值税一般纳税人，2024 年 3 月从国内采购生产用原材料一批，取得增值税专用发票，注明价款 800 万元、增值税税额 104 万元；当月国内销售货物取得不含税销售额 150 万元，出口自产货物的离岸价格折合人民币 790 万元，出口货物中购进的免税材料为 100 万元；已知该企业出口货物适用的增值税税率为 13%，出口退税率为 10%，月初无留抵税额，相关发票均已经通过认证并可以抵扣。则下列关于该企业增值税的税务处理 的表述中，说法正确的是（　　）。

A. 应缴纳增值税 63.8 万元，免抵税额为 69 万元

B. 应退增值税 63.8 万元，免抵税额为 0

C. 应退增值税 69 万元，免抵税额为 0

D. 应退增值税 63.8 万元，免抵税额为 5.2 万元

2.83 关于增值税起征点的规定，下列说法正确的是（ ）。

A. 仅对销售额中超过起征点的部分征税

B. 对自然人销售额未达到规定起征点的，免征增值税

C. 起征点的调整由各省、自治区、直辖市税务局规定

D. 起征点的适用范围包括自然人和认定为一般纳税人的个体工商户

二、多项选择题

2.84 下列关于增值税一般纳税人认定的年应税销售额的表述，正确的有（ ）。

A. 纳税人出租不动产的销售额，不计入年应税销售额

B. 纳税人偶然发生的销售无形资产、转让不动产的销售额，不计入销售服务、无形资产或者不动产年应税销售额

C. 纳税人销售不动产按照税法规定有扣除项目的，年销售额按扣除允许扣除项目之后的差额计算

D. 年应税销售额，是指纳税人在连续不超过 12 个月或 4 个季度的经营期内累计应征增值税销售额

E. 年应税销售额包括纳税申报销售额、稽查查补销售额、纳税评估调整销售额

2.85 下列纳税人中，年应税销售额超过规定标准但可以选择按照小规模纳税人纳税的有（ ）。

A. 自然人

B. 非企业性单位

C. 会计核算健全的单位

D. 不经常发生应税行为的企业

E. 不经常发生应税行为的个体工商户

2.86 下列服务按照租赁服务计算缴纳增值税的有（ ）。

A. 以长租形式出租酒店式公寓并提供配套服务

B. 融资性售后回租业务

C. 车辆停放服务

D. 道路通行服务

E. 融资租赁服务

2.87 下列属于增值税征税范围的有（ ）。

A. 单位聘用的员工为本单位提供的运输服务

B. 航空运输企业提供的湿租业务

C. 广告公司提供的广告代理业务

D. 房地产评估咨询公司提供的房地产评估业务

E. 出租车公司向使用本公司自有出租车的出租车司机收取的管理费用

2.88 下列应按照“租赁服务”缴纳增值税的有（　　）。

A. 航空运输的干租业务

B. 有形动产经营性租赁

C. 有形动产融资租赁

D. 远洋运输的期租业务

E. 水路运输的程租业务

2.89 根据增值税的政策规定，下列服务属于“商务辅助服务”的有（　　）。

A. 拍卖行受托拍卖取得的手续费或佣金收入

B. 纳税人提供的安全保护服务

C. 纳税人提供武装守护押运服务

D. 广告代理服务

E. 提供会议场地及配套服务

2.90 下列关于增值税应税行为的表述中，说法正确的有（　　）。

A. 纳税人已售票但客户逾期未消费取得的运输逾期票证收入，按照“交通运输服务”缴纳增值税

B. 纳税人为客户办理退票而向客户收取的退票费、手续费等收入，按照“交通运输服务”缴纳增值税

C. 纳税人对安装运行后的电梯提供的维护保养服务，按照“建筑服务”缴纳增值税

D. 纳税人提供植物养护服务，按照“其他生活服务”缴纳增值税

E. 纳税人收取的港口设施保安费按照“交通运输服务”缴纳增值税

2.91 下列行为中，不征收增值税的有（　　）。

A. 单位员工将自有房屋出租给本单位收取房租

B. 单位或者个体工商户为员工提供应税服务

C. 各级工会组织收取工会经费

D. 人民法院收取诉讼费用

E. 各党派收取党费

2.92 下列经营行为中，属于增值税混合销售行为的有（　　）。

A. 厂家销售车床同时提供配套使用培训服务

B. 商场销售相机及储存卡

C. 商场销售办公设备同时提供送货服务

D. 康养中心提供住宿并举办健康讲座

E. 健身房提供运动健身场所并代售减肥药

2.93 下列行为中，应当视同销售货物缴纳增值税的有（　　）。

A. 将购进的货物用于集体福利

B. 委托代销商品

C. 将购进的货物用于对外投资

D. 将购进的货物用于增值税免税项目

E. 将购进的货物用于个人消费

2.94 下列业务中，属于增值税视同销售行为的有（ ）。

A. 航空公司根据国家指令无偿提供航空运输服务

B. 超市将购进的食用油发给员工

C. 汽车厂将自产的汽车分配给股东

D. 软件开发企业向另一企业无偿提供软件维护服务

E. 食品厂将委托加工收回的食品无偿赠送给关联方

2.95 境内单位或个人发生的下列行为适用增值税零税率的有（ ）。

A. 在境内运载旅客出境

B. 无运输工具承运业务中的经营者

C. 航天运输服务

D. 在境外运载货物入境

E. 向境外提供完全在境外消费的设计服务

2.96 境内单位和个人发生的下列跨境应税行为中，适用增值税零税率的有（ ）。

A. 广播影视节目（作品）的播映

B. 向境外单位转让的完全在境外使用的技术

C. 向境外单位提供的完全在境外消费的电信服务

D. 未取得国际运输资质的纳税人提供的国际运输服务

E. 提供程租服务用于国际运输的出租方

2.97 下列业务活动的增值税处理符合现行税法规定的有（ ）。

A. 企业销售货物后因货物质量不合格给予的折让，按照规定开具了增值税红字专用发票的，准予从销售额中扣除

B. 某电商网站采取以旧换新方式销售手机，应按照其收取的新手机和旧手机的差价确定销售额

C. 某酒类销售企业销售白酒收取的包装物押金，应在押金收到时并入当期销售额一并计算增值税

D. 企业将货物交由他人代销不需要视同销售计算缴纳增值税

E. 贷款服务，以收取的全部利息扣除手续费后的余额为销售额

2.98 关于不动产租赁服务的增值税处理，正确的有（ ）。

A. 个体工商户异地出租不动产，在不动产所在地预缴增值税款，可在当期增值税税款中抵减

B. 以经营租赁方式将土地出租给他人使用，按不动产经营租赁缴纳增值税

C. 一般纳税人出租自 2016 年 4 月 30 日前取得的不动产可选择简易计税方法

D. 其他个人异地出租不动产，向不动产所在地预缴税款，向居住所在地申报纳税

E. 纳税人向其他个人出租不动产，可以开具增值税专用发票

2.99 某船运公司为增值税一般纳税人并具有国际运输经营资质，2024 年 5 月取得含税收入 1 257.8 万元，包括货物保管收入 40.28 万元、装卸搬运收入 97.52 万元、国际运输收入 352 万元、国内运输收入 748 万元、飞机清洗消毒收入 20 万元。该公司计算的下列增值税销项税额中，正确的有（　　）。

A. 货物保管收入的销项税额为 2.28 万元

B. 装卸搬运收入的销项税额为 8.87 万元

C. 国际运输收入的销项税额为 29.06 万元

D. 国内运输收入的销项税额为 61.76 万元

E. 飞机清洗消毒收入的销项税额为 1.13 万元

2.100 甲企业为增值税一般纳税人，2023 年 7 月提供劳务派遣服务，取得价税合计收入 200 万元，开具普通发票。代用工单位支付给劳务派遣员工的工资、福利和为其办理社会保险及住房公积金共计 80 万元。当月可抵扣的进项税额为 5 万元。下列说法正确的有（　　）。

A. 若选择差额纳税，应纳税额为 5.71 万元

B. 若选择差额纳税，应纳税额为 6 万元

C. 若选择全额纳税，应纳税额为 6.32 万元

D. 若选择全额纳税，应纳税额为 7 万元

E. 一般纳税人提供劳务派遣服务选择差额纳税的，可全额开具增值税专用发票

2.101 根据现行税法规定，下列关于进项税额的说法中，正确的有（　　）。

A. 某企业的一栋办公楼因政府规划被拆除，该办公楼已抵扣的进项税额需要从当期进项税额中扣减

B. 纳税人接受贷款服务支付的手续费的进项税额可以从销项税额中抵扣

C. 某企业将购进的白酒用于招待客户，该白酒的进项税额不得从销项税额中抵扣

D. 提供保险服务的纳税人以实物赔付方式承担保险责任，其进项税额可以从销项税额中抵扣

E. 一般纳税人会计核算不健全，或者不能提供准确税务资料的，不得抵扣进项税额，也不得使用增值税专用发票

2.102 关于一般纳税人购进和租用资产进项税额的抵扣，下列说法正确的有（　　）。

A. 购进固定资产，既用于一般计税方法计税项目，又用于免征增值税项目，进项税额可以全额从销项税额中抵扣

B. 购进无形资产，既用于一般计税方法计税项目，又用于免征增值税项目，进项税额不得从销项税额中抵扣

C. 购进固定资产，专用于简易计税方法计税项目，进项税额不得从销项税额中抵扣

D. 租入固定资产，既用于一般计税方法计税项目，又用于免征增值税项目，其进项税额准予从销项税额中全额抵扣

E. 购进不动产，既用于一般计税方法计税项目，又用于免征增值税项目，进项税额不得从销项税额中抵扣

2.103 某保险公司发生的下列业务中，准予抵扣进项税额的有（　　）。

A. 以实物赔付方式承担机动车辆保险责任而购进的车辆修理劳务

B. 购进用于接送员工上下班的客车

C. 以现金赔付方式承担机动车辆保险责任而支付的赔偿金

D. 购进的住宿服务

E. 购进的贷款服务

2.104 某商场为增值税一般纳税人，与其供货企业甲服装厂达成协议，按销售量的一定比例进行平销返利。2024 年 6 月从服装厂购进商品取得增值税专用发票，注明价款 200 万元、增值税 26 万元。当月按平价全部销售，取得不含税销售收入 200 万元，月末甲服装厂按照协议支付给商场返利 6 万元。下列该项业务的处理中，符合增值税有关规定的有（　）。

A. 商场应以 200 万元作为计税销售额计算销项税额

B. 商场该项业务的销项税额为 32.83 万元

C. 商场应缴纳增值税 0.69 万元

D. 商场应缴纳增值税 0.96 万元

E. 商场收到的返利收入可以开具增值税专用发票

2.105 下列关于增量留抵退税的规定，说法正确的有（　　）。

A. 纳税人出口货物劳务、发生跨境应税行为，适用免抵退税办法的，可以在同一申报期内，既申报免抵退税又申请办理留抵退税

B. 纳税人既有增值税欠税，又有期末留抵税额的，不允许退还增量留抵退税额

C. 纳税人按照规定取得增值税留抵退税款的，不得再申请享受增值税即征即退、先征后返（退）政策

D. 纳税人应当在符合条件的当月起，申请办理增量留抵退税

E. 纳税人从事大型民用客机发动机研制项目而形成的增值税期末留抵税额可全部退还

2.106 2022 年 4 月 1 日起，微型企业退还存量留抵税额需满足的条件有（　　）。

A. 自 2019 年 4 月 1 日起未享受即征即退、先征后返（退）政策

B. 申请退税前 36 个月未发生骗取留抵退税、出口退税、虚开增值税专用发票情形

C. 申请退税前 36 个月未因偷税被税务机关处罚一次及以上

D. 第 6 个月增量留抵税额不低于 50 万元

E. 纳税信用等级为 A 级或 B 级

2.107 关于提供不动产经营租赁服务的增值税政策，下列说法正确的有（　　）。

A. 纳税人以经营租赁方式将土地出租给他人使用，按照销售无形资产缴纳增值税

B. 住房租赁企业向个人出租住房适用简易计税方法的，按照 5% 的征收率减按 1.5% 计算缴纳增值税

C. 其他个人出租不动产，均按照 5% 的征收率计算应纳税额

D. 其他个人出租不动产，可向不动产所在地主管税务机关申请代开增值税专用发票

E. 出租不动产，租赁合同中约定免租期的，不属于视同销售服务

2.108 下列各项中，适用 5% 征收率的有（　　）。

A. 小规模纳税人提供建筑服务

B. 纳税人销售旧货

C. 个人转让商铺

D. 一般纳税人选择简易计税方法的不动产经营租赁

E. 一般纳税人收取的试点前开工的高速公路通行费

2.109 增值税一般纳税人发生的下列业务中，可以选择适用简易计税方法的有（　　）。

A. 从事再生资源回收的纳税人销售其收购的再生资源

B. 提供文化体育服务

C. 提供公共交通运输服务

D. 提供税务咨询服务

E. 提供电梯维护保养服务

2.110 增值税一般纳税人所从事的下列应税行为中，可选择简易计税方法按照 5% 征收率计算缴纳增值税的有（　　）。

A. 以清包工方式提供的建筑服务

B. 销售外购机器设备的同时提供安装服务，未分别核算

C. 转让营改增前取得的不动产

D. 提供劳务派遣服务按照差额计算缴纳增值税

E. 资管产品管理人运营资管产品

2.111 关于跨县（不在同一地级行政区域内）提供建筑服务增值税征收管理，下列说法正确的有（　　）。

A. 纳税人应按照工程项目分别计算应预缴税款并分别预缴

B. 跨县提供建筑服务是指纳税人在其机构所在地以外的县提供建筑服务

C. 纳税人以预缴税款抵减应纳税额，应以完税凭证作为合法有效凭证

D. 一般纳税人以取得的全部价款和价外费用扣除支付的分包款后的余额为计税依据计算应预缴税款

E. 小规模纳税人以取得的全部价款和价外费用为计税依据计算应预缴税款

2.112 下列业务免征增值税的有（　　）。

A. 残疾人本人为社会提供的服务

B. 残疾人福利企业销售自产产品

C. 金融机构之间开展的转贴现业务

D. 学生勤工俭学提供的服务

E. 军队出租空余房产

2.113 根据现行税法规定，下列个人销售住房的业务中，说法正确的有（　　）。

A. 个人销售自建自用住房免征增值税

B. 个人将购买不足两年的住房对外销售的，按照 5% 征收率减按 1.5% 全额缴纳增值税

C. 个人将购买不足两年的住房对外销售的，以销售收入减去购买住房价款后的差额按照 5% 征收率缴纳增值税

D. 个人将购买 2 年以上的普通住房对外销售的，免征增值税

E. 离婚财产分割涉及住房转让的免征增值税

2.114 根据现行税法的规定，下列金融服务免征增值税的有（　　）。

A. 人民银行对金融机构的贷款

B. 保险公司开展的一年期以上财产保险产品取得的保费收入

C. 被撤销金融机构附属企业以有价证券清偿债务

D. 个人从事金融商品的转让业务

E. 国债、地方政府债券的利息收入

2.115 下列关于增值税一般纳税人的减免规定中，说法正确的有（　　）。

A. 纳税人放弃免税优惠后，12 个月内不得再申请免税

B. 纳税人可以选择某一免税项目放弃免税权

C. 纳税人兼营免税、减税项目，未分别核算销售额的，不得免税、减税

D. 纳税人可以口头形式申请放弃免税权

E. 纳税人发生应税行为同时适用免税和零税率规定的，可以选择适用免税或者零税率

2.116 下列关于增值税优惠政策的说法中，正确的有（　　）。

A. 中小学的学生教科书，在出版环节执行增值税 100%先征后退的政策

B. 一般纳税人销售其自行开发生产的软件产品，实际税负超过 6% 的部分即征即退

C. 供热企业向居民个人供热而取得的采暖费收入免征增值税

D. 飞机维修劳务增值税实际税负超过 3% 的部分即征即退

E. 蔬菜批发商批发、零售蔬菜取得的收入免征增值税

2.117 下列项目中，免征增值税的有（　　）。

A. 婚姻介绍服务

B. 一般纳税人转让国有债券

C. 个人销售受赠的住房

D. 纳税人为农户借款提供融资担保取得的担保费收入

E. 职业培训机构提供的非学历教育服务

2.118 下列各项中，免征增值税的有（　　）。

A. 学生勤工俭学

B. 殡葬服务

C. 福利彩票、体育彩票的销售收入

D. 社会团体收取的会费

E. 幼儿园收取的赞助费

2.119 金融机构取得的下列收入中，应当缴纳增值税的有（　　）。

A. 罚息收入

B. 金融同业借款利息收入

C. 存款利息收入

D. 金融商品转让收入

E. 开展贴现、转贴现业务

2.120 纳税人取得的下列收入中，应缴纳增值税的有（　　）。

A. 纳税人提供国际货物运输代理服务取得的收入

B. 销售宠物饲料的收入

C. 取得的银行存款利息

D. 保险公司提供一年以内人身保险的保费收入

E. 高新技术企业取得的与销售额或数量无关的财政补贴收入

2.121 下列关于增值税起征点的说法，正确的有（　　）。

A. 起征点的调整由当地人民政府规定

B. 按期纳税，起征点为月销售额 5 000~20 000 元（含本数）

C. 按次纳税的，起征点为每次（日）销售额 300~500 元（含本数）

D. 适用范围包括认定为一般纳税人的个体工商户

E. 销售额超过起征点的，对超过部分征收增值税

2.122 根据增值税一般纳税人即征即退政策的规定，下列说法正确的有（　　）。

A. 对提供有形动产融资租赁服务增值税实际税负超过 5% 的部分即征即退

B. 对销售自产磷石膏资源综合利用产品，增值税即征即退 70%

C. 对提供管道运输服务增值税实际税负超过 3% 的部分即征即退

D. 对销售自产的利用风力生产的电力产品，增值税即征即退 70%

E. 对销售自行开发生产的软件产品增值税实际税负超过 3% 的部分即征即退

2.123 跨境电子商务零售进口商品按照货物征收关税，下列企业可以作为代收代缴义务人的有（　　）。

A. 物流企业

B. 商品生产企业

C. 电子商务交易平台企业

D. 电子商务企业

E. 购买货物的消费者

2.124 下列出口货物适用增值税免税政策的有（　　）。

A. 国家计划内出口的卷烟

B. 出口企业提供虚假备案单证的货物

C. 增值税小规模纳税人出口的货物

D. 以旅游购物贸易方式报关出口的货物

E. 农业生产者出口的自产农产品

2.125 下列增值税纳税人中，以 1 个季度为纳税期限的有（　　）。

A. 商业银行

B. 财务公司

C. 信托投资公司

D. 保险公司

E. 信用社

2.126 下列关于增值税纳税义务发生时间的说法中，正确的有（　　）。

A. 采取直接收款方式销售货物的，增值税纳税义务发生时间为货物发出的当天

B. 委托商场销售货物的，增值税纳税义务发生时间为商场售出货物的当天

C. 将委托加工货物无偿赠与他人的，增值税纳税义务发生时间为货物移送的当天

D. 进口货物，增值税纳税义务发生时间为报关进口的当天

E. 金融商品转让，增值税纳税义务发生时间为所有权转移的当天

2.127 以下应税行为中，不得开具增值税专用发票的情形有（　　）。

A. 向消费者个人销售货物、劳务、服务、无形资产或者不动产

B. 一般纳税人销售自己使用过的固定资产，适用简易计税办法

C. 一般纳税人会计核算不健全，或者不能够提供准确税务资料

D. 自然人出租不动产

E. 适用免征增值税项目

2.128 根据增值税的有关规定，下列关于差额纳税的说法中，正确的有（　　）。

A. 小规模纳税人提供客运场站服务，以全部价款和价外费用扣除支付给承运方运费后的余额作为销售额

B. 航空运输企业的销售额中不包括代收的机场建设费和燃油附加费

C. 一般纳税人转让营改增前自建的不动产，可以选择简易计税方法，以取得的全部价款和价外费用扣除不动产作价后的余额，按照 5% 计算缴纳增值税

D. 物业公司收取自来水水费，以扣除其对外支付的自来水水费后的余额为销售额，按照简易计税方法依照 3% 的征收率征税

E. 纳税人提供融资租赁业务，以取得的全部价款和价外费用，扣除支付的借款利息、发行债券利息和车辆购置税后的余额为销售额

2.129 A 市一家小型建筑公司，属于按季申报的增值税小规模纳税人，在 B 市和 C 市都有建筑项目。该公司 2023 年第一季度不含税销售额为 60 万元，其中，在 B 市的建筑项目销售额为 40 万元，在 C 市的建筑项目销售额为 20 万元。下列关于该纳税人的税务处理中，表述正确的有（　　）。

A. 该纳税人不能享受小规模纳税人免征增值税政策

B. 在机构所在地 A 市可享受减按 1%征收率征收增值税政策

C. 在建筑服务预缴地 B 市实现的销售额 40 万元，可减按 1%预征率预缴增值税

D. 在建筑服务预缴地 C 市实现的销售额 20 万元，无须预缴增值税

E. 在建筑服务预缴地 C 市实现的销售额 20 万元，可减按 1%预征率预缴增值税

三、计算题

2.130 某软件企业为增值税一般纳税人（享受软件业税收优惠），2024 年 5 月发生如下业务：

（1）销售自行开发的软件产品，取得不含税销售额 260 万元，提供软件技术服务，取得不含税服务费 35 万元。

（2）购进用于软件产品开发及软件技术服务的材料，取得增值税专用发票，注明金额 30 万元、税额 3.9 万元。

（3）员工国内出差，报销时提供标有员工身份信息的航空运输电子客票行程单，注明票价 2 万元、燃油附加费 0.18 万元，民航发展基金 0.12 万元，出差同时进行软件产品销售及软件技术服务，两者进项税额无法划分。

（4）转让 2011 年度购入的一栋写字楼，取得含税收入 8 700 万元，该企业无法提供写字楼发票，提供的契税完税凭证上注明的计税金额为 2 200 万元。该企业转让写字楼选择按照简易计税方法计税。

根据上述资料，回答下列问题：

(1) 业务（1）销项税额为（　　）万元。

A.15.60　　B.17.70

C.35.90　　D.38.35

(2) 该公司当期可抵扣的进项税额为（　　）万元。

A.3.90　　B.4.07

C.4.08　　D.4.09

(3) 业务（4）应缴纳增值税（　　）万元。

A.189.32　　B.304.29

C.309.52　　D.414.29

(4) 该企业 2024 年 5 月实际缴纳增值税（　　）万元。

A.318.94　　B.341.34

C.423.71　　D.446.11

2.131 某金融机构为增值税一般纳税人，按季申报缴纳增值税。2024 年第二季度经营业务如下：

（1）向企业发放贷款取得利息收入 8 000 万元，发生利息支出 1 600 万元。

（2）转让债券，卖出价为 2 200 万元，该债券于 2018 年 6 月买入，买入价为 1 400 万元；该金融机构 2023 年第一季度转让债券亏损 80 万元。2022 年底转让债券仍有负差 100 万元。

（3）为企业客户提供金融服务取得手续费收入 53 万元；代理发行国债取得手续费收入 67 万元。

（4）承租居民贾某门市房作为营业网点，租赁期限为 3 年，合同规定按季度支付租金。支付本季度租金价税合计 4.2 万元，取得税务机关代开的增值税专用发票；购进自动存取款设备，取得增值税专用发票，注明金额 100 万元、税额 13 万元，该设备已按固定资产入账。上述收入均为含税收入。本季度取得的相关票据均按规定申报抵扣进项税额。

根据上述资料，回答下列问题：

(1) 业务（1）销项税额为（　　）万元。

A.480.00　　B.452.83

C.362.26　　D.384.00

(2) 业务（2）销项税额为（　　）万元。

A.35.09　　B.40.75

C.43.20　　D.124.53

(3) 业务（3）销项税额为（　　）万元。

A.3.00　　B.3.18

C.6.79　　D.7.20

(4) 该金融机构本季度应缴纳增值税（　　）万元。

A.486.54　　B.487.17

C.477.72　　D.487.35

2.132 某房地产开发公司（增值税一般纳税人）2023 年 3 月发生如下业务：

（1）销售 2016 年 3 月开工建设的住宅项目，取得含税收入 166 000 万元，从政府部门取得土地时支付土地价款 78 000 万元。该项目选择简易计税方法计税。

（2）支付乙建筑公司工程价款，取得增值税专用发票，注明金额 1 200 万元、税额 108 万元。

（3）为甲公司提供房地产代建服务，该项目为甲供工程，主要材料及设备均由甲公司提供，房地产开发公司取得含税收入 3 000 万元，支付分包款价税合计金额 1 000 万元。该项目选择简易计税方法计税。

（4）出租一栋写字楼，合同约定租期为 3 年，每年不含税租金为 4 800 万元，每半年支付一次租金。本月收到 2023 年 3 月至 8 月租金，开具增值税专用发票，注明金额 2 400 万元；另收办公家具押金 160 万元，开具收据。该业务适用一般计税方法。

（5）购进商务车一辆，支付含税价款 29.55 万元，增值税 3.4 万元，取得机动车销售统一发票。该商务车同时用于售楼处接送客户及管理层通勤班车，使用时间各 50%。

（6）支付高速公路通行费，取得收费公路增值税电子普通发票，注明税额 0.03 万元。

已知：本月取得的相关凭证均符合税法规定，并在本月申报抵扣进项税额。

根据上述资料，回答下列问题：

(1) 业务（1）应纳增值税（　　）万元。

A.4 133.33　　B.4 190.48

C.7 158.06　　D.7 904.76

(2) 业务（3）应纳增值税（　　）万元。

A.58.25　　B.87.38

C.95.24　　D.142.86

(3) 业务（4）增值税销项税额为（　　）万元。

A.36.00　　B.230.40

C.216.00　　D.229.21

(4) 该公司当月应纳增值税（　　）万元。

A.4 353.30　　B.8 067.58

C.8 069.28　　D.8 096.71

2.133 位于甲省某市区的一家建筑企业为增值税一般纳税人，在乙省某市区提供写字楼和桥梁建造业务，2024 年 5 月，具体经营业务如下：

（1）该建筑企业对写字楼建造业务选择一般计税方法。按照工程进度及合同约定，本月取得含税金额 3 000 万元并给业主开具了增值税专用发票。由于该建筑企业将部分业务进行了分包，本月支付分包含税金额 1 200 万元，取得分包商（采用一般计税方法）开具的增值税专用发票。

（2）桥梁建造业务为甲供工程，该建筑企业对此项目选择了简易计税方法。本月收到含税金额 4 000 万元并开具了增值税普通发票。该建筑企业将部分业务进行了分包，本月支付分包含税金额 1 500 万元，取得分包商开具的增值税普通发票。

（3）将购进的一批瓷砖用于职工宿舍的装修。该批瓷砖为 2024 年 4 月购进，取得经税务机关认证的增值税专用发票，注明增值税税额 40 万元，已计入 2024 年 4 月的进项税额进行抵扣。

（4）发生外地出差住宿费支出价税合计 6.36 万元，取得增值税一般纳税人开具的增值税专用发票。发生餐饮费支出价税合计 3 万元，取得增值税普通发票。

根据上述资料，回答下列问题：

(1) 业务（1）企业在乙省应预缴的增值税为（　　）万元。

A.33.03　　B.52.43

C.55.05　　D.49.54

(2) 业务（2）企业在乙省预缴的增值税额为（　　）万元。

A.48.54　　B.72.82

C.116.50　　D.119.04

(3) 业务（4）可抵扣的增值税进项税额为（　　）万元。

A.0　　B.0.17

C.0.36　　D.0.53

(4) 企业应向机构所在地申报缴纳的增值税为（　　）万元。

A.155.24　　B.188.27

C.115.24　　D.261.09

四、综合分析题

2.134（节选）甲厂为综合食品集团（增值税一般纳税人），2024 年 6 月发生下列业务：

（1）采用赊销方式销售 A 类白酒 10 吨，含税销售额共计 2 260 万元，另收取品牌使用费 100 万元，合同约定 2024 年 6 月付款 60%、7 月付余款。该批白酒已于 2024 年 6 月全部发货。

（2）甲厂接受乙厂委托加工一批 B 类白酒，甲厂于 2024 年 6 月 10 日完成加工。已知乙厂提供粮食的成本为 100 万元，甲厂收取加工费 20 万元（不含税）。

（3）将其拥有的某上市公司限售股在解禁流通后对外转让，相关信息如下（均为含税价格）：

股数	初始投资成本（元 / 股）	IPO 发行价（元 / 股）	售价（元 / 价）
500 000	6.82	5.80	10.00

（4）转让其拥有的一个餐饮品牌的连锁经营权，取得不含税收入 300 万元。

（5）当月购入原材料，取得的增值税专用发票上注明税额 120 万元。此外，支付桥、闸通行费，取得的通行发票上注明金额 6 万元。

根据上述资料，回答下列问题。

(1) 该企业业务（1）2024 年 6 月的销项税额为（　　）万元。

A.163.80　　B.273.00

C.162.90　　D.271.50

（2）业务（3）的销项税额为（　　）万元。

A.9.00　　B.11.89

C.9.54　　D.12.60

(3) 业务（4）的销项税额为（　　）万元。

A.18.00　　B.27.00

C.15.00　　D.39.00

(4) 当月可抵扣的增值税进项税额为（　　）万元。

A.120.00　　B.120.17

C.120.29　　D.120.50

(5) 当月应缴纳的增值税为（　　）万元。

A.72.56　　B.69.61

C.72.21　　D.75.10

2.135（节选）甲市H宾馆为增值税一般纳税人，主要从事住宿、餐饮、会议场地出租及配套服务，2024年2月发生如下业务：

（1）提供住宿服务取得不含税销售额3 000万元；提供餐饮服务取得不含税销售额420万元（含外卖食品收入20万元）；提供会议场地出租服务取得不含税租金300万元（含配套服务收入40万元）。

（2）当月购进业务发生进项税额共计180万元，均取得合法的增值税专用发票及其他扣税凭证，按规定申报抵扣进项税额。当月因非正常损失进项税额转出2万元。

（3）为调整经营结构，将位于邻省乙市的一处酒店房产出售，取得含税收入10 479万元。该酒店房产于2015年4月购进，购进时取得的营业税发票注明金额1 260万元。没有评估价格。H宾馆选择按照简易方法计算缴纳增值税。

（4）将位于邻省丙市的一处酒店式公寓房产投资于K物业管理公司，该房产2017年购置时取得的增值税专用发票上注明价款1 200万元、税款132万元。评估机构给出的评估价格为1 500万元（含税），双方约定以此价格投资入股并办理房产产权变更手续。K公司当月以长租形式出租酒店式公寓取得不含税租金500万元（含配套服务收入60万元）。

根据上述资料，回答下列问题。

(1) 业务（1）销项税额为（　　）万元。

A.219.60　　B.223.20

C.231.00　　D.232.20

(2) H宾馆当月可抵扣的增值税进项税额为（　　）万元。

A.178　　B.180

C.182　　D.310

(3) 业务（3）H宾馆应在乙市预缴增值税（　　）万元。

A.415.24　　B.436.00

C.439.00　　D.499.00

(4) 业务（4）H宾馆应在丙市预缴增值税（　　）万元。

A.8.00　　B.8.81

C.11.43　　D.68.81

(5) H宾馆当月应在甲市申报缴纳增值税（　　）万元。

A.134.35　　B.130.92

C.159.05　　D.161.05

一、单项选择题

2.136 甲是一家先进制造业企业，符合增值税加计抵减政策，2024 年 2 月进项税额构成如下：专门用于内销项目的进项税额 80 万元，专门用于跨境出口的进项税额 15 万元，既用于内销又用于跨境出口且无法划分的进项税额 20 万元。当月全部销售额 800 万元，其中跨境出口销售额 200 万元。则当期可以计提的加计抵减额为（　　）万元。

A.2.50

B.4.00

C.4.75

D.5.00

2.137 某企业为增值税一般纳税人，符合增值税留抵退税条件，2019 年 3 月末留抵税额为 200 万元，2023 年 5 月末留抵税额为 1 500 万元，当月购进货物与服务可抵扣进项税额为 600 万元，进项构成比例为 80%，该企业 2023 年 5 月可申请退还增量留抵税额（　　）万元。

A.1 040

B.624

C.560

D.336

2.138 A 加油站 2024 年 2 月通过加油机加注成品油 20 000 升，其中经核实加油站自有车辆自用油 500 升。发售加油卡、加油凭证销售成品油的不含税销售额为 10 万元，以上业务中，A 加油站当月的销项税额为（　　）元。（油品不含税单价为 8 元 / 升）

A.20 280

B.20 800

C.33 280

D.33 800

2.139 下列关于研发机构采购国产设备增值税退税政策，说法正确的是（　　）。

A. 研发机构采购国产设备的应退税额，为增值税专用发票上注明的税额

B. 研发机构采购国产设备取得的增值税专用发票，已用于进项税额抵扣的，可以申报退税

C. 已办理增值税退税的国产设备，自增值税专用发票开具之日起 3 年内，设备所有权转移或移作他用的，向主管税务机关全额补缴已退税款

D. 已备案的研发机构在退税申报期内，凭增值税专用发票即可办理退税

2.140 关于增值税优惠政策的说法中，错误的是（　　）。

A. 自主就业退役士兵从事个体经营的，免征增值税

B. 对经营公租房取得的租金收入，免征增值税

C. 对国家综合性消防救援队伍进口国内不能生产或性能不能满足需求的消防救援装备，免征进口环节增值税

D. 供热企业向居民供热取得的采暖费收入，免征增值税

二、多项选择题

2.141 下列关于增值税加计抵减政策，说法正确的有（　　）。

A. 自 2023 年 1 月 1 日至 2027 年 12 月 31 日，先进制造业企业的加计抵减比例为 15%

B. 纳税人同时符合多项加计抵减政策的，可以叠加适用

C. 出口货物劳务不适用加计抵减政策，其对应的进项税额不得计提加计抵减额

D. 企业 A 属于加计抵减政策纳税人，被合并至企业 B，企业 A 办理了注销手续，结余的加计抵减额可以结转至企业 B 继续抵减

E. 集成电路企业外购芯片对应的进项税额，不得计提加计抵减额

错题整理页

第三章　消费税

一、单项选择题

3.1　下列单位不属于消费税纳税人的是（　　）。

A. 批发电子烟的单位

B. 进口应税消费品的单位

C. 生产销售应税消费品（金银首饰除外）的单位

D. 受托加工应税消费品的单位

3.2　下列单位，不能作为跨境电子商务零售进口商品消费税的代收代缴义务人的是（　　）。

A. 物流企业　　B. 电子商务企业

C. 生产企业　　D. 电子商务交易平台企业

3.3　关于消费税的特点，下列说法错误的是（　　）。

A. 征税范围具有选择性

B. 税收调节具有特殊性

C. 征收方法具有单一性

D. 税收负担具有转嫁性

3.4　下列各项属于消费税征税范围的是（　　）。

A. 调味料酒　　B. 宝石坯

C. 卫星通信车　　D. 鞭炮药引线

3.5　下列产品中，属于消费税征税范围的是（　　）。

A. 铅蓄电池　　B. 影视化妆用油彩

C. 酒精　　D. 高尔夫球车

3.6　下列产品中，属于消费税征税范围中“小汽车”税目的是（　　）。

A. 中轻型商务客车　　B. 电动汽车

C. 货车　　D. 气缸容量为 300 毫升的摩托车

3.7　下列自产产品中，需要计算缴纳消费税的是（　　）。

A. 航空煤油　　B. 无动力艇

C. 太阳能电池　　D. 电子烟烟具

3.8　关于成品油生产企业的消费税政策，下列说法正确的是（　　）。

A. 在生产成品油过程中作为燃料消耗的自产成品油照章征收消费税

B. 以外购的溶剂油为原料生产的成品油，外购的溶剂油的已纳消费税可以扣除

C. 在生产成品油过程中作为动力消耗的自产成品油照章征收消费税

D. 在生产成品油过程中作为原料消耗的自产成品油免征收消费税

3.9 下列关于消费税计税价格的说法中，正确的是（　　）。

A. 将自产的啤酒用于换取生产资料，按同类消费品的最高价格计算纳税

B. 卷烟实际销售价格高于核定计税价格，按核定计税价格计税

C. 采用翻新改制方式销售的金银首饰，应按实际收取的不含增值税的全部价款为计税依据

D. 委托加工白酒，直接按照组成计税价格计算纳税

3.10 关于消费税从价定率计征的销售额，下列说法正确的是（　　）。

A. 销售额包括向购买方收取的增值税税款

B. 白酒品牌使用费需计入计税销售额

C. 啤酒包装物押金收取时需计入计税销售额

D. 金银首饰包装费不计入计税销售额

3.11 关于企业单独收取的包装物押金，下列消费税税务处理正确的是（　　）。

A. 销售黄酒收取的包装物押金应并入当期销售额计征消费税

B. 销售白酒收取的包装物押金应并入当期销售额计征消费税

C. 销售葡萄酒收取的包装物押金不并入当期销售额计征消费税

D. 销售雪茄烟收取的包装物押金应并入当期销售额计征消费税

3.12 下列符合卷烟计税价格核定相关规定的是（　　）。

A. 已经国家税务总局核定计税价格的卷烟，生产企业一律按计税价格确定适用税率，计算应纳税款并申报纳税

B. 自 2012 年 1 月 1 日起，卷烟消费税最低计税价格的核定范围为卷烟生产企业在生产环节销售的所有牌号、规格的卷烟

C. 未经国家税务总局核定计税价格的新牌号、新规格卷烟，生产企业应按已核定卷烟价格的平均价格申报纳税

D. 计税价格由国家税务总局按照卷烟批发环节销售价格核定并发布

3.13 关于白酒消费税最低计税价格的核定，下列说法正确的是（　　）。

A. 生产企业实际销售价格高于核定最低计税价格的，按实际销售价格申报纳税

B. 白酒消费税最低计税价格核定范围包括白酒批发企业销售给商场的白酒

C. 白酒消费税最低计税价格由行业协会核定

D. 国家税务总局选择核定消费税计税价格的白酒，核定比例统一确定为 20%

3.14 下列关于消费税的说法中，正确的是（　　）。

A. 我国对卷烟和白酒在批发环节加征一道消费税

B. 税目“烟”在生产销售环节复合计征消费税

C. 卷烟批发环节消费税采用从价计征方式

D. 计算批发环节消费税时，不允许扣除已缴纳的生产环节消费税

3.15 某啤酒厂为增值税一般纳税人，2023 年 9 月销售啤酒 10 吨，取得不含税销售额 28 700 元。另收取包装物押金 1 750 元（含供重复使用的塑料周转箱押金 250 元）并单独核算。该厂当月应缴纳消费税（　　）元。（甲类啤酒的消费税税率为 250 元 / 吨，乙类啤酒的消费税税率为 220 元 / 吨）

A.2 200　　B.2 500　　C.5 740　　D.6 040

3.16 某高尔夫球具厂为增值税一般纳税人，下设非独立核算的门市部。2023 年 6 月该厂将生产的一批成本价为 70 万元的高尔夫球具移送门市部，门市部将其 80% 零售，取得含税销售额 74.58 万元。已知高尔夫球具的消费税税率为 10%，成本利润率为 10%。根据消费税法律制度的规定，该项业务应缴纳消费税（　　）万元。

A.6.6　　B.6.84　　C.7　　D.7.46

3.17 2023 年 2 月，某手表厂生产销售 A 款手表 300 只，取得不含税收入 360 万元，生产销售 B 款手表 500 只，取得不含税收入 80 万元，销售手表配件取得不含税收入 1.2 万元，该厂本月应缴纳消费税（　　）万元。（高档手表的消费税税率为 20%）

A.16.24　　B.72　　C.72.24　　D.88

3.18 某市一鞭炮生产企业（一般纳税人）2023 年 6 月 1 日以分期收款方式销售一批鞭炮，价税合计 135.6 万元，合同约定客户于 6 月 10 日、8 月 10 日各支付 50% 价款，6 月 10 日按照约定收到 50% 的价款，但并未给客户开具发票。已知鞭炮消费税税率为 15%。该企业 6 月就该项业务应缴纳消费税（　　）万元。

A.9　　B.18　　C.0　　D.10.17

3.19 某商场为增值税一般纳税人，2023 年 5 月珠宝首饰部发生下列业务：零售铂金首饰取得含税收入 11.3 万元，将金银首饰与镀金首饰组成配套首饰盒销售，取得含税收入 20.34 万元，其中金银首饰 18.08 万元，镀金首饰 2.26 万元，该商场当月应缴消费税（　　）万元。（消费税税率为 5%）

A.0.5　　B.1.3　　C.1.4　　D.1.58

3.20 2023 年 3 月某商场首饰部销售业务如下：采用以旧换新方式销售金银首饰，该批首饰市场零售价为 13.56 万元，旧首饰作价的含税金额为 5.65 万元，商场实际收到 7.91 万元；修理金银首饰取得含税收入 2.26 万元；零售镀金首饰取得收入 6.78 万元。该商场当月应纳消费税（　　）万元。（金银首饰的消费税税率为 5%）

A.0.35　　B.0.45　　C.0.60　　D.0.75

3.21 下列各项中，属于视同生产应税消费品，应当征收消费税的是（　　）。

A. 商业企业将外购的应税消费品直接销售给消费者的

B. 商业企业将外购的非应税消费品以应税消费品对外销售的

C. 生产企业将自产的应税消费品用于连续生产应税消费品的

D. 生产企业将自产的应税消费品用于企业技术研发的

3.22 关于超豪华小汽车征收消费税的规定，下列说法正确的是（　　）。

A. 征税对象是每辆零售价格 130 万元（含增值税）及以上的小汽车

B. 纳税环节是生产环节和零售环节

C. 纳税人是消费者

D. 计税价格是不含消费税的计税销售价格

3.23 2023 年某公司进口 100 箱卷烟（5 万支 / 箱），经海关审定，关税完税价格为 2 万元 / 箱，关税税率为 20%，2022 年该公司进口环节应纳消费税（　　）万元。（已知甲类卷烟的消费税税率为 56% 加 150 元 / 箱，乙类卷烟的消费税税率为 36% 加 150 元 / 箱）

A.136.5　　B.137.34　　C.306.95　　D.308.86

3.24 某白酒生产企业为增值税一般纳税人，2024 年 1 月销售白酒 2 吨，取得不含税收入 20 000 元，另收取包装物押金 1 130 元，品牌使用费 2 260 元，该白酒生产企业当月应纳消费税（　　）元。（白酒的消费税税率为 20% 加 0.5 元 / 斤）

A.6 000　　B.6 200　　C.6 600　　D.6 678

3.25 某石化企业为增值税一般纳税人，2023 年 4 月销售柴油 90 000 升，其中包括以柴油调和而成的生物柴油 10 000 升，以及符合税法规定免税条件的纯生物柴油 30 000 升，企业已分别核算。该企业 2023 年 4 月应缴纳消费税（　　）元。（消费税税率为 1.2 元 / 升）

A.0　　B.60 000　　C.72 000　　D.108 000

3.26 某汽车制造厂以自产中轻型商务车 20 辆投资某公司，取得 12% 股份，双方确认价值 1 000 万元，该厂生产的同一型号的商务车售价分别为 50 万元 / 辆、60 万元 / 辆、70 万元 / 辆（以上价格均为不含税价格）。该汽车制造厂投资入股的商务车应缴纳消费税（　　）万元。（消费税税率为 5%）

A.0　　B.50　　C.60　　D.70

3.27 某酒厂为增值税一般纳税人，2022 年 5 月发放 1 吨自制白酒作为职工福利，同类白酒不含税售价为 50 000 元 / 吨，成本价为 35 000 元 / 吨。已知成本利润率为 10%，该酒厂上述业务当月应纳消费税（　　）元。（消费税税率为 20% 加 0.5 元 / 斤）

A.8 700　　B.10 625　　C.10 875　　D.11 000

3.28 2023 年 7 月，某筷子生产企业生产销售木制一次性筷子，取得不含税销售额 30 万元，其中含包装物销售额 0.6 万元；销售金属工艺筷子取得不含税销售额 50 万元；销售竹制一次性筷子取得不含税销售额 10 万元。该企业当月应缴纳消费税（　　）万元。（消费税税率为 5%）

A.1.47　　B.1.5　　C.2　　D.4.50

3.29 2023 年 11 月，某卷烟批发企业向商场批发甲类卷烟 4 箱，取得不含税销售额 18.6 万元，向其他卷烟批发企业批发甲类卷烟 5 箱，取得不含税销售额 30 万元。该企业当月应纳消费税（　　）万元。（卷烟批发环节的消费税税率为 11%加 0.005 元 / 支）

A.5.57　　B.5.35　　C.2.11　　D.2.15

3.30 委托加工应税消费品，除受托方为个人外，由受托方履行的消费税扣缴义务是（　　）。

A. 代征代缴　　B. 代扣代缴

C. 代收代缴　　D. 无须扣缴

3.31 关于委托加工应税消费品的税务处理，下列说法正确的是（　　）。

A. 纳税人委托个体工商户加工应税消费品，于委托方收回后在纳税人所在地缴纳消费税

B. 受托方未履行代收代缴消费税义务的，由受托方补缴税款

C. 受托方代收代缴消费税后，委托方收回已税消费品对外销售的，不再征收消费税

D. 由受托方以委托方名义购进原材料生产的应税消费品，以委托方作为消费税的纳税义务人

3.32 2024 年 2 月，甲电池生产企业委托乙企业加工铅蓄电池，乙企业按照本企业同类铅蓄电池不含税价格 100 万元代收代缴消费税 4 万元。甲企业当月全部收回。将其中 30% 对外出售，取得不含税销售额 33 万元；50% 用于继续加工铅蓄电池后销售，取得不含税销售额 80 万元。甲企业当月应缴纳消费税（　　）万元。（铅蓄电池的消费税税率为 4%）

A.0　　B.2.52　　C.1.2　　D.3.32

3.33 关于已纳消费税扣除，下列说法正确的是（　　）。

A. 葡萄酒生产企业购进葡萄酒连续生产应税葡萄酒的，准予从应纳消费税税额中扣除所耗用的应税葡萄酒已纳消费税税款，本期消费税应纳税额不足抵扣的，余额留待下期抵扣

B. 葡萄酒生产企业购进葡萄酒连续生产应税葡萄酒的，准予从应纳消费税税额中扣除所耗用的应税葡萄酒已纳消费税税款，本期消费税应纳税额不足抵扣的，不得结转抵扣

C. 以外购高度白酒连续生产低度白酒，可以按照当期生产领用数量计算准予扣除外购白酒已纳消费税

D. 以外购高度白酒连续生产低度白酒，可以按照当期购进数量计算准予扣除外购白酒已纳消费税

3.34 甲啤酒厂为增值税一般纳税人，2023 年 8 月销售鲜啤酒 10 吨给乙烟酒批发销售公司，开具增值税专用发票注明金额 29 000 元，另开收据收取包装物押金 2 000 元（含塑料周转箱押金 500 元）；销售无醇啤酒 5 吨给丙商贸公司，开具增值税普通发票注明金额 13 800 元，另开收据收取包装物押金 750 元。上述押金均单独核算。甲厂当月应缴纳消费税（　　）元。（甲类啤酒 250 元 / 吨；乙类啤酒 220 元 / 吨）

A.2 500　　B.3 300　　C.3 600　　D.3 750

3.35 2024 年 3 月某首饰生产厂（增值税一般纳税人）从某珠宝玉石厂购进一批已税珠宝玉石，增值税发票注明价款 50 万元，增值税税款 6.5 万元，当期生产领用 90% 并打磨加工成高档珠宝玉石首饰后，销售 80% 给某首饰商城，收到不含税价款 90 万元。已知珠宝玉石的消费税税率为 10%，不考虑期初期末余额，该首饰厂上述业务应缴纳的消费税税额为（　　）万元。

A.4　　B.4.5　　C.5　　D.9

3.36 甲卷烟厂为增值税一般纳税人，2024 年 1 月初库存外购烟丝买价为 5 万元；从小规模纳税人处购进烟丝，取得增值税专用发票注明金额 20 万元；月末外购库存烟丝买价为 12 万元。本月将外购烟丝用于连续生产甲类卷烟，本月销售甲类卷烟 10 箱（标准箱），取得不含税销售额 22 万元。甲卷烟厂本月应缴纳消费税（　　）万元。（烟丝的消费税税率为 30%；甲类卷烟的消费税税率为 56% 加 0.003 元 / 支）

A.12.47　　B.8.57　　C.12.32　　D.6.47

3.37 下列情形，应税消费品已纳消费税不可扣除的是（　　）。

A. 外购已税珠宝玉石生产的珠宝玉石

B. 从葡萄酒生产企业购进葡萄酒连续生产葡萄酒

C. 以委托加工收回的已税鞭炮为原料生产鞭炮

D. 外购的已税摩托车生产的摩托车

3.38 2023 年 8 月，某化工生产企业以委托加工收回的已税高档化妆品为原料继续加工高档化妆品。委托加工收回的已税高档化妆品期初库存的已纳消费税为 30 万元、当期收回的已纳消费税为 10 万元、期末库存的已纳消费税为 20 万元。当月销售高档化妆品取得不含税收入 280 万元。该企业当月应纳消费税（　　）万元。（消费税税率为 15%）

A.12　　B.22　　C.39　　D.42

3.39 某化妆品生产企业从法国进口香水精（属于消费税应税消费品），关税完税价格为 30 万元，关税税率为 20%，海关已代征增值税、消费税。2024 年 4 月生产领用上述进口香水精的 90% 用于连续生产本厂品牌的高档化妆品，本月在国内销售高档化妆品取得不含税销售额 400 万元。该企业上述业务当月应缴纳消费税（　　）万元。（高档化妆品的消费税税率为 15%）

A.53.65　　B.54.29　　C.54.6　　D.60

3.40 甲啤酒厂为增值税一般纳税人，2024 年 2 月从非关联方处购进啤酒液生产 M 型啤酒，M 型啤酒成本为 6 000 元 / 吨，当月将自产的 10 吨 M 型啤酒捐赠给当地政府举办的啤酒节，啤酒成本利润率为 10%。对甲啤酒厂上述业务税务处理正确的是（　　）。（M 型啤酒的消费税税率为 250 元 / 吨）

A. 应按照组成计税价格计算 M 型啤酒应缴纳的消费税

B. 通过当地政府捐赠给啤酒节的啤酒，不征收增值税

C.M 型啤酒应计提增值税销项税额 8 905 元

D. 外购啤酒液已纳消费税可以从当期应纳消费税税额中抵减

3.41 下列关于消费税纳税地点的说法中，正确的是（　　）。

A. 纳税人销售应税消费品，应当在销售行为发生地的主管税务机关申报纳税

B. 纳税人总分机构不在同一县（市）的，可以选择由总机构汇总向总机构所在地的主管税务机关申报缴纳消费税

C. 委托加工应税消费品，受托方为个人的，由委托方向其机构所在地主管税务机关申报纳税

D. 进口的应税消费品，由进口人或由其代理人向其机构所在地或住所地主管税务机关申报纳税

3.42 下列关于消费税征收管理的表述中，正确的是（　　）。

A. 纳税人采用预收货款计算方式的，纳税义务发生时间为收到货款的当天

B. 纳税人进口应税消费品，应当自海关填发进口消费税专用缴款书之日起 14 日内缴纳税款

C. 纳税人以 1 个月或者 1 个季度为 1 个纳税期的，自期满 15 日内申报纳税

D. 纳税人委托加工的应税消费品，其纳税义务的发生时间为纳税人委托加工合同约定的付款日期当天

二、多项选择题

3.43 关于消费税扣缴义务人，下列说法正确的有（　　）。

A. 个人购买跨境电子商务零售进口商品的，电子商务企业可作为代收代缴义务人

B. 委托加工应税消费品，受托方是代收代缴义务人

C. 个人购买跨境电子商务零售进口商品的，物流企业可作为代收代缴义务人

D. 个人购买跨境电子商务零售进口商品的，生产商可作为代收代缴义务人

E. 委托个人加工应税消费品由受托方代收代缴消费税

3.44 下列属于消费税征税范围的有（　　）。

A. 未经打磨、倒角的木制一次性筷子

B. 啤酒屋利用啤酒设备生产的啤酒

C. 燃料油

D. 电动汽车

E. 影视演员化妆用的上妆油

3.45 下列属于消费税征税范围的有（　　）。

A. 航空煤油

B. 人造宝石制作的首饰

C. 变压器油

D. 气缸容量为 150 毫升的摩托车

E. 未经涂饰的素板

3.46 关于消费税征收范围的说法，正确的有（　　）。

A. 购进中轻型商用客车属于“小汽车”税目的征收范围

B. 实木指接地板及用于装饰墙壁、天棚的实木装饰板，属于“实木地板”税目的征收范围

C. 用于水上运动和休闲娱乐等活动的非机动艇属于“游艇”税目的征收范围

D. 高尔夫球包属于“高尔夫球及球具”税目的征收范围

E. 以汽油、汽油组分调和生产的甲醇汽油和乙醇汽油属于“汽油”的征收范围

3.47 下列应税消费品，属于在零售环节缴纳消费税的有（　　）。

A. 卷烟

B. 钻石和钻石饰品

C. 镀金首饰

D. 金银首饰

E. 超豪华小汽车

3.48 甲企业从事电子烟生产业务，持有电子烟商标 A 并生产电子烟 A 产品。2022 年 11 月，甲企业生产销售 A 电子烟给电子烟批发企业乙，销售额为 200 万元（不含增值税，下同）。当月，甲企业（不持有电子烟商标 B）还从事电子烟代加工业务，生产销售一批 B 电子烟给丙电子烟生产企业（持有电子烟商标 B），销售额为 80 万元。下列说法正确的有（　　）。（电子烟生产环节的消费税税率为 36%）

A. 如果甲企业未分开核算自产 A 电子烟和代加工的 B 电子烟的销售额，则甲企业当月应纳消费税 100.8 万元

B. 如果甲企业未分开核算自产 A 电子烟和代加工的 B 电子烟的销售额，则需代收代缴 B 电子烟的消费税

C. 如果甲企业未分开核算自产 A 电子烟和代加工的 B 电子烟的销售额，则需承担 B 电子烟的纳税义务

D. 如果甲企业分开核算自产 A 电子烟和代加工 B 电子烟的销售额，则无须代收代缴 B 电子烟的消费税

E. 如果甲企业分开核算自产 A 电子烟和代加工 B 电子烟的销售额，则需代收代缴 B 电子烟的消费税

3.49 下列关于石脑油的消费税政策，说法正确的有（　　）。

A. 对生产石脑油的企业对外销售的用于生产乙烯、芳烃类化工产品的石脑油，免征消费税

B. 对生产石脑油的企业对外销售的用于生产乙烯、芳烃类化工产品的石脑油，征收消费税

C. 生产企业用自产的石脑油生产乙烯、芳烃类化工产品的，需要在移送时视同销售缴纳消费税

D. 生产企业用自产的石脑油生产乙烯、芳烃类化工产品的，按实际耗用数量免征消费税

E. 对于购进石脑油并用于生产乙烯、芳烃类化工产品的，按实际耗用数量退还所含消费税

3.50 下列关于以废矿物油为原料生产的润滑油基础油、汽油、柴油等工业油料免征消费税需符合的条件中，说法正确的有（　　）。

A. 纳税人必须取得市级以上生态部门颁发的许可证

B. 生产原料中废矿物油重量必须占到 90% 以上

C. 每吨废矿物油生产的润滑油基础油应不少于 0.65 吨

D. 利用废矿物油生产的产品与利用其他原料生产的产品应分别核算

E. 生产原料中废矿物油的重量不得低于 70%

3.51 关于消费税征税范围的说法，正确的有（ ）。

A. 以发酵酒为酒基，酒精度低于 38 度（含）的配制酒，按“其他酒”税目征收消费税

B. 施工状态下 VOC 含量低于 420 克 / 升（含）的涂料不属于消费税的征收范围

C. 催化料、焦化料属于燃料油的征收范围

D. 用排气量大于 1.5 升的乘用车底盘改装的车辆属于乘用车的征收范围

E. 玻璃仿制品属于贵重首饰及珠宝玉石的征收范围

3.52 根据现行税法规定，下列业务既征收增值税又征收消费税的有（ ）。

A. 贸易公司进口游艇

B. 石化公司销售自产汽油

C. 烟酒经销商店销售外购的已税白酒

D. 卷烟批发企业向零售商销售卷烟

E. 涂料生产企业销售涂料

3.53 下列业务中，既征收增值税又征收消费税的有（ ）。

A. 商场珠宝部销售金银首饰

B. 烟草贸易公司向卷烟批发局批发卷烟

C. 实木地板厂将自产的实木地板用于装修办公室

D. 酒厂将自产白酒用于职工福利

E.4S 店销售超豪华小汽车

3.54 下列消费品的生产经营环节中，既征收增值税又征收消费税的有（ ）。

A. 高档手表的生产销售环节

B. 卷烟的零售环节

C. 珍珠饰品的零售环节

D. 鞭炮焰火的批发环节

E. 超豪华小汽车的零售环节

3.55 下列货物中，采用从量定额方法计征消费税的有（ ）。

A. 黄酒

B. 游艇

C. 润滑油

D. 雪茄烟

E. 电子烟

3.56 关于金银首饰在零售环节征收消费税，下列说法正确的有（ ）。

A. 金银首饰改在零售环节征税后，出口金银首饰不退消费税

B. 单位用于馈赠的金银首饰，没有同类金银首饰销售价格的，按照组成计税价格计算纳税

C. 金银首饰与其他产品组成成套消费品销售的，应区别应税和非应税消费品分别征税

D. 金银首饰连同包装物销售，能够分别核算的，包装物不并入销售额计征消费税

E. 纳税人采用以旧换新方式销售的金银首饰，应按实际收取的不含税的全部价款确定计税依据

3.57 下列关于卷烟和白酒消费税的说法中，正确的有（　　）。

A. 卷烟生产企业实际销售价格高于税务机关核定的计税价格，按核定的计税价格征收

B. 未经国务院批准纳入计划的企业和个人生产的卷烟，暂不征收消费税

C. 白酒生产企业计税价格低于销售单位对外销售价格 70% 以下的，税务机关应该核定最低计税价格

D. 白酒生产企业收取的品牌使用费，应并入销售额中征收消费税

E. 白酒包装物押金在收取时计入计税销售额计征消费税

3.58 甲白酒生产企业委托乙销售公司销售本企业生产的白酒（甲乙均为一般纳税人），2023 年 8 月甲企业向乙公司销售自产白酒，开具增值税专用发票注明数量 1 000 箱（每箱 6 瓶白酒，每瓶白酒 500 克），不含税销售额为 66 万元，乙公司将其全部销售，不含税销售额为 100 万元。关于上述业务的税务处理，下列说法正确的有（　　）。（白酒的消费税税率为 20% 加 0.5 元 /500 克）

A. 甲企业消费税计税销售额为 60 万元

B. 乙企业增值税销项税额为 13 万元

C. 甲企业应纳消费税 12.3 万元

D. 甲企业应纳增值税 8.58 万元

E. 甲企业应纳消费税 13.5 万元

3.59 下列关于消费税计税价格核定权限的说法，正确的有（　　）。

A. 小汽车的计税价格由省级税务局核定，送国家税务总局备案

B. 卷烟的计税价格由国家税务总局核定，送财政部备案

C. 啤酒的计税价格由国家税务总局核定，送财政部备案

D. 进口游艇的计税价格由国家税务总局核定

E. 高档化妆品的计税价格由省、自治区和直辖市税务局核定

3.60 甲实木地板生产企业为增值税一般纳税人，2023 年 3 月将外购成本为 260 万元的未经涂饰的地板委托乙企业加工成漆饰地板，取得增值税专用发票注明加工费 25 万元，当月委托加工收回的漆饰地板 70% 已经销售，开具增值税专用发票注明金额 350 万元，已知实木地板的消费税税率为 5%，乙企业无同类地板销售价格。对于上述业务的税务处理，下列说法正确的有（　　）。

A. 甲企业销售漆饰地板不再缴纳消费税

B. 乙企业应代收代缴消费税 16.5 万元

C. 甲企业销售漆饰地板应纳消费税 7 万元

D. 甲企业销售漆饰地板应纳消费税 2.5 万元

E. 乙企业应代收代缴消费税 15 万元

3.61 关于消费税的处理，下列说法正确的有（　　）。

A. 珠宝零售商销售金银首饰及珠宝首饰，不能分别核算的，一律按照销售金银首饰计算缴纳零售环节消费税

B. 卷烟批发企业销售卷烟，不分销售对象均应按照 11% 的比例税率和 0.005 元 / 支计算缴纳消费税

C. 五金批发企业购进大包装电池改成小包装电池销售，应计算缴纳消费税

D. 生产企业将超豪华小汽车直接销售给消费者，仅缴纳生产环节消费税

E. 经营单位进口金银首饰无须缴纳进口环节消费税

3.62 下列关于委托加工应税消费品的规定中，正确的有（　　）。

A. 如果受托方没有按规定代收代缴消费税，由受托方补缴税款

B. 委托加工的应税消费品的计税依据为委托方同类消费品的销售价格

C. 受托方在交货时已代收代缴消费税，委托方收回后直接销售的，不再征收消费税

D. 受托方以委托方名义购进原材料生产的应税消费品按照委托加工应税消费品处理

E. 委托个体工商户加工应税消费品，于委托方收回后在委托方所在地缴纳消费税

3.63 纳税人销售应税消费品收取的下列款项，应计入消费税计税依据的有（　　）。

A. 白酒延期付款利息

B. 白酒品牌使用费

C. 白酒包装物租金

D. 啤酒逾期的包装物押金

E. 增值税销项税额

3.64 下列产品中，在计算缴纳消费税时准予扣除外购应税消费品已纳消费税的有（　　）。

A. 外购已税烟丝生产的卷烟

B. 外购已税白酒生产的白酒

C. 外购已税手表镶嵌钻石生产的手表

D. 外购已税实木素板涂漆生产的实木地板

E. 外购已税珠宝玉石生产的金银镶嵌首饰

3.65 下列应税消费品中，委托加工收回后继续加工准予扣除已纳消费税的有（　　）。

A. 以已税小汽车改造生产小汽车

B. 以已税高档化妆品为原料生产的高档化妆品

C. 以已税珠宝玉石为原料生产的金基镶嵌首饰

D. 以已税润滑油为原料生产的润滑油

E. 以已税杆头、杆身和握把为原料生产的高尔夫球杆

3.66 关于酒类消费税的计税依据，下列说法正确的有（　　）。

A. 白酒消费税实行最低计税价格核定管理办法

B. 白酒生产企业收取品牌使用费应并入计税依据

C. 进口白酒的计税价格由省级税务机关核定

D. 白酒消费税的最低计税价格由税务机关核定

E. 纳税人自设的独立核算门市部销售白酒，按照对外销售价格征收消费税

3.67 关于委托加工应税消费品的消费税处理，下列说法中正确的有（　　）。

A. 委托加工应税消费品的消费税纳税人是受托方

B. 受托方已代收代缴消费税的应税消费品，委托方收回后以高于受托方计税价格出售的，应申报缴纳消费税

C. 受托方没有代收代缴消费税税款，委托方应补缴税款

D. 委托加工消费税纳税地点（除个人外）是委托方所在地

E. 委托加工的加工费包括代垫辅助材料的实际成本

3.68 某汽车贸易公司2024年5月从甲汽车制造厂购进气缸容量为3.6升的小汽车20辆，不含税价格为40万元/辆。该贸易公司本月销售12辆，含税销售收入58.76万元/辆；以1辆小汽车抵偿乙企业的债务，债务重组合同规定，按贸易公司对外销售价格抵偿乙企业的债务，并开具增值税专用发票，乙企业将其作为管理部门接待用车。对上述业务的税务处理，正确的有（　　）。（气缸容量为3.6升的小汽车的消费税税率为25%）

A. 甲汽车制造厂应纳消费税320万元

B. 贸易公司抵偿乙企业债务的小汽车增值税销项税额为6.76万元

C. 贸易公司销售小汽车不缴纳消费税

D. 贸易公司抵偿乙企业债务的小汽车应按照最高价计算缴纳消费税

E. 贸易公司应缴纳消费税169万元

3.69 2023年3月，甲企业采用分期收款方式销售应税消费品，当月发货。合同约定，不含税总价款为300万元，自4月份起分三个月等额收回货款。4月实际收到不含税货款80万元，5月实际收到不含税货款120万元。对于上述业务的税务处理，下列说法正确的有（　　）。

A. 甲企业4月份消费税计税销售额为100万元

B. 若书面合同没有约定收款日期，则3月份发出应税消费品的当天为增值税纳税义务发生时间

C. 若甲企业3月份签订合同后即全额开具了发票，则3月份发生增值税纳税义务

D. 甲企业5月份消费税计税销售额为120万元

E. 甲企业3月份发出应税消费品的当天为消费税纳税义务发生时间

3.70 下列业务无须计算缴纳消费税的有（　　）。

A. 化妆品生产企业购进中档化妆品对外销售

B.4S店销售130万元以下的大排量小汽车

C. 珠宝行零售珍珠首饰

D. 委托加工收回应税消费品对外直接出售

E. 商城购进普通化妆品以高档化妆品对外销售

三、计算题

3.71 某化妆品厂为增值税一般纳税人，2023 年 8 月发生如下业务：

（1）外购已税香水精，取得增值税专用发票注明价款 150 万元，增值税税额 19.5 万元。当期领用 80% 投入高档香水的生产。

（2）当期生产的高档香水全部入库，75% 对外销售，取得不含税销售收入 750 万元；剩余 25% 发给职工作为五一劳动节礼品。

（3）销售高档化妆品礼盒取得不含税收入 1 300 万元。将 280 套同款化妆品礼盒用于抵顶所欠其他公司的材料款 38 万元。该高档化妆品礼盒平均售价 1 300 元 / 套，最低售价 1 200 元 / 套，最高售价 1 400 元 / 套，上述价格均为不含税价。

（4）将自产的高档口红和补水面膜组成套装产品作为样品赠送给客户，共赠送 1 000 套，该套装礼盒不含税售价为 400 元 / 套，其中口红单独售价 395 元 / 只，面膜单独售价 12 元 / 张。

（5）当月将自产的香水精 60% 用于连续生产高档化妆品，40% 用于连续生产中档化妆品。该批香水精的成本为 50 万元，利润率为 10%。

已知：高档化妆品适用的消费税税率为 15%。

根据上述资料，回答下列问题。

(1) 业务（2）应缴纳的消费税为（　　）万元。

A.94.5　　B.127.5

C.132　　D.150

(2) 业务（3）应缴纳的消费税为（　　）万元。

A.200.04　　B.200.46

C.200.7　　D.200.88

(3) 业务（4）应缴纳的消费税为（　　）万元。

A.5.82　　B.5.93

C.6　　D.6.11

(4) 业务（5）应缴纳的消费税为（　　）万元。

A.0　　B.3

C.3.88　　D.9.71

3.72 某金店（增值税一般纳税人）2023 年 6 月发生如下业务：

（1）1 日 ~ 24 日，零售纯金首饰取得含税销售额 1 200 000 元，零售玉石首饰取得含税销售额 1 160 000 元。

（2）25 日，采取以旧换新方式零售 A 款纯金首饰，实际收取价款 560 000 元，同款新纯金首饰零售价为 780 000 元。

（3）27 日，接受消费者委托加工 B 款金项链 20 条，收取含税加工费 5 650 元，无同类金项链销售价格，黄金材料成本为 30 000 元，当月加工完成并交付委托人。

（4）30 日，将新设计的 C 款金项链发放给优秀员工作为奖励，该批金项链耗用黄金 500 克，不含税购进价格为 270 元 / 克，无同类首饰售价。

已知：贵重首饰及珠宝玉石的成本利润率为 6%，金银首饰的消费税税率为 5%，其他贵重首饰和珠宝玉石的消费税税率为 10%。

根据上述资料，回答下列问题。

(1) 业务（1）应缴纳消费税（　　）元。

A.53 097.35　　B.60 000

C.104 424.78　　D.118 000

(2) 业务（2）应缴纳消费税（　　）元。

A.24 778.76　　B.28 000

C.34 513.27　　D.39 000

(3) 业务（3）应缴纳消费税（　　）元。

A.1 750　　B.1 782.5

C.1 842.11　　D.1 876.32

(4) 业务（4）应缴纳消费税（　　）元。

A.0　　B.6 750

C.7 155　　D.7 531.58

3.73 甲木制品厂为增值税一般纳税人，主要从事实木地板生产销售业务，2023 年 3 月发生下列业务：

（1）外购一批实木素板，取得增值税专用发票注明金额 150 万元；另支付运费取得增值税专用发票注明金额 2 万元。

（2）将上述外购已税素板 70% 连续生产 A 型实木地板，当月对外销售取得含税销售额 226 万元。

（3）将上述外购已税素板 30% 委托乙厂加工 B 型实木地板，当月加工完毕全部收回，乙厂收取不含税加工费 5 万元，开具增值税专用发票。甲厂同类实木地板不含税售价为 65 万元。乙厂无同类实木地板售价。

（4）将外购的材料成本为 48.8 万元的原木移送丙厂，委托加工 C 型实木地板，丙厂收取不含税加工费 8 万元，开具增值税专用发票。丙厂无同类实木地板售价。当月加工完毕甲厂全部收回后，对外销售 70%，取得不含税销售额 70 万元，其余 30% 留存仓库。

（5）主管税务机关 4 月初对甲厂进行税务检查时发现，乙厂已按规定计算代收代缴消费税，但丙厂未履行代收代缴消费税义务。

已知：实木地板的消费税税率为 5%。

根据上述资料，回答下列问题：

(1) 业务（2）中，甲厂应缴纳消费税（　　）万元。

A.2.50　　B.4.75

C.6.05　　D.10.00

(2) 乙厂应代收代缴消费税（　　）万元。

A.2.53　　B.2.63

C.2.66　　D.3.25

(3) 甲厂销售 C 型实木地板应缴纳消费税（　　）万元。

A.1.80　　B.1.99

C.2.09　　D.3.50

(4) 甲厂留存仓库的 C 型实木地板应缴纳消费税（　　）万元。

A.0　　B.0.77

C.0.90　　D.1.50

3.74 甲礼花厂 2023 年 6 月发生如下业务：

（1）委托乙厂加工一批焰火，甲厂提供成本为 40 万元的原材料，不含税加工费总计 5 万元。当月乙厂将加工完毕的焰火的 80% 交付甲厂，甲厂该焰火的同类平均售价为 50 万元。乙厂没有同类售价。

（2）将委托加工收回的焰火的 60% 用于销售，取得不含税销售额 45 万元。

（3）将其余的 40% 用于连续生产 A 型组合焰火。将生产的 A 型组合焰火的 80% 以分期收款方式对外销售，合同约定不含税销售额 36 万元，6 月 28 日收取货款的 70%，7 月 28 日收取货款的 30%，当月货款尚未收到。另将剩余的 20% 焰火赠送给客户。

（4）当月将生产的 B 型焰火用于换取生产资料，该批 B 型焰火的平均售价为 70 万元，最高售价为 80 万元，另向丙厂销售鞭炮药引线取得不含税销售额 20 万元。

已知：焰火的消费税税率为 15%。

根据上述资料，回答下列问题。

(1) 业务（1）中乙厂当期应代收代缴的消费税为（　　）万元。

A.6.35　　B.7.94

C.7.50　　D.6.00

(2) 业务（2）当期应缴纳的消费税为（　　）万元。

A.0.40　　B.2.94

C.6.75　　D.0

(3) 业务（3）当期应缴纳的消费税为（　　）万元。

A.1.24　　B.1.35

C.2.59　　D.5.13

(4) 业务（4）当期应缴纳的消费税为（　　）万元。

A.10.50　　B.12.00

C.13.50　　D.15.00

四、综合分析题

3.75 甲卷烟厂为增值税一般纳税人，主要生产销售A牌卷烟，2023年5月发生如下经营业务：

（1）向农业生产者收购烟叶，实际支付价款360万元、另支付10%价外补贴，按规定缴纳了烟叶税79.2万元，开具合法的农产品收购凭证。另支付运费，取得运输公司（小规模纳税人）开具的增值税专用发票，注明运费5万元，进项税额0.05万元。

（2）将收购的烟叶全部运往位于县城的乙企业加工烟丝，取得增值税专用发票，注明加工费40万元、代垫辅料10万元，本月收回全部委托加工的烟丝，乙企业已代收代缴相关税费。

（3）以委托加工收回的烟丝的80%生产A牌卷烟1 400箱。本月销售A牌卷烟给丙卷烟批发企业500箱，取得不含税收入1 200万元，由于货款收回及时给予丙企业2%的折扣。

（4）将委托加工收回烟丝的剩余的20%对外出售，取得不含税收入150万元。

（5）购入客车1辆，用于接送职工上下班，取得机动车销售统一发票注明税额2.6万元；购进经营用的运输卡车1辆，取得机动车销售统一发票注明税额3.9万元。

已知：A牌卷烟消费税的比例税率为56%、定额税率为150元/箱；烟丝消费税的比例税率为30%；相关票据已在当月勾选抵扣或计算扣除进项税额。

根据上述资料，请回答下列问题。

(1) 业务（1）可抵扣进项税额（　　）万元。

A.47.57　　B.39.65
C.42.82　　D.47.52

(2) 业务（2）乙企业应代收代缴消费税（　　）万元。

A.162.43　　B.177.86
C.206.86　　D.227.23

(3) 业务（3）甲厂应纳消费税（　　）万元。

A.500.57　　B.514.01
C.666.06　　D.679.50

(4) 业务（4）甲厂应纳消费税（　　）万元。

A.0　　B.3.63
C.9.43　　D.45.00

(5) 业务（2）和业务（5）可以抵扣进项税额合计（　　）万元。

A.8.9　　B.10.4
C.11.5　　D.13

(6) 甲厂本月应缴纳增值税（　　）万元。

A.111.73　　B.114.83
C.117.53　　D.122.33

new

单项选择题

3.76 下列关于废矿物油为原料生产的润滑油基础油的消费税政策，表述正确的是（　　）。

A. 用废矿物油生产的免税润滑油基础油连续加工生产润滑油，在申报缴纳消费税时允许扣减其耗用的润滑油基础油数量

B. 纳税人因违规排放被取消享受免税资格的，5 年内不得再次申请

C. 纳税人外购利用废矿物油生产的润滑油基础油加工生产润滑油，不得扣除耗用的润滑油基础油数量

D. 废矿物油为原料生产的润滑油基础油免征消费税，生产原料中废矿物油重量需要达到 70% 以上

3.77 下列各项关于消费税的政策，表述正确的是（　　）。

A. 将外购的消费税高税率应税产品以低税率应税产品对外销售的，需要视同生产应税消费品缴纳消费税

B. 单位和个人外购润滑油大包装经简单加工改成小包装视同应税消费品的生产行为，需要申报缴纳消费税

C. 外购润滑油不经加工只贴商标的行为，视同应税消费品的生产行为，应当申报缴纳消费税。且不得扣除外购润滑油已纳的消费税税款

D. 外购电池、涂料不经加工只贴商标对外出售的，无须申报缴纳消费税

错题整理页

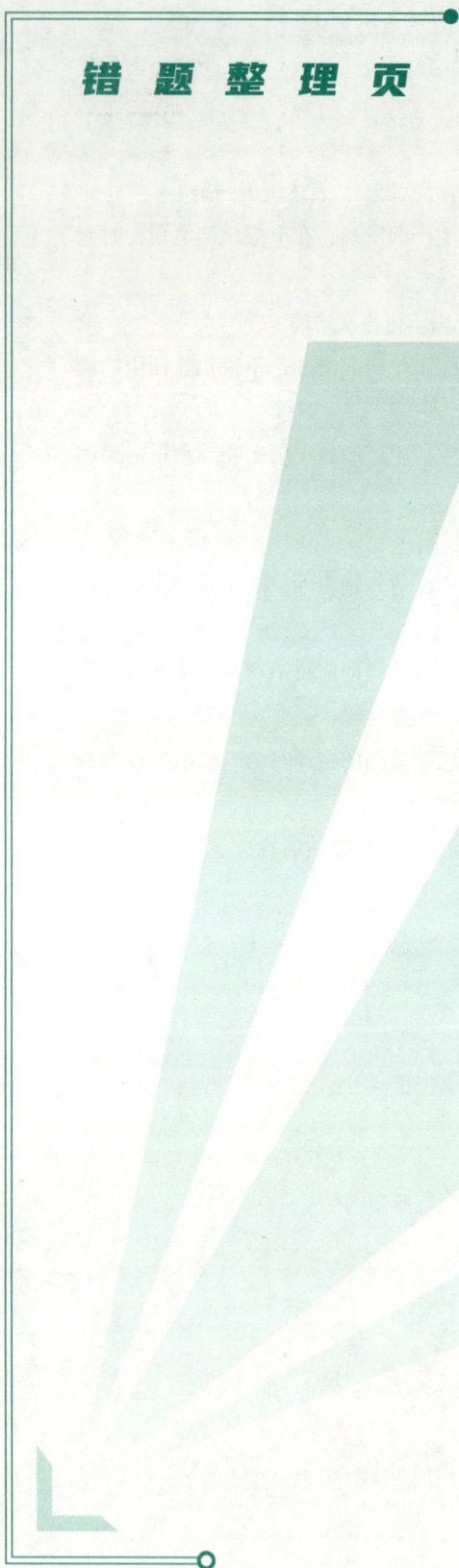

第四章　城市维护建设税

一、单项选择题

4.1　关于城市维护建设税的特点，下列说法正确的是（　　）。

A. 具有独立的征税对象

B. 根据城建规模设计地区差别定额税率

C. 以应缴纳的增值税、消费税税额之和为计税依据

D. 征收范围较广

4.2　城市维护建设税采用的税率形式是（　　）。

A. 产品比例税率

B. 地区差别比例税率

C. 有幅度的比例税率

D. 行业比例税率

4.3　下列各项中，应计入城市维护建设税计税依据的是（　　）。

A. 境外单位向境内销售服务缴纳的增值税

B. 纳税人因欠缴税款被处以的罚款

C. 生产企业出口货物实行免、抵、退税办法，当期免抵的增值税税额

D. 退还的增值税期末留抵税额

4.4　某市区甲企业为增值税一般纳税人，当期销售货物实际缴纳增值税 30 万元、消费税 15 万元，进口货物缴纳进口环节增值税 2 万元。该企业当期应缴纳城市维护建设税（　　）万元。

A.2.25

B.3.01

C.3.15

D.3.29

4.5　下列关于城市维护建设税适用税率的说法中，正确的是（　　）。

A. 行政区划变更的，自变更完成次月起适用新行政区划对应的城市维护建设税税率

B. 纳税人预缴增值税时，按纳税人机构所在地的适用税率计算缴纳城市维护建设税

C. 由受托方代收、代扣增值税、消费税的，按纳税人机构所在地的适用税率计算缴纳城市维护建设税

D. 流动经营等无固定纳税地点的单位和个人，按纳税人缴纳增值税、消费税所在地的规定税率就地缴纳城市维护建设税

4.6 位于 A 市的甲建筑企业为增值税一般纳税人，2023 年 5 月在 B 县提供建筑服务取得含税收入 5 000 万元，支付给分包商的含税价款为 2 000 万元，该业务适用增值税一般计税方法，则甲企业应在 B 县预缴城市维护建设税（　　）万元。

A.4.59

B.2.75

C.12.39

D.3.85

4.7 下列关于城市维护建设税的说法中，正确的是（　　）。

A. 城市维护建设税原则上不单独规定减免税

B. 期末留抵退税退还的增值税期末留抵税额不得在计税依据中扣除

C. 增值税实行即征即退的，一律退还城市维护建设税

D. 生产企业出口货物实行免、抵、退税的，经税务局正式审核批准的当期免抵的增值税税额应在城市维护建设税的计税依据中扣除

二、多项选择题

4.8 下列税额可作为城市维护建设税的计税依据的有（　　）。

A. 增值税期末留抵税额

B. 增值税免抵税额

C. 直接减免的增值税、消费税

D. 实际缴纳的增值税、消费税

E. 进口环节缴纳的消费税

4.9 下列不属于城市维护建设税计税依据的有（　　）。

A. 进口货物缴纳的增值税

B. 进口环节缴纳的关税

C. 境外单位和个人向境内销售劳务缴纳的增值税

D. 国内销售环节实际缴纳的增值税、消费税

E. 减免的增值税、消费税

4.10 下列关于城市维护建设税的表述中，符合税法规定的有（　　）。

A. 对于增值税小规模纳税人更正、查补此前按照一般计税方法确定的城市维护建设税计税依据，允许扣除尚未扣除完的留抵退税额

B. 对增值税实行先征后返、即征即退办法的，除另有规定外，对随同增值税附征的城市维护建设税，一律不予退（返）还

C. 城市维护建设税以一个月为纳税期限

D. 对其他个人发生应税行为所缴纳的增值税，无须缴纳城市维护建设税

E. 其他个人出租异地不动产，应在不动产所在地预缴城市维护建设税

错题整理页

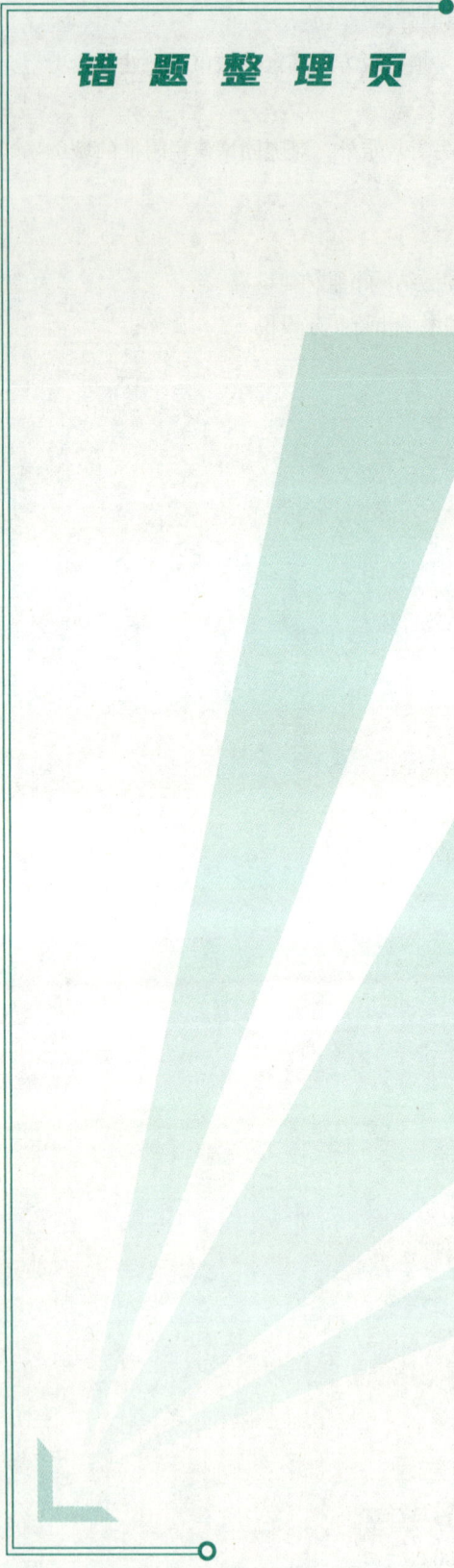

第五章　土地增值税

一、单项选择题

5.1　下列各项属于土地增值税征税范围的是（　　）。

A. 房产评估增值　　B. 房地产出租

C. 房产继承　　D. 将房产捐赠给关联企业

5.2　下列行为属于土地增值税征税范围的是（　　）。

A. 公司的房产评估增值　　B. 事业单位转让闲置房产

C. 企业以房地产抵押借款　　D. 村委会自行转让集体土地使用权

5.3　土地增值税采用的税率形式是（　　）。

A. 五级超额累进税率　　B. 七级超额累进税率

C. 四级超率累进税率　　D. 五级超率累进税率

5.4　某房地产公司转让商品楼获得应税收入 8 000 万元，计算增值额时准予扣除项目金额 3 500 万元，则适用税率和速算扣除系数为（　　）。

A.30%、0　　B.40%、5%

C.50%、15%　　D.60%、35%

5.5　下列各项，税务机关可要求纳税人进行土地增值税清算的是（　　）。

A. 申请注销税务登记但未办理土地增值税清算手续的

B. 取得销售许可证满 2 年仍未销售完毕的

C. 取得的销售收入占该项目收入总额 50% 以上的

D. 纳税人直接转让土地使用权

5.6　下列关于纳税人转让房地产的应税收入，说法正确的是（　　）。

A. 对取得的无形资产收入，要按取得时的市场价格折算成货币收入

B. 房地产企业用清算项目安置回迁户的安置用房，不需要确认收入

C. 房价之外单独收取的代收费用，也要作为转让房地产的收入

D. 营改增前转让房地产取得的收入为含营业税的收入

5.7　房地产开发公司甲公司为增值税一般纳税人，其开发的 A 项目适用一般计税方法计税，2024 年 3 月完工并交付使用。该项目共取得含税销售收入 10 900 万元。向政府支付的土地价款为 4 000 万元，则甲公司该项目土地增值税清算时的应税收入为（　　）万元。

A.6 330.28　　B.10 000.00

C.10 330.28　　D.10 900.00

5.8 2024年2月，某房地产开发公司销售自行开发的房地产30 000平方米，取得不含税销售额60 000万元；将5 000平方米用于抵顶供应商等值的建筑材料；将1 000平方米对外出租，取得不含税租金56万元。该房地产开发公司在计算土地增值税时的应税收入为（　　）万元。

A.60 000　　B.60 056　　C.70 000　　D.70 056

5.9 某房地产开发公司为增值税一般纳税人，2024年5月后转让A项目部分房产，取得含税收入50 000万元，A项目所占土地向政府部门支付的土地价款为10 000万元。同月转让B项目房产，取得含税收入30 000万元，B项目所占土地向政府部门支付的土地价款为7 000万元。已知两项目均已达土地增值税清算条件，该房地产公司对A项目选择简易征收方式缴纳增值税，B项目适用一般计税方式缴纳增值税。该公司两个项目在土地增值税清算时应确认收入共（　　）万元。

A.75 141.99　　B.76 196.16　　C.75 719.97　　D.80 000.00

5.10 下列关于房地产开发企业土地增值税清算的扣除，正确的是（　　）。

A. 拆迁补偿费不允许扣除

B. 逾期开发土地闲置费允许分期扣除

C. 预提费用可以扣除

D. 扣留建筑安装施工企业的质量保证金，有发票的可以扣除

5.11 2023年8月，张某将2022年6月购入的商铺转让，取得不含税收入600万元。张某持有购房增值税普通发票，注明金额350万元、税额17.5万元，无法取得商铺评估价格。张某计算缴纳土地增值税时，可以扣除旧房金额以及加计扣除金额共计（　　）万元。

A.350.00　　B.367.50　　C.385.88　　D.404.25

5.12 甲房地产开发公司对一项开发项目进行土地增值税清算，相关资料包括：取得土地使用权支付的金额为50 000万元；房地产开发成本为101 000万元（其中资本化利息支出1 000万元，已取得银行开具的相关证明）；销售费用为4 000万元；管理费用为2 000万元；财务费用为3 000万元，全部为支付给银行的贷款利息，已取得银行开具的相关证明，且未超过商业银行同期同类贷款利率。项目所在省规定房地产开发费用扣除比例为5%。不考虑其他情况，该房地产开发公司在本次清算中可以扣除的房地产开发费用为（　　）万元。

A.10 500　　B.9 000　　C.11 500　　D.10 550

5.13 关于土地增值税扣除项目，下列说法正确的是（　　）。

A. 超过贷款期限的利息，不超过银行同类同期贷款利率水平计算的部分允许扣除

B. 土地增值税清算时，已经计入房地产开发成本的耕地占用税，应调整至土地成本中计算扣除

C. 房地产开发过程中实际发生的合理的销售费用可以据实扣除

D. 为取得土地使用权所支付的价款和已纳契税，应计入取得土地使用权所支付的金额，按照已销售部分分摊确定可以扣除土地成本的金额

5.14 关于房地产开发企业的土地增值税处理，下列说法正确的是（　　）。

A. 销售已装修的房屋，其装修费不允许在计算土地增值税时扣除

B. 建造非普通标准住宅出售的，不允许按取得土地使用权时支付的金额和房地产开发成本之和加计扣除 20%

C. 开发建造的与清算项目配套的学校，建成后无偿移交政府的，其成本、费用可以在计算土地增值税时扣除

D. 将未竣工决算的房地产开发项目整体转让的，不允许按取得土地使用权时支付的金额和房地产开发成本之和加计扣除 20%

5.15 2024 年 6 月，某房地产开发公司转让在建项目，取得不含税收入 20 000 万元。该公司取得土地使用权时支付土地出让金 7 000 万元、契税 210 万元、印花税 3.5 万元（已计入管理费用）及登记费 0.1 万元，该公司缴纳土地增值税时可以扣除的取得土地使用权所支付的金额为（　　）万元。

A.7 210.00　　B.7 210.10　　C.7 213.50　　D.7 213.60

5.16 某企业为增值税一般纳税人，2023 年 11 月转让 5 年前自行建造的厂房，厂房对应的地价款为 600 万元，评估机构评定的重置成本价为 1 450 万元，厂房 6 成新。转让环节的税金及附加为 10 万元，该企业转让厂房计算土地增值税时准予扣除的项目金额是（　　）万元。

A.610　　B.870　　C.1 480　　D.2 060

5.17 转让新建房计算土地增值税时，可以作为与转让房地产有关的税金扣除的是（　　）。

A. 契税　　B. 增值税

C. 城镇土地使用税　　D. 城市维护建设税

5.18 下列情形中，可以享受免征土地增值税税收优惠政策的是（　　）。

A. 以房地产抵债而发生房地产产权转让

B. 房地产开发企业改制重组中的房地产转移

C. 企业因省政府批准的环保项目需求而自行转让房地产

D. 企业向政府机关转让一栋写字楼用于办公，且房地产的增值率为 15%

5.19 对于符合土地增值税清算条件的项目，纳税人应当在满足条件之日起（　　）日内到主管税务机关办理清算手续。

A.30　　B.60　　C.15　　D.90

5.20 房地产开发企业在进行土地增值税清算时，下列涉税处理正确的是（　　）。

A. 纳税人提交土地增值税清算申请后，主管税务机关已受理的清算申请，纳税人可以撤销清算申请

B. 销售商品房未全额开具发票的，以交易双方签订的销售合同所载的售房金额及其他收益确认应税收入

C. 将开发的部分房地产转为企业自用，按销售同类房地产的市场售价确认收入

D. 办理土地增值税清算所附送的开发成本、开发费用等支出资料不真实的，税务机关可参照当地建设工程造价管理部门公示的建安造价定额确定

二、多项选择题

5.21 下列事项中，需要缴纳土地增值税的有（　　）。

A. 政府出让国有土地使用权

B. 企业转让土地使用权

C. 美国人凯文将中国境内一处房产赠送给好友

D. 某企业通过福利机构将一套房产无偿赠与养老院

E. 房地产开发公司受托对某企业闲置厂房进行改造

5.22 房地产公司将开发产品用于下列用途，属于土地增值税视同销售的有（　　）。

A. 安置回迁

B. 对外出租

C. 对外投资

D. 奖励职工

E. 利润分配

5.23 土地增值税清算时，允许从转让收入总额中据实扣除的有（　　）。

A. 前期工程费

B. 开发间接费用

C. 售房时代收的费用

D. 房地产开发费用

E. 支付给回迁户的补偿差价

5.24 根据土地增值税的相关规定，下列支出项目应计入房地产开发成本作为扣除项目的有（　　）。

A. 契税

B. 耕地占用税

C. 基础设施费

D. 开发间接费用

E. 建筑安装工程费

5.25 下列情形中，按照房地产的评估价格计算征收土地增值税的有（　　）。

A. 擅自销毁账簿或者拒不提供纳税资料的

B. 隐瞒、虚报房地产成交价格的

C. 提供扣除项目金额不实的

D. 依照法律、行政法规的规定应当设置但未设置账簿的

E. 转让房地产的成交价格低于房地产评估价格，又无正当理由的

5.26 下列关于房地产清算时的扣除项目中，说法正确的有（　　）。

A. 销售已装修房屋的，其装修费用可以扣除

B. 属于多个房地产项目共同的成本费用的，选择在其中一个项目中进行扣除

C. 与清算项目配套的公共基础设施，建成后有偿出租的，成本费用准予扣除

D. 回迁户支付给房地产开发企业的补差价款，应抵减拆迁补偿费扣除项目的金额

E. 计入房地产开发成本中的利息支出，不得扣除

5.27 下列业务中，可以享受土地增值税优惠政策的有（　　）。

A. 戊公司企业转让闲置仓库

B. 乙房地产公司以自行开发的房产对 C 公司投资

C. 甲生产企业根据法律规定分设 A 公司和 B 公司，将房产转移至 A 公司

D. 丙房地产公司受托对 D 企业闲置厂房进行改造

E. 丁企业让闲置员工宿舍作为改造安置住房房源，且增值额为扣除项目金额 18% 的

5.28 下列行为中，免征土地增值税的有（　　）。

A. 企业转让旧房作为改造安置住房房源，且增值额未超过扣除项目金额 20% 的

B. 企业以分期收款方式转让房产

C. 因国家建设的需要而搬迁，企业自行转让办公楼

D. 甲为一家医药企业，在改制重组时以房地产作价入股乙房地产公司进行投资

E. 个人销售住房

5.29 下列情形中，纳税人应进行土地增值税清算的有（　　）。

A. 丙公司开发的住宅已销售建筑面积占整个项目可售建筑面积的 65%，自用的面积占可售面积的 5%

B. 乙公司将未竣工决算的开发项目整体转让

C. 甲公司开发的住宅项目已销售完毕

D. 丁公司于 2018 年 3 月取得住宅项目销售（预售）许可证，截至 2021 年 3 月底仍未销售完毕

E. 戊公司开发的别墅项目销售面积已达整个项目可售建筑面积的 75%

5.30 下列关于土地增值税征收管理的说法中，正确的有（　　）。

A. 纳税人应向房地产所在地主管税务机关申报纳税

B. 纳税人应自转让房地产合同签订之日起 15 日内申报纳税

C. 纳税人选择定期申报方式的，应向纳税所在地的税务机关备案

D. 纳税人按规定预缴土地增值税后清算补缴的土地增值税，在主管税务机关规定的期限内补缴的，不加收滞纳金

E. 纳税人应当在满足土地清算条件之日起 60 日内到主管税务机关办理清算手续

三、计算题

5.31 某市甲房地产开发公司为增值税一般纳税人，2024 年 1 月出售一幢已竣工验收的写字楼。该写字楼的开发支出和销售情况如下：

（1）2016 年 1 月受让一宗土地使用权，支付地价款 6 000 万元，缴纳契税 180 万元，已取得合规财政票据及契税完税凭证。支付登记过户手续费等 3 万元，当月取得土地使用证。

（2）开发过程中，发生前期工程费 125 万元，建筑安装工程费 3 500 万元，基础设施建造费 500 万元，公共配套设施费 800 万元，开发期间间接费用 73 万元。一期开发缴纳土地闲置费 2 万元，发生管理费用 500 万元，销售费用 400 万元，利息支出 450 万元（包括罚息 50 万元，能提供金融机构证明）。

（3）截至2024年1月底已销售可售面积的80%，取得含税销售收入20 000万元，剩余面积全部用于对外投资。

已知：主管税务机关要求甲公司对该写字楼进行土地增值税清算，甲公司对该写字楼选择简易计税办法计算增值税，除利息支出外的房地产开发费用扣除比例为5%，不考虑印花税、地方教育附加。

根据上述资料，回答下列问题。

(1) 允许扣除的取得土地使用权所支付的金额为（　　）万元。

A.4 946.40　　B.6 003.00

C.6 180.00　　D.6 183.00

(2) 允许扣除的转让环节的税金为（　　）万元。

A.76.19　　B.89.60

C.95.24　　D.119.05

(3) 甲公司准予扣除项目金额合计（　　）万元。

A.14 495.30　　B.14 543.30

C.14 888.25　　D.12 259.10

(4) 甲公司应缴纳土地增值税（　　）万元。

A.4 253.91　　B.3 009.92

C.2 323.00　　D.4 007.21

5.32 A市某机械厂为增值税一般纳税人，2023年10月因企业搬迁将原厂房出售，相关资料如下：

（1）该厂房于2007年3月购进，会计账簿上记载的该厂房入账的固定资产原价为1 600万元，账面净值为320万元。搬迁过程中该厂房的购进发票丢失，该厂提供当年缴纳契税的完税凭证，记载契税的完税金额是1 560万元，缴纳契税46.8万元。

（2）转让厂房取得含税收入3 100万元。该机械厂选择简易计税方法计税。

（3）转让厂房时评估机构评估的重置成本价为3 800万元，该厂房4成新。

根据上述资料，回答下列问题。

(1) 该机械厂转让厂房应缴纳增值税（　　）万元。

A.69.62　　B.73.33

C.77.00　　D.147.62

(2) 该机械厂转让厂房计算土地增值税时准予扣除的转让环节的税金为（　　）万元。（不考虑印花税、地方教育附加）

A.5.87　　B.7.33

C.14.76　　D.54.13

(3) 该机械厂转让厂房计算土地增值税时准予扣除项目金额（　　）万元。

A.327.33　　B.647.33

C.1 527.33　　D.1 574.13

(4) 该机械厂转让厂房应缴纳土地增值税（　　）万元。

A.493.65　　B.523.37

C.1 156.46　　D.1 460.46

5.33 位于市区的甲公司（非房地产开发企业）为增值税一般纳税人。2024 年 3 月转让一栋 2002 年自建的办公楼，取得含税收入 9 000 万元，已按规定缴纳转让环节的有关税金，并取得完税凭证。该办公楼造价为 800 万元，其中包含为取得土地使用权支付的金额 310 万元。经房地产评估机构评定，该办公楼重新购建价格为 5 000 万元，成新度折扣率为五成，支付房地产评估费用 10 万元，该公司的评估价格已经税务机关认定。甲公司对于转让营改增之前自建的办公楼选择简易征收方式缴纳增值税；转让该办公楼缴纳的印花税税额为 4.5 万元。

根据上述资料，回答下列问题。

(1) 该公司转让办公楼应缴纳增值税（　　）万元。

A.390.48　　B.428.57

C.677.06　　D.743.12

(2) 在计算土地增值税时，可扣除的与转让房地产有关的税金为（　　）万元。

A.47.36　　B.51.36

C.51.43　　D.55.93

(3) 在计算土地增值税时，可扣除项目金额合计（　　）万元。

A.775.93　　B.855.93

C.2 865.93　　D.2 875.93

(4) 甲公司应缴纳土地增值税（　　）万元。

A.2 416.36　　B.2 417.01

C.2 419.27　　D.2 678.31

5.34 甲企业（增值税一般纳税人）位于市区，2024 年 6 月 1 日转让一处于 2016 年 4 月 1 日购置的仓库，其购置和转让情况如下：

（1）2016 年 4 月 1 日购置该仓库时取得的发票上注明的价款为 500 万元，另支付契税款 20 万元并取得契税完税凭证。

（2）由于某些原因在转让仓库时未能取得评估价格。

（3）转让仓库取得的收入价税合计金额为 815 万元（价税未分开单独列示），并按规定缴纳了转让环节的税金。

已知：印花税税率为 0.5‰。该项业务甲企业选择简易计税方法计税。

根据上述资料，回答下列问题。

(1) 该企业转让仓库的不含税收入为（　　）万元。

A.776.19　　B.800.00

C.801.19　　D.747.71

(2) 该企业转让仓库时允许扣除的与转让房地产有关的税金为（　　）万元。

A.2.20　　B.2.21

C.22.21　　D.22.20

(3) 该企业转让仓库计征土地增值税时允许扣除的金额合计（　　）万元。

A.522.21　　B.747.21

C.700.00　　D.722.21

(4) 该企业转让仓库应缴纳土地增值税（　　）万元。

A.46.19　　B.50.03

C.23.34　　D.53.69

四、综合分析题

5.35 2023 年 6 月，某县税务机关拟对辖区内某房地产开发企业（一般纳税人）开发的房地产项目进行土地增值税清算，该房地产开发企业提供的资料如下：

（1）2018 年 9 月以 18 000 万元从政府手中购买用于该房地产项目的一宗土地，取得财政票据，并缴纳了契税 540 万元，耕地占用税 100 万元。

（2）2018 年 11 月开始动工建设，发生房地产开发成本 6 000 万元，小额贷款公司开具的贷款凭证显示利息支出 3 000 万元（按照商业银行同类同期贷款利率计算的利息为 2 000 万元）。

（3）2023 年 3 月该房地产项目竣工验收，扣留已计入房地产开发成本的建筑安装施工企业的质量保证金 600 万元，建筑安装施工企业未对质量保证金开具发票。

（4）截至 2023 年 6 月，该项目已销售可售建筑面积的 90%，共计取得含税收入 57 402 万元，可售建筑面积的 10% 赠与本企业职工作为福利。

（5）假设该项目允许扣除的有关税金及附加为 300 万元。

已知：当地适用的契税税率为 3%；当地政府规定房地产开发费用扣除比例为 5%。上述金额均为不含增值税金额。

根据上述资料，回答下列问题。

(1) 该企业清算土地增值税时允许扣除的土地使用权支付的金额为（　　）万元。

A.16 686　　B.18 000

C.18 540　　D.18 100

(2) 该企业清算土地增值税时允许扣除房地产开发成本（　　）万元。

A.6 100　　B.5 400

C.5 500　　D.6 000

(3) 该企业清算土地增值税时允许扣除的扣除项目合计（　　）万元。

A.29 115　　B.27 542

C.32 225　　D.32 350

(4) 该企业上述项目增值税的销项税额是（　　）万元。

A.3 402　　B.3 253

C.3 780　　D.4 740

(5) 该企业清算土地增值税时应缴纳的土地增值税为（　　）万元。

A.7 042.50　　B.8 498.25

C.9 498.75　　D.9 442.50

(6) 下列关于土地增值税清算的表述中，正确的有（　　）。

A. 房地产开发项目全部竣工、完成销售的，应进行土地增值税清算

B. 取得销售（预售）许可证满 2 年仍未销售完毕的，应进行土地增值税清算

C. 对于符合清算条件应进行土地增值税清算的项目，纳税人应当在满足条件之日起 60 日内到主管税务机关办理清算手续

D. 土地增值税以国家有关部门审批的房地产开发项目为单位进行清算

E. 销售已装修的房屋，其装修费用不得计入房地产开发成本

5.36 位于市区的甲房地产开发公司为增值税一般纳税人，2023 年 10 月发生以下业务：

（1）销售自行开发的商品房总可售面积的 80%，取得含税销售额 24 000 万元。

（2）出租自行开发的商品房总可售面积的 20%，租期为 2023 年 10 月 1 日至 2026 年 9 月 30 日，一次性取得 3 年不含税租金 1 080 万元。

（3）支付乙公司施工劳务费，取得增值税专用发票注明金额 4 200 万元、税额 378 万元，并注明建筑服务发生地名称及项目名称，该施工劳务费由销售的商品房分担 80%。

（4）在该商品房开发销售期间发生管理费用 700 万元、销售费用 400 万元、利息费用 500 万元（包括银行罚息 20 万元，能够提供金融机构的证明并能够按建筑项目合理分摊）。

已知：甲公司 2019 年 3 月受让该商品房所用土地，向政府部门支付地价款 6 000 万元（取得合规支付凭证），支付契税 210 万元。甲公司将受让土地的 60% 用于开发该商品房，《建筑工程施工许可证》上注明的开工日期为 2019 年 5 月。所在地省政府规定其他开发费用扣除比例为 5%。取得的增值税专用发票均已申报抵扣。与转让房地产有关的税金包括地方教育附加，不考虑印花税。

根据上述资料，回答下列问题。

(1) 甲公司销售、出租商品房应缴纳增值税（　　）万元。

A.1 700.85　　B.1 205.44

C.1 403.60　　D.1 463.05

(2) 计算土地增值税时，可扣除的与转让房地产有关的税金为（　　）万元。

A.191.81　　B.194.38

C.172.97　　D.194.40

(3) 计算土地增值税时，可扣除取得土地使用权所支付的金额与房地产开发成本合计（　　）万元。

A.10 410.00　　B.6 340.80

C.8 328.00　　D.6 240.00

(4) 计算土地增值税时，可扣除房地产开发费用（　　）万元。

A.717.04　　B.797.04

C.817.04　　D.701.04

(5) 甲公司销售商品房应缴纳土地增值税（　　）万元。

A.6 561.17　　B.2 856.60

C.6 473.83　　D.5 614.14

(6) 关于甲公司土地增值税处理，下列表述正确的有（　　）。

A.“与转让房地产有关的税金”不包括允许从销项税额中抵扣的进项税额

B.房地产出租，不属于征收土地增值税的征收范围

C.为取得土地使用权支付的契税，允许计入“与转让房地产有关的税金”中扣除

D.实际缴纳的城市维护建设税、教育费附加，不能按清算项目准确计算的不得扣除

E.甲公司应向房地产所在地主管税务机关办理纳税申报

new

多项选择题

5.37 增值额未超过扣除项目金额 20% 可以享受免征土地增值税的有（　　）。

A. 企业转让旧房作为改造安置住房房源

B. 企业转让旧房作为公租房房源

C. 企业转让旧房作为保障性住房房源，

D. 纳税人建造普通标准住宅出售

E. 纳税人建造非普通标准住宅出售

错题整理页

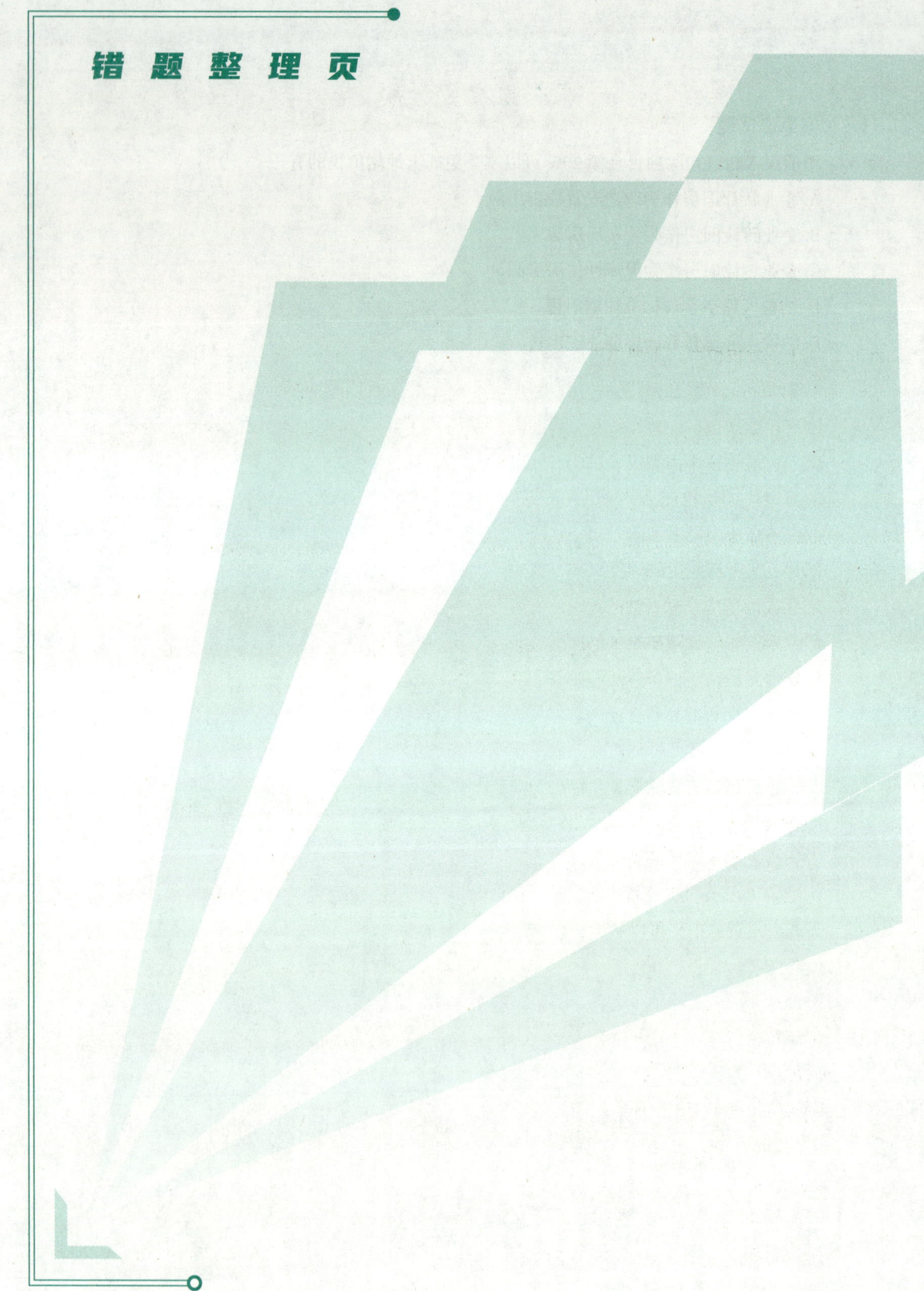

第六章　资源税

做经典

一、单项选择题

6.1　关于资源税税率，下列说法正确的是（　　）。

A. 原油和天然气税目不同，适用税率也不同

B. 有色金属选矿一律实行幅度比例税率

C. 具体适用税率由省级人民政府提出，报全国人民代表大会常务委员会决定

D. 开采不同应税产品，未分别核算或不能准确提供不同应税产品的销售额或销售数量的，从高适用税率

6.2　下列不属于资源税的纳税义务人的是（　　）。

A. 在我国境内开采石油的外商投资者

B. 开采并销售天然矿泉水的国有企业

C. 进口金属矿产的个体经营户

D. 开采宝玉石的私营企业

6.3　下列企业既是增值税纳税人又是资源税纳税人的是（　　）。

A. 开采并出口有色金属矿产品的企业

B. 在境外开采有色金属矿产品的企业

C. 销售有色金属矿产品的贸易公司

D. 进口有色金属矿产品的企业

6.4　下列应税资源中，可以从量计征的是（　　）。

A. 地热

B. 海盐

C. 硫化氢气

D. 原油

6.5　下列油品属于资源税征收范围的是（　　）。

A. 溶剂油

B. 石脑油

C. 高凝油

D. 燃料油

6.6　下列生产或开采的资源产品中，不属于资源税征税范围的是（　　）。

A. 中重稀土

B. 人造石油

C. 天然卤水

D. 煤层气

6.7　下列关于资源税计税依据的说法中，正确的是（　　）。

A. 纳税人开采销售原油以销售数量作为计税依据

B. 纳税人销售原煤时以向对方收取的不含增值税价款作为计税依据

C. 纳税人销售汽油以对外收取的不含增值税价款作为计税依据

D. 纳税人销售天然气时以销售出的天然气的体积数量作为计税依据

6.8　下列关于资源税从价定率征收计税依据的说法中，正确的是（　　）。

A. 计税销售额是向购买方收取的全部价款、价外费用和其他相关费用

B. 价税销售额不包含增值税税额

C. 已税产品购进金额当期不足抵减的，不可结转下期抵减

D. 以组成计税价格确定应税产品销售额，且组成计税价格不包含资源税

6.9　2024 年 5 月，某锡矿开采企业开采锡矿原矿 300 吨，本月销售锡矿原矿 200 吨，取得不含税销售额 500 万元，剩余锡矿原矿 100 吨移送加工锡矿选矿 80 吨，本月锡矿选矿全部销售，取得不含税销售额 240 万元。锡矿原矿和锡矿选矿资源税税率分别为 6.5% 和 5%，该企业当月应缴纳资源税（　　）万元。

A.44.50　　　　B.48.75

C.60.75　　　　D.32.50

6.10　关于准予扣除外购应税资源产品已纳从价定率征收的资源税，下列说法正确的是（　　）。

A. 纳税人以外购原矿与自采原矿混合为原矿销售，且未准确核算外购应税产品购进金额的，由主管税务机关根据具体情况核定扣减

B. 纳税人以外购原矿与自采原矿混合加工为选矿产品销售的，以扣减外购原矿购进金额后的余额确定计税依据

C. 纳税人以外购选矿与自采选矿混合加工为选矿产品销售的，以扣减外购选矿购进金额后的余额确定计税依据

D. 纳税人以外购原矿与自采原矿混合为原矿销售的，不得扣减外购原矿的金额

6.11　甲煤矿为增值税一般纳税人，2023 年 3 月销售自采与外购原煤混合的原煤取得不含税销售额 180 万元，其中，从坑口到车站站场的运输费用 8 万元、装卸费用 2 万元（取得符合规定的发票）；上月未抵减的外购原煤不含税购进额为 50 万元。该地区原煤资源税税率为 3%。甲煤矿本月应缴纳资源税（　　）万元。

A.5.1　　　　B.3.6

C.3.9　　　　D.1.8

6.12 某铁矿企业将外购 300 万元铁矿石原矿与自采 100 万元铁矿石原矿混合洗选加工为选矿销售，当月全部销售完毕，选矿不含税销售额为 600 万元。当地铁矿石原矿税率为 3%，铁矿石选矿税率为 2%，该企业当月销售铁矿选矿业务应缴纳的资源税税额为（　　）万元。

A.2　　B.3

C.6　　D.12

6.13 某原油开采企业为增值税一般纳税人，2024 年 2 月开采原油 10 万吨，当月销售 6 万吨，取得不含税收入 24 000 万元，3 万吨用于继续加工为成品油，1 万吨用于开采原油过程中加热。该企业当月应缴纳资源税（　　）万元。（资源税税率为 6%）

A.1 440　　B.1 680

C.2 160　　D.2 400

6.14 某油田为增值税一般纳税人，2024 年 7 月开采原油 500 万吨，销售原油 300 万吨，每吨含税价格为 678 元。对外捐赠原油 2 万吨，该油田当月应缴纳资源税（　　）万元。（资源税税率为 6%）

A.10 800　　B.10 872

C.18 000　　D.18 072

6.15 某煤矿企业为增值税一般纳税人，2024 年 2 月开采原煤 100 吨，当月销售 80 吨，取得不含增值税销售额 48 000 元，另收取坑口至购买方指定地点的运输费用 5 450 元，已取得合法有效凭证。原煤资源税税率为 3%。该煤矿企业当月应缴纳资源税（　　）元。

A.1 290.00　　B.1 440.00

C.1 590.00　　D.1 603.50

6.16 某煤炭企业为增值税一般纳税人，2023 年 8 月将外购原煤与自采原煤按照 1 ∶ 4 的比例混合后对外销售，共销售原煤 1 000 吨，取得不含税销售额 33 万元，其中包含从坑口到购买方指定地点的运杂费 1 万元，取得增值税专用发票。已知外购原煤 280 元 / 吨（不含税），当地原煤的资源税税率为 6%，该企业当月应缴纳资源税（　　）元。

A.15 840　　B.16 440

C.19 200　　D.19 800

6.17 关于资源税税收优惠，下列说法错误的是（　　）。

A. 纳税人开采低品位矿，由省、自治区、直辖市决定免征或减征资源税

B. 纳税人享受资源税优惠政策，实行“自行判别、申报享受、留存备查”办理方式

C. 纳税人开采或者生产同一应税产品，同时符合两项或两项以上减征资源税优惠政策的，可以同时享受各项优惠政策

D. 由省、自治区、直辖市提出的免征或减征资源税的具体办法，应报同级人民代表大会常务委员会决定，并报全国人民代表大会常务委员会和国务院备案

6.18 下列发生在水资源税试点地区的取水行为中，应缴纳水资源税的是（　　）。

A. 抽水蓄能发电取用水

B. 火力发电贯流式冷却取用水

C. 水利工程管理单位调度水资源取水

D. 农村集体经济组织从本集体经济组织的水库中取用水

二、多项选择题

6.19 下列资源产品中，即可从量计征，又可从价计征的有（　　）。

A. 高岭土

B. 矿泉水

C. 煤

D. 石灰岩

E. 砂石

6.20 下列属于资源税征税对象的有（　　）。

A. 二氧化碳气

B. 钠盐原矿

C. 矿泉水

D. 地热

E. 钨矿原矿

6.21 关于资源税征税对象和适用税率，下列说法正确的有（　　）。

A. 纳税人以自采原矿通过切割形成产品的，按原矿计征资源税

B. 纳税人以自采原矿直接销售的，按原矿计征资源税

C. 纳税人将应税选矿产品用于赠送的，按照选矿产品计征资源税

D. 纳税人自采原矿通过切割生产矿产品，在移送环节按照原矿计征资源税

E. 纳税人开采同一税目下适用不同税率应税产品，不能提供不同税率应税产品销售额或销售数量的，按照不同税率应税产品的产量比确定适用税率

6.22 关于资源税的处理中，下列说法正确的有（　　）。

A. 以自采原矿加工为非应税产品，视同销售非应税产品缴纳资源税

B. 以自采原矿加工为选矿无偿赠送，视同销售选矿缴纳资源税

C. 以自采的原煤加工为洗选煤自用，视同销售原煤缴纳资源税

D. 以自采原矿加工为非应税产品，视同销售原矿缴纳资源税

E. 以自采原矿洗选后的选矿连续生产非应税产品，视同销售选矿缴纳资源税

6.23 下列各项关于资源税规定的表述中，正确的有（　　）。

A. 对用于出口的应税资源产品免征资源税

B. 对进口的应税产品不征收资源税

C. 开采原油过程中用于加热的原油免征资源税

D. 在油田范围内运输原油过程中用于加热的天然气免征资源税

E. 对于出口的资源税可进行退回

6.24 某采矿企业为增值税一般纳税人，2023 年 8 月开采铜、铝土、石灰岩各 200 吨（均为原矿），其中当月销售铜原矿 100 吨，取得不含税销售额 1 000 万元；领用铝土原矿 100 吨用于连续生产铝土选矿 80 吨。铜原矿资源税税率为 4%，铝土原矿、选矿资源税税率均为 6%，下列说法正确的有（　　）。

A. 该企业领用铝土矿原矿用于连续生产铝土矿选矿，无须缴纳资源税

B. 该企业当月应纳资源税 46 万元

C. 该企业当月应纳资源税 40 万元

D. 铜矿、铝土矿同属于金属矿产的有色金属

E. 铜矿、铝土矿、石灰岩既适用从价计征资源税又适用从量计征资源税

6.25 下列关于资源税减征优惠的说法中，正确的有（　　）。

A. 稠油和高凝油资源税减征 20%

B. 从衰竭期矿山开采的矿产，资源减征 30%

C. 低丰度油气田资源税减征 30%

D. 对充填开采置换出来的煤炭，资源税减征 30%

E. 从深水油气田开采的原油、天然气，资源税减征 30%

6.26 下列关于资源税的征收管理，说法正确的有（　　）。

A. 资源税只能按月或按季申报纳税，不能按次申报纳税

B. 纳税人开采应税矿产品，应向开采地的税务机关申报缴纳资源税

C. 自用应税产品的，纳税义务发生时间为移送应税产品的次日

D. 纳税人销售应税产品，纳税义务发生时间为发出应税产品的当日

E. 按月或按季申报纳税的，应当自月度或季度终了之日起 15 日内，向税务机关申报纳税

6.27 下列情形中，免征水资源税的有（　　）。

A. 抽水蓄能发电取用水

B. 取用污水处理再生水

C. 采矿和工程建设疏干排水

D. 水利工程管理单位为配置或者调度水资源取水

E. 规定限额内的农业生产取用水

三、计算题

6.28 某锡矿开采企业为增值税一般纳税人，2023 年 3 月发生如下业务：

（1）销售自采锡矿原矿 3 000 吨，取得不含税销售额 6 000 万元；将自采锡矿原矿 5 000 吨用于加工选矿 4 500 吨，当月销售选矿 4 000 吨，取得不含税销售额 12 000 万元。

（2）外购锡矿原矿，取得增值税专用发票注明金额 1 800 万元，将其与自采锡矿原矿混合销售，取得不含税销售额 4 900 万元。

（3）外购锡矿原矿，取得增值税专用发票注明金额 3 000 万元，将其与自采原矿加工成选矿出售，取得不含税销售额 8 500 万元。

（4）外购锡矿选矿，取得增值税专用发票注明金额 3 500 万元，将其与自采锡矿选矿混合销售，取得不含税销售额 7 200 万元。

（5）将自采锡矿原矿过程中伴采的锌矿用于抵偿乙企业货款，该批锌矿自采成本为 280 万元，无同类市场销售价格。

已知：省级政府规定的锡矿原矿和选矿资源税税率分别为 5% 和 4.5%，锌矿原矿资源税税率为 6%，成本利润率为 10%。

根据上述资料，回答下列问题。

(1) 业务（1）应缴纳资源税（ ）万元。

A.900　　B.800

C.840　　D.1 340

(2) 业务（2）应缴纳资源税（ ）万元。

A.139.5　　B.155

C.220.5　　D.245

(3) 业务（3）应缴纳资源税（ ）万元。

A.232.5　　B.247.5

C.258.33　　D.382.5

(4) 甲企业当月应缴纳资源税（ ）万元。

A.1 242.1　　B.1 398.5

C.1 438.93　　D.1 408.6

6.29 某石化生产企业为增值税一般纳税人，该企业原油生产成本为 1 400 元 / 吨，最近时期同类原油的平均不含税销售单价为 1 650 元 / 吨，2024 年 3 月生产经营业务如下（题中涉及的原油均为同类同质原油）：

（1）开采原油 8 万吨，采用直接收款方式销售原油 5 万吨，取得含税销售额 9 322.5 万元，但由于客户仓库能力紧张，该批原油尚未发货。

（2）2 月采用分期收款方式销售原油 5 万吨，合同约定分三个月等额收回价款，每月应收不含税销售额 2 800 万元。3 月按照合同约定收到本月应收款项，并收到上月应收未收含税价款 113 万元。

（3）将开采的原油 1.2 万吨对外投资，获得 10% 的股份；开采原油过程中加热用原油 0.1 万吨；用开采的同类原油 2 万吨移送非独立炼油部门加工生产成品油。

（4）原油成本利润率为 10%，资源税税率为 6%。本月取得的相关凭证均符合税法规定，并在当期认证抵扣进项税额。

根据上述资料，回答下列问题。

(1) 关于上述业务税务处理，下列说法错误的是（　　）。

A. 将原油移送用于生产加工成品油不征增值税

B. 将开采的原油对外投资应征收增值税和资源税

C. 将原油移送用于生产加工成品油不征资源税

D. 销售汽油征收增值税不征收资源税

(2) 业务（1）应缴纳资源税（　　）万元。

A.0

B.420.00

C.495.00

D.559.35

(3) 业务（2）3 月应缴纳资源税（　　）万元。

A.0

B.168.00

C.174.00

D.174.78

(4) 业务（3）应缴纳资源税（　　）万元。

A.118.80

B.128.70

C.316.80

D.326.70

6.30 某企业为增值税一般纳税人，下属有 A、B、C 三个矿山，以及一处油田，2024 年 5 月发生如下业务：

（1）A 矿山将外购的原煤 600 吨与自产原煤 800 吨用于连续加工洗选煤，当月加工的洗选煤 80% 用于销售，取得不含税销售额 400 万元。其中 20% 用于抵债。已知外购原煤不含税单价为 2 900 元 / 吨。

（2）B 矿山为衰竭期矿山，当月销售原煤 6 000 吨，取得含税销售额 2 034 万元，另外支付从开采地到约定火车站的运杂费 7.02 万元，已取得合法有效票据。

（3）C 矿山将 1 000 吨自采的原煤移送到附设的煤球加工厂用于加工煤球，当月煤球的不含税销售额为 400 万元，该原煤的平均不含税销售价格为 2 800 元 / 吨。

（4）油田当月开采天然气 5 万立方米，其中 90% 用于销售，10% 用于开采原油过程中加热，已知天然气的含税销售额为 4 元 / 立方米。

已知：当地原煤的资源税税率为 6%，洗选煤的资源税税率为 4%。天然气资源税的税率为 6%。

根据上述资料，回答下列问题。

(1) 业务（1）应缴纳的资源税为（　　）万元。

A.5.56

B.9.56

C.13.04

D.9.04

(2) 业务（2）应缴纳的资源税为（　　）万元。

A.75.60

B.75.86

C.108.00

D.108.37

(3) 业务（3）应缴纳的资源税为（　　）万元。

A.14.87

B.16.80

C.21.24

D.24.00

(4) 业务（4）当月应缴纳的资源税为（　　）万元。

A.0.96

B.0.99

C.1.06

D.1.10

new

单项选择题

6.31 下列关资源税税收优惠，说法正确的是（　　）。

A. 对页岩气资源税（按 6% 的规定税率）减征 50%

B. 自 2023 年 1 月 1 日至 2027 年 12 月 31 日，对增值税小规模纳税人、小型微利企业和个体工商户减半征收资源税

C. 增值税小规模纳税人减半征收资源税的优惠政策和其他优惠政策不可叠加享受

D. 三次采油开采的原油、天然气，资源税减征 20%

错题整理页

第七章　车辆购置税

一、单项选择题

7.1　下列各项应征收车辆购置税的是（　　）。

A. 汽车挂车　　B. 地铁

C. 挖掘机　　D. 电动摩托车

7.2　下列车辆既征收车辆购置税，又征收消费税的是（　　）。

A. 电动汽车　　B. 货车

C. 卡车　　D. 排气量超过 250 毫升的摩托车

7.3　下列关于车辆购置税的说法中，错误的是（　　）。

A. 车辆购置税实行比例税率

B. 车辆购置税属于直接税范畴

C. 外国公民在中国境内购置车辆免税

D. 受赠使用的新车需要缴纳车辆购置税

7.4　关于车辆购置税的计税依据，下列说法正确的是（　　）。

A. 获奖自用应税车辆的计税依据为组成计税价格

B. 购买自用应税车辆的计税依据为支付给销售者的含增值税的价款

C. 受赠自用应税车辆的计税依据为组成计税价格

D. 进口自用应税车辆的计税依据为组成计税价格

7.5　2023 年 5 月王某从汽车 4S 店购置了一辆排气量为 1.8 升的乘用车，支付购车款（含增值税）226 000 元并取得“机动车销售统一发票”，支付代收保险费 4 520 元并取得保险公司开具的票据，王某应缴纳的车辆购置税为（　　）元。

A.20 000　　B.20 400

C.22 600　　D.23 052

7.6　某汽车制造厂为增值税一般纳税人。2024 年 3 月将自产 10 辆乘用车（排量为 1.8 升）无偿划转给全资子公司用于提供专车服务，另 5 辆本公司自用。该厂在办理车辆上牌落籍前，出具的发票上注明的金额为 19.6 万元 / 辆（不含增值税）。已知该汽车厂生产同类车辆的销售价格为 20 万元 / 辆（不含增值税）。该汽车制造厂应纳车辆购置税（　　）万元。

A.9.80　　B.10.00

C.30.00　　D.29.40

7.7　2023 年 7 月，某 4S 店从汽车制造厂购进 50 辆小汽车，取得的增值税专用发票上注明的金额为 15.6 万元 / 辆，当月销售 5 辆，不含税售价为 18 万元 / 辆，1 辆留作公司自用，18 辆汽车抵偿财务公司借款本金及利息，该 4S 店当月应纳车辆购置税（　　）万元。

A.0　　B.29.64

C.1.56　　D.1.80

7.8　以受赠方式取得自用应税车辆时无法提供相关凭证，缴纳车辆购置税的计税价格是参照同类应税车辆的（　　）。

A. 生产企业成本价格　　B. 市场最低交易价格

C. 市场最高交易价格　　D. 市场平均交易价格

7.9　进口自用应税车辆计算车辆购置税的依据是（　　）。

A. 关税完税凭证　　B. 同类应税车辆市场平均价格

C. 组成计税价格　　D. 进口应税车辆的自重吨数

7.10　某企业 2023 年 8 月进口载货汽车 1 辆，4 月在国内市场购置载货汽车 2 辆，支付价款 75 万元（不含增值税），另外支付车辆牌照费 0.1 万元、代办保险费 2 万元，分别收到车辆管理部门开具的行政事业性收费收据和保险公司开具的保险费发票。5 月受赠小汽车 1 辆，该小汽车受赠时原购置凭证上载明的金额为 20 万元。上述车辆全部为企业自用，下列关于该企业计算缴纳车辆购置税计税依据的表述中，正确的是（　　）。

A. 国内购置载货汽车的计税依据为 77 万元

B. 进口载货汽车的计税依据为关税完税价格加关税

C. 国内购置载货汽车的计税依据为 77.1 万元

D. 受赠小汽车的计税依据为同品牌同型号小汽车的不含税市场销售价格

7.11　A 国驻华使馆进口一辆中轻型商用客车自用，关税完税价格为 30 万元，关税税率为 20%。关于进口商用客车的税务处理，下列说法正确的是（　　）。（中轻型商用客车的消费税税率为 5%）

A. 应缴纳进口环节增值税 4.68 万元

B. 应缴纳进口环节消费税 5.68 万元

C. 应缴纳进口环节消费税 1.89 万元

D. 应缴纳车辆购置税 15.16 万元

7.12　下列关于车辆购置税补税、退税的说法中，错误的是（　　）。

A. 已办理免税的车辆因发生转让行为，不再属于免税范围的，受让人为车辆购置税纳税人

B. 已经办理减税手续的车辆因改变用途，不再属于减税范围的，纳税人在办理纳税申报时，应如实纳税申报

C. 减免税条件消失的车辆纳税义务发生时间是车辆转让或者用途改变等情形发生之日

D. 自纳税人办理纳税申报之日起车辆使用未满 1 年的，办理退税时，应从已纳税额中扣减 10% 计算退税额

7.13 某油田企业 2023 年 9 月将一台采油车的固定装置拆除后用于运输。该车辆于 2017 年 1 月购买，购买时取得的发票上注明的不含税金额为 85 000 元，办理了车辆购置税免税手续。该企业 2023 年 9 月应缴纳车辆购置税（　　）元。

A.3 400　　B.2 550

C.5 100　　D.8 500

7.14 2024 年 8 月 20 日，王某因汽车质量问题与经销商达成退车协议，并于当日向税务机关申请退还已纳车辆购置税。经销商开具的退车证明和退车发票上显示，王某于 2022 年 1 月 8 日购买该车辆，并于当日缴纳车辆购置税 19 293.1 元。应退给陈某车辆购置税（　　）元。

A.15 434.48　　B.16 399.14

C.17 363.79　　D.19 293.10

7.15 下列车辆需要缴纳车辆购置税的是（　　）。

A. 回国服务的在外留学人员购买的进口小汽车

B. 外国驻华使馆自用车辆

C. 森林消防专用指挥车

D. 防汛部门专用指挥车

7.16 下列情形中，免征车辆购置税的是（　　）。

A. 购置节能汽车自用

B. 购置汽车挂车自用

C. 城市公交企业购置公共汽电车自用

D. 长期来华定居专家在国内购买一辆进口小汽车自用

7.17 需要办理车辆登记注册手续的应税车辆，车辆购置税的纳税地点是（　　）。

A. 纳税人所在地　　B. 车辆登记注册地

C. 车辆使用所在地　　D. 车辆经销企业所在地

二、多项选择题

7.18 下列行为应缴纳车辆购置税的有（　　）。

A. 获奖自用应税小汽车

B. 自产自用应税小汽车

C. 购买自用电动摩托车

D. 自产自用汽车挂车

E. 受赠自用应税小汽车

7.19 下列车辆中，无须缴纳车辆购置税的有（　　）。

A. 节能汽车

B. 排气量为 200 毫升的摩托车

C. 城市公交企业购置的公共汽电车辆

D. 装载机

E. 货车

7.20 下列项目中，属于车辆购置税计税价格组成部分的有（　　）。

A. 进口应税车辆缴纳的关税

B. 车辆购置税税额

C. 不含增值税的价款

D. 车船税

E. 增值税税款

7.21 根据车辆购置税的相关规定，下列说法正确的有（　　）。

A. 进口应税车辆的计税依据是组成计税价格

B. 在境内销售应税车辆的，应缴纳车辆购置税

C. 直接进口自用应税车辆的，应缴纳车辆购置税

D. 已税车辆退回经销商的，纳税人可申请退税

E. 受赠应税车辆的，捐赠方是车辆购置税纳税人

7.22 纳税人进口应税车辆自用，下列各项应计入车辆购置税计税依据的有（　　）。

A. 运抵我国输入地点起卸前的运费

B. 进口消费税

C. 进口关税

D. 应税车辆成交价

E. 进口增值税

7.23 下列行为需要缴纳车辆购置税的有（　　）。

A. 某医院接受某汽车厂捐赠小客车用于医疗服务

B. 某汽车厂将自产小轿车用于日常办公

C. 某幼儿园租赁客车用于校车服务

D. 某物流企业接受汽车生产商投资的运输车辆自用

E. 某轮胎制造企业接受汽车生产商抵债的小汽车自用

7.24 下列行为中，不享受车辆购置税优惠政策的有（　　）。

A. 个人购置的属于《免征车辆购置税的新能源汽车车型目录》中的新能源汽车

B. 中国公民李先生购买自用超豪华汽车

C. 英国驻华领事馆购买自用车辆

D. 武警部队购置列入军队武器装备订货计划的车辆

E. 汽车生产企业将自产汽车（2.5 升）用于接待客户

7.25 下列关于车辆购置税的说法中，正确的有（　　）。

A. 应税汽车上牌登记注册前，征收车辆购置税

B. 获奖取得并自用的汽车，无须缴纳车辆购置税

C. 购买已税汽车自用，不再缴纳车辆购置税

D. 已税汽车退回生产企业，准予纳税人申请退还车辆购置税

E. 法国留学生在中国境内购买新汽车自用，需缴纳车辆购置税

7.26 关于车辆购置税的征收管理，下列表述正确的有（　　）。

A. 车辆购置税由税务机关负责征收

B. 纳税人购置应税车辆，需要办理车辆登记的，应向车辆登记地的主管税务机关申报纳税

C. 纳税人购置应税车辆，不需要办理车辆登记的，无须申报缴纳车辆购置税

D. 纳税人应当自纳税义务发生之日起 60 日内申报缴纳车辆购置税

E. 进口自用应税车辆的纳税义务发生时间为报关当日

7.27 关于车辆购置税的说法，正确的有（　　）。

A. 自纳税义务发生之日起 30 日内申报缴纳车辆购置税

B. 纳税地点为车辆销售地的主管税务机关

C. 车辆购置税为地方税

D. 城市公交企业购置的公共汽电车免征车辆购置税

E. 购买已税二手车无须缴纳车辆购置税

new

单项选择题

7.28 李某在 2024 年 2 月 5 日，购买一辆符合减免税标准的新能源乘用车，不含增值税售价 50 万元，则李某需要缴纳车辆购置税（　　）万元。

A.0

B.2

C.2.5

D.5

错题整理页

第八章　环境保护税

一、单项选择题

8.1　下列排放应税污染物的行为中，不需要缴纳环境保护税的是（　　）。

A. 个人向环境排放应税污染物

B. 纳税人排放应税大气污染物或者水污染物的浓度值低于国家和地方规定的污染物排放标准

C. 达到省级人民政府确定的规模标准并且有污染物排放口的畜禽养殖场直接向外排放的污染物

D. 依法设立的城乡污水集中处理、生活垃圾集中处理场所排放应税污染物，超过国家和地方规定的排放标准的

8.2　下列污染物，不属于环境保护税征收范围的是（　　）。

A. 总汞　　B. 尾矿

C. 二氧化硫　　D. 交通噪声

8.3　下列关于环境保护税征税范围的表述，错误的是（　　）。

A. 依法设立的生活垃圾集中处理场所超过国家和地方规定的排放标准向环境排放应税污染物的，应当缴纳环境保护税

B. 存栏量为 8 000 羽鸡的养殖场排放应税污染物，应当缴纳环境保护税

C. 装修新房产生噪声，应当缴纳环境保护税

D. 提供餐饮服务的餐馆直接向环境排放水污染物，应当缴纳环境保护税

8.4　应税固体废物环境保护税的计税依据是（　　）。

A. 固体废物的排放量　　B. 固体废物的贮存量

C. 固体废物的产生量　　D. 固体废物的综合利用量

8.5　关于环境保护税的计税依据，下列说法错误的是（　　）。

A. 应税水污染物按照污染物排放量折合的污染当量数确定

B. 应税噪声按照实际测量的分贝数确定

C. 应税大气污染物按照污染物排放量折合的污染当量数确定

D. 应税固体废物按照固体废物的排放量确定

8.6　下列关于环境保护税的说法中，正确的是（　　）。

A. 每一排放口的应税大气污染物按照污染当量数从大到小排序，对前五项征税

B. 每一排放口的应税水污染物按照污染当量数从大到小排序，对其他类水污染物的前五项征税

C. 应税固体废物按照固体废物的产生量作为计税依据

D. 噪声声源一个月内超标不足 15 天的，减半计算应纳税额

8.7　甲企业是环境保护税的纳税人，该企业 2024 年 5 月直接向水体排放某应税污染物 3 千克，污染当量值为 0.02 千克。当地所在省份公布的该水污染物的环境保护税税率为每污染当量 12 元，则该企业应纳的环境保护税为（　　）元。

A.0.72　　B.12.50　　C.36　　D.1 800

8.8　某印染厂 2024 年 1 月排放污水 24 000 吨，经检测浓度值为色度 240 倍，该企业所在省份的排放标准为色度 80 倍，应税水污染物税额标准为 3 元 / 污染当量。已知色度水污染物的污染当量值为 5 吨水・倍，该印染厂当月应缴纳环境保护税（　　）元。

A.14 400　　B.72 000

C.28 800　　D.43 200

8.9　某养殖场 2023 年 10 月月均养鸡 3 万羽，污染当量值为 30 羽，假设当地水污染物适用税额为每污染当量 2 元，该养殖场当月应纳环境保护税（　　）元。

A.500　　B.2 000

C.15 000　　D.60 000

8.10　某养猪场 2024 年 3 月养猪存栏量为 3 000 头，污染当量值为 1 头，当地水污染物适用税额为每污染当量 2 元，该养猪场当月应缴纳环境保护税（　　）元。

A.0　　B.2 000

C.3 000　　D.6 000

8.11　某工业企业 2024 年 1 月产生冶炼渣 100 吨，填埋处置 50 吨，其中被环境保护主管部门发现没有达到环境保护标准填埋的为 20 吨，其余 30 吨符合环境保护标准；合规贮存 20 吨，已知冶炼渣的环境保护税税率为 25 元 / 吨，该企业当月应缴纳环境保护税（　　）元。

A.750　　B.1 250

C.2 000　　D.2 500

8.12　下列关于应税污染物纳税地点的说法，错误的是（　　）。

A. 应税大气污染物的纳税地点为排放口所在地

B. 水污染物的纳税地点为产生地

C. 应税固体废物的纳税地点为产生地

D. 应税噪声的纳税地点为产生地

8.13　环境保护税的申报缴纳期限是（　　）。

A.1 年　　B.1 个季度

C.1 个月　　D.15 日

8.14 以下符合环境保护税政策规定的是（ ）。

A. 环境保护税的纳税义务发生时间为纳税人排放应税污染物的当日

B. 纳税人应当向机构所在地的税务机关申报缴纳环境保护税

C. 环境保护税按月申报缴纳，不能按固定期限计算缴纳的，可按次申报缴纳

D. 纳税人按次申报缴纳的，应当自季度终了之日起 15 日内，向税务机关办理纳税申报并缴纳税款

二、多项选择题

8.15 下列直接向环境排放污染物的主体中，属于环境保护税纳税人的有（ ）。

A. 事业单位

B. 个人

C. 家庭

D. 私营企业

E. 国有企业

8.16 下列属于环境保护税征税对象的有（ ）。

A. 硫化氢气

B. 煤矸石

C. 二氧化碳

D. 光污染物

E. 液态废物

8.17 下列情形符合环境保护税不征税规定的有（ ）。

A. 企事业单位向依法设立的污水集中处理场所排放应税污染物

B. 禽畜养殖场依法对禽畜养殖废弃物进行综合利用和无害化处理

C. 企事业单位向依法设立的生活垃圾集中处理场所排放应税污染物

D. 纳税人排放应税大气污染物浓度值低于国家和地方规定的污染物排放标准

E. 企事业单位在符合国家和地方环境保护标准的设施、场所贮存或处置固体废物

8.18 下列关于环境保护税的说法中，正确的有（ ）。

A. 实行统一定额税和浮动定额税相结合的税额标准

B. 环境保护税的征税环节是生产销售环节

C. 对机动车排放废气暂免征收环境保护税

D. 应税水污染物的具体适用税额由省级税务机关确定

E. 环境保护税收入全部归地方政府所有

8.19 关于环境保护税税目，下列说法正确的有（ ）。

A. 一氧化碳属于大气污染物

B. 煤矸石属于固体废物

C. 石棉尘属于大气污染物

D. 建筑施工噪声属于噪声污染

E. 家庭排放的污水属于应税水污染物

8.20 关于环境保护税，下列说法正确的有（　　）。

A. 环境保护税纳税人不包括家庭和个人

B. 环境保护税税率为统一比例税率

C. 纳税人排放应税水污染物的浓度值低于国家规定的污染物排放标准 30% 的，予以减征

D. 依法对畜禽养殖废弃物进行综合利用和无害化处理的，不征税

E. 环境保护税开征是原有的排污费“平移”费改税的结果

8.21 下列情形中，应以纳税人当期应税固体废物的产生量作为固体废物的排放量的有（　　）。

A. 进行虚假纳税申报

B. 损毁或者擅自移动、改变污染物自动监测设备

C. 非法倾倒应税固体废物

D. 篡改、伪造污染物监测数据

E. 纳税人未依法安装使用污染物自动监测设备

8.22 下列符合环境保护税免征规定的有（　　）。

A. 纳税人综合利用的固体废物，符合国家和地方环境保护标准的

B. 依法设立的城乡污水集中处理不超过国家和地方规定的排放标准的

C. 规模化养殖利用其污染排放口排放应税污染物的

D. 依法设立的生活垃圾焚烧发电厂属于生活垃圾集中处理场所，其排放应税污染物不超过国家和地方规定的排放标准的

E. 依法设立的生活垃圾集中处理场所排放相应应税污染物，超过国家和地方规定的排放标准的

8.23 关于环境保护税征收管理，说法正确的有（　　）。

A. 纳税义务发生时间为纳税人产生应税污染物当日

B. 纳税人应当向机构所在地税务机关申报缴纳

C. 按固定期限缴纳的，按月计算，按季申报缴纳

D. 不能按固定期限计算缴纳的，可按次申报缴纳

E. 纳税人按季申报缴纳，应自季度终了之日起 15 日内申报纳税

三、计算题

8.24 某化工厂为环境保护税纳税人，该厂 2024 年 2 月应税污染物的排放情况如下：

（1）污水排放口直接向河流排放污水，已安装使用符合国家规定和监测规范的污染物自动监测设备。检测数据显示，该排放口 2024 年 2 月共排放污水 6 万吨（折合 6 万立方米），应税污染物为六价铬，浓度为六价铬 0.5 毫克 / 升。该厂所在省份的水污染物税率为 2.8 元 / 污染当量，六价铬的污染当量值为 0.02 千克。

（2）向大气直接排放二氧化硫、氟化物各 100 千克，一氧化碳 200 千克、氯化氢 80 千克，假设当地大气污染物每污染当量税额为 1.2 元，该企业只有一个排放口。已知上述大气污染物的污染当量值如下表所示：

污染物	污染当量值（千克）
二氧化硫	0.95
氟化物	0.87
一氧化碳	16.7
氯化氢	10.75

（3）生产过程中产生危险废物 80 吨，其中在符合国家和地方环境保护标准的场所和设施中贮存 15 吨，处置了 5 吨，综合利用了 10 吨。危险废物的定额税率为 1 000 元 / 吨。

根据上述资料，回答下列问题。

(1) 业务（1）应缴纳环境保护税（　　）元。

A.2 400　　B.6 000

C.5 600　　D.4 200

(2) 业务（2）应缴纳环境保护税（　　）元。

A.480　　B.576

C.278.62　　D.287.54

(3) 业务（3）应缴纳环境保护税（　　）元。

A.80 000　　B.50 000

C.70 000　　D.60 000

(4) 对于大气污染物和水污染物，下列情形中以产生量作为污染物排放量的是（　　）。

A. 监测时限内当月无监测数据

B. 当月同一个排放口的同一种污染物有多个监测数据

C. 篡改、伪造污染物监测数据

D. 因污染物种类多不具备监测条件

错题整理页

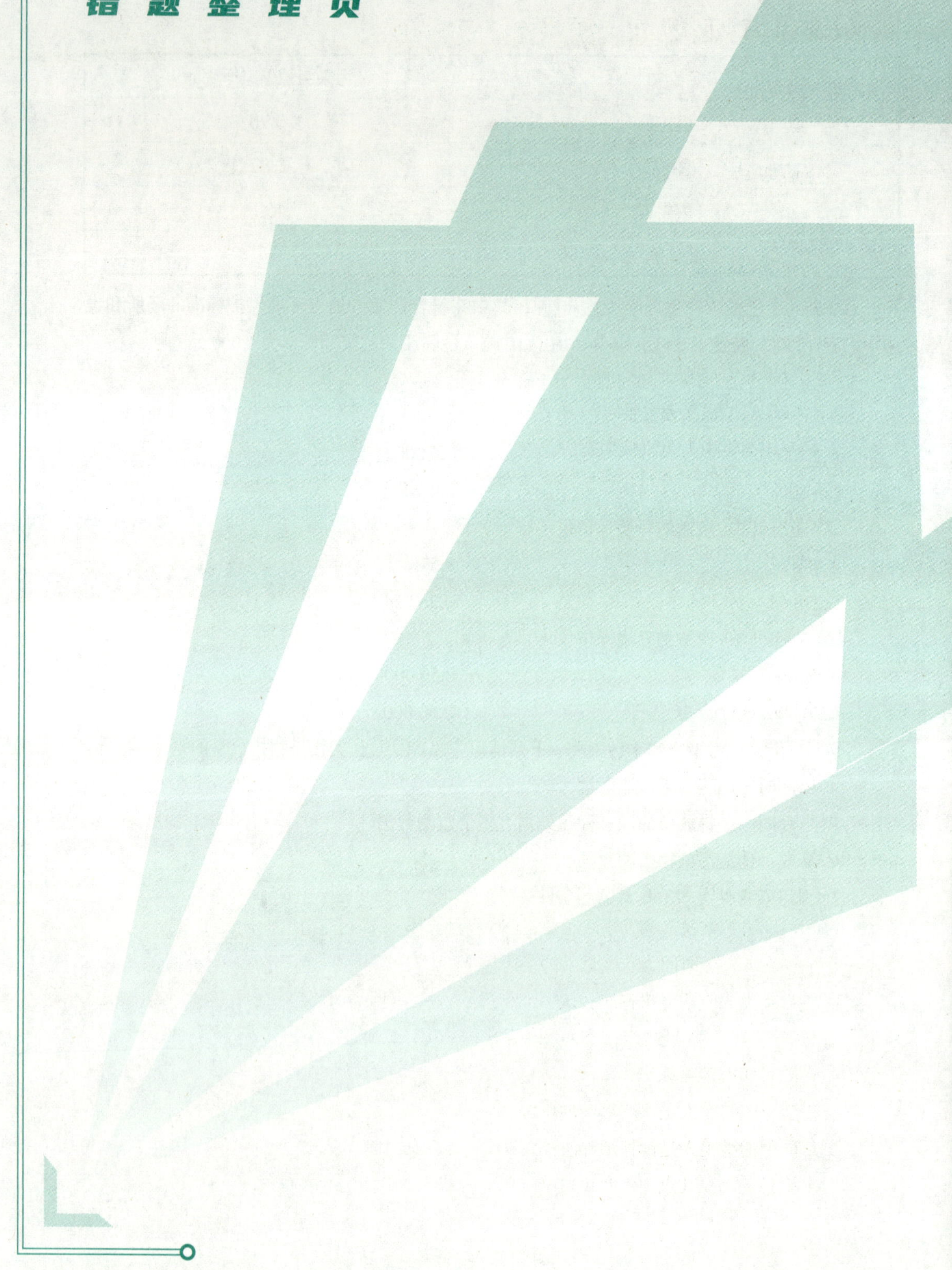

第九章　烟叶税

一、单项选择题

9.1　根据《中华人民共和国烟叶税法》的相关规定，下列说法错误的是（　　）。

A. 烟叶税的征税对象不包括晾晒烟叶

B. 烟叶税的纳税地点为烟叶收购地

C. 烟叶税的纳税义务发生时间为收购烟叶的当天

D. 烟叶税的纳税人是收购烟叶的单位

9.2　某烟厂收购烟叶，支付给烟叶销售者收购价款 600 万元，开具烟叶收购发票。该烟厂应缴纳烟叶税（　　）万元。

A.110.09　　B.120　　C.121.10　　D.132

9.3　某卷烟厂为增值税一般纳税人，2024 年 2 月收购烟叶 5 000 公斤，实际支付价款总额 65 万元，已开具烟叶收购发票。关于烟叶税的税务处理，下列表述正确的是（　　）。

A. 卷烟厂自行缴纳烟叶税 14.3 万元

B. 卷烟厂自行缴纳烟叶税 13 万元

C. 卷烟厂代扣代缴烟叶税 14.3 万元

D. 卷烟厂代扣代缴烟叶税 13 万元

9.4　下列关于烟叶税征收管理的表述，正确的是（　　）。

A. 纳税期限为次

B. 纳税期限自纳税义务发生之日起 15 天

C. 纳税义务发生时间为收购烟叶的当天

D. 纳税地点为收购方机构所在地

9.5　根据现行烟叶税法的规定，下列说法正确的是（　　）。

A. 烟叶税实行定额税率

B. 烟叶税的纳税人是收购烟叶的单位

C. 烟叶税的纳税人是销售烟叶的单位

D. 烟叶税的纳税地点为烟叶销售地

二、多项选择题

9.6 下列关于烟叶税的说法，正确的有（　　）。

A. 计税依据为收购方支付的烟叶收购价款和价外补贴

B. 比例税率为 10%

C. 法律依据为《中华人民共和国烟叶税暂行条例》

D. 进口烟叶需缴纳烟叶税

E. 纳税人为烟叶收购方

9.7 甲县某烟草公司去相邻的乙县收购烟叶，2024 年 6 月 17 日支付烟叶收购价款 80 万元，另对烟农支付了价外补贴 6 万元。下列事项正确的有（　　）。

A. 烟草公司应在 7 月 17 日前申报缴纳烟叶税

B. 烟草公司 6 月收购烟叶应缴纳烟叶税 17.6 万元

C. 烟草公司应向乙县主管税务机关申报缴纳烟叶税

D. 烟草公司收购烟叶的纳税义务发生时间是 6 月 18 日

E. 烟草公司 6 月收购烟叶应缴纳烟叶税 17.2 万元

9.8 2024 年 7 月，甲市某烟草公司向 A 县某烟叶种植户收购了一批烟叶，收购价款为 90 万元，价外补贴为 9 万元。下列关于该笔烟叶交易涉及烟叶税征收管理的表述中，符合税法规定的有（　　）。

A. 纳税人为烟叶种植户

B. 应纳税额为 19.8 万元

C. 应向甲市主管税务机关申报纳税

D. 烟叶税的计税依据为 99 万元

E. 纳税人为烟草公司

9.9 下列关于烟叶税的说法，错误的有（　　）。

A. 在中国境内收购烟叶的单位需要代扣代缴烟叶税

B. 烟叶税的征税对象包括烤烟叶、晾晒烟叶

C. 烟叶税的税率为 20%

D. 烟叶税的纳税义务发生时间为纳税人收购烟叶的当天

E. 烟叶税纳税人应当自纳税义务发生之日起 10 日内申报纳税

错题整理页

第十章　关　税

一、单项选择题

10.1 下列关于关税特点的说法中，错误的是（　　）。

A. 单一环节的价内税　　B. 征收的对象包括准许进出境物品

C. 征收的对象包括准许进出口货物　　D. 有较强的涉外性

10.2 随进口货物的价格由高至低而由低至高设置关税税率计征的关税是（　　）。

A. 选择税　　B. 复合税

C. 滑准税　　D. 从量税

10.3 我国关税进口税则实施多种类型的进口税率，下列关于我国进口关税税率的说法中，正确的是（　　）。

A. 适用于配额税率的进口货物，在关税配额内进口的，适用配额税率，配额外的，适用普通税率

B. 从与我国签订含有关税优惠条款的区域性贸易协定的国家进口的货物，适用协定税率

C. 原产地不明的进口货物，适用暂定税率

D. 原产于我国境内的进口货物，适用普通税率

10.4 下列关于关税税率的表述中，正确的是（　　）。

A. 最惠国税率低于或等于协定税率时，优先适用最惠国税率

B. 适用协定税率、特惠税率的进口货物有暂定税率的，应当适用暂定税率

C. 适用最惠国税率的进口货物有暂定税率的，应当适用暂定税率

D. 按照普通税率征税的进口货物，经国务院关税税则委员会特别批准，可以适用暂定税率

10.5 下列关税适用税率的表述中，错误的是（　　）。

A. 因纳税人违反规定需要追征税款的进出口货物，适用海关发现该行为之日实施的税率

B. 暂时进境货物经批准不复运出境的，适用海关接受申报办理手续之日实施的税率

C. 进口货物到达前，经海关核准先行申报的，适用装载该货物的运输工具申报进境之日实施的税率

D. 进出口货物，一般应当适用海关接受该货物申报进口或者出口之日实施的税率

10.6 下列情形中，应当适用海关接受纳税义务人申报办理纳税手续之日实施的税率的是（　　）。

A. 租赁进口货物，一次性缴纳税款的

B. 进口货物到达前，经海关核准先行申报的

C. 保税货物经批准复运出境的

D. 减免税货物经批准转让或者移作他用的

10.7 2023 年 12 月 1 日，某企业按照规定免税进口一批货物，12 月 8 日该货物报关入境；后来该企业因经营范围改变，于 2024 年 2 月 12 日经海关批准转让该批货物，2 月 20 日海关接受了企业申报办理纳税手续。该批货物补征关税时适用的关税税率为（　　）。

A.2023 年 12 月 1 日的税率

B.2023 年 12 月 8 日的税率

C.2024 年 2 月 12 日的税率

D.2024 年 2 月 20 日的税率

10.8 下列费用中，不计入进口货物关税完税价格的是（　　）。

A. 包装材料费用

B. 购货佣金

C. 由买方负担的经纪费

D. 与货物一体的容器费用

10.9 下列关于公式定价进口货物完税价格的确定，说法正确的是（　　）。

A. 公式定价货物进口时结算价格不能确定，暂不申报，等结算价格确定时，再行申报

B. 在货物运抵中华人民共和国境内前，买卖双方已口头约定定价公式

C. 采用公式定价法需满足结算价格取决于买卖双方均无法控制的客观条件和因素

D. 自货物申报进口之日起 3 个月内，能够根据合同约定的定价公式确定结算价格

10.10 某公司进口一套仪器设备，实付金额折合人民币 200 万元，其中包含购货佣金 5 万元、与该货物有关的特许权使用费 10 万元；运输费、保险费无法确定，海关按同类货物同期同程运输费计算的运费为 20 万元。假定关税税率为 20%，该公司进口设备应缴纳的关税为（　　）万元。

A.41.12　　　　B.43

C.43.13　　　　D.44.13

10.11 下列关于特殊情形下进口货物关税完税价格的说法中，正确的是（　　）。

A. 运往境外修理的货物，应以境外修理费和料件费为基础确定完税价格

B. 赠送进口的货物，应按照“成交价格估价方法”确定完税价格

C. 运往境外加工的货物，应以境外加工费、料件费为基础确定完税价格

D. 租赁进口的货物，在租赁期间以海关审定的不含利息的租金作为完税价格

10.12 下列关于特殊进口货物关税完税价格的确定中，错误的是（　　）。

A. 经海关批准留购的暂时进境货物，以海关审查确定的留购价格作为完税价格

B. 寄售、捐赠等不存在成交价格的进口货物，以市场交易价格为完税价格

C. 运往境外加工的货物，出境时已向海关报明并在海关规定期限内复运进境，以境外加工费、料件费、复运进境的运输及相关费用、保险费为基础审查确定完税价格

D. 留购的租赁货物，以海关审定的留购价格作为完税价格

10.13 某企业 2023 年 4 月从境外企业租赁一台大型设备，租期 1 年，支付租金 10 万元，另支付境内运费、保险费 2 万元。2024 年 4 月，企业决定将该设备买下，双方成交价格为 60 万元，海关审定的留购价格为 65 万元，以上金额均为人民币。该企业 2024 年 4 月应缴纳关税（　　）万元。（关税税率为 10%）

A.1　　B.1.2　　C.6　　D.6.5

10.14 某生产企业 2024 年 5 月将机器运往境外修理，出境时已向海关报明，并在海关规定期限内复运进境。已知机器原值为 100 万元，已提折旧 20 万元，报关出境前发生运费和保险费 1 万元，境外修理费 5 万元，修理料件费 1.2 万元；复运进境发生运费和保险费 1.5 万元，以上金额均为人民币。该机器再次报关入境时应申报缴纳关税（　　）万元。（关税税率为 10%）

A.0.62　　B.0.77

C.8.77　　D.8.87

10.15 2023 年 11 月，某服装厂将一批布料运往境外加工服装，出境时已向海关报明，并在海关规定期限内复运进境。已知该批布料价值 150 万元，境外加工费和料件费为 50 万元，复运进境的运费为 2 万元、保险费为 1 万元。该公司上述业务应缴纳关税（　　）万元。（关税税率为 10%）

A.5　　B.5.3　　C.20　　D.20.3

10.16 下列各项中，应计入出口货物完税价格的是（　　）。

A. 出口关税税额

B. 货物在我国境内输出地点装载后的保险费

C. 货物在我国境内输出地点装载后的运输费

D. 货物运至我国境内输出地点装载前的保险费

10.17 以关税特定减免税方式进口的科教用品，海关监管的年限为（　　）年。

A.3　　B.6　　C.8　　D.10

10.18 某大学进口一台仪器用于教学，进口时海关审定的完税价格为 30 万元，满足特定免税条件，免征进口环节的关税。使用 9 个月后，将该仪器转让给某企业，已知转让价格为 20 万元，转让时已计提折旧 9 万元，适用的关税税率为 20%，转让时该仪器需要补交的关税为（　　）万元。

A.4　　B.4.2　　C.4.5　　D.6

10.19 已征进口关税的货物，因品质原因原状退货复运出境的，纳税义务人可以申请退还关税的最长周期是（　　）。

A. 缴纳税款之日起 3 年　　B. 缴纳税款之日起 2 年

C. 缴纳税款之日起 5 年　　D. 缴纳税款之日起 1 年

10.20 如果纳税义务人自缴款期限届满之日起超过（　　）仍未缴纳税款，经海关关长批准，海关可以采取强制措施。

A.15 日　　B.30 日　　C.3 个月　　D.6 个月

10.21 纳税义务人因不可抗力或者国家税收政策调整不能按期缴纳税款的，依法提供税款担保后，可以直接向海关办理延期缴纳税款手续。延期纳税最长不超过（　　）。

A.15 日　　B.30 日　　C.3 个月　　D.6 个月

10.22 因纳税义务人违反规定而造成的少征关税，海关可以自纳税义务人缴纳税款或者货物、物品放行之日起的一定期限内追征。这一期限是（　　）。

A.1 年　　B.2 年　　C.5 年　　D.3 年

二、多项选择题

10.23 下列进出货物或物品行为中，属于关税纳税义务人的有（　　）。

A. 以邮递方式进境的物品的收件人

B. 以邮递方式出境的物品的寄件人

C. 出口货物的收货人

D. 进口货物的收货人

E. 携带进境物品的携带人

10.24 下列关于关税税率适用的说法中，正确的有（　　）。

A. 进出口货物，应当按照纳税义务人签订购买合同或者销售合同的当天实施的税率征收

B. 协定税率适用原产于与我国签订有特殊优惠关税协定的国家或地区的进口货物

C. 征收报复性关税的货物、适用国别及适用税率，由国务院关税税则委员会决定并公布

D. 普通税率适用于原产于特定国家或地区以外的其他国家或地区的进口货物，以及原产地不明的进口货物

E. 在关税配额以外的，适用普通税率

10.25 海关对进口货物估价时可以采用的方法有（　　）。

A. 货物向第三国出口的价格估价方法

B. 相同货物成交价格估价方法

C. 倒扣价格估价方法

D. 计算价格估价方法

E. 成本加成法

10.26 海关在采用合理估价方法确定进口货物的完税价格时，不得使用的价格有（　　）。

A. 境内生产的货物在境内的销售价格

B. 可供选择的相同、类似进口货物价格中最低的价格

C. 货物在出口地市场的销售价格

D. 最低限价或武断、虚构的价格

E. 以倒扣估价方法计算出来的价格

10.27 关于出口货物关税完税价格的说法，正确的有（　　）。

A. 出口货物完税价格包含增值税

B. 在输出地点装载后发生的运费，应包含在完税价格中

C. 在输出地点装卸后发生的保险费，不计入完税价格

D. 出口关税不计入完税价格

E. 货物运至境内输出地点装载前的运输及其相关费用应计入完税价格

10.28 符合条件的进口货物，可以以合同约定定价公式确定的结算价格为基础，确定关税完税价格，下列说法符合法规条件的有（　　）。

A. 自货物申报进口之日起 6 个月内，能够根据合同约定的定价公式确定结算金额

B. 在保税货物内销前，买卖双方已书面约定定价公式

C. 在货物运抵中华人民共和国境内前，买卖双方可以口头约定定价公式

D. 结算价格不能确定的，能够根据合同约定评估价格

E. 结算价格取决于买卖双方均无法控制的客观条件和因素

10.29 下列进口的货物或物品中，免征关税的有（　　）。

A. 无商业价值的广告品

B. 外国政府无偿援助的物资

C. 国际组织无偿赠送的物资

D. 在海关放行前损失的货物

E. 在海关放行前遭受损坏的货物

10.30 下列进口的货物或物品中，可以免征或暂时免征关税的有（　　）。

A. 关税税额为人民币 80 元的一票货物

B. 核电项目为生产重大技术装备而进口的关键零部件

C. 已缴纳保证金的暂时进境用于博览会中展示的货物

D. 进口残疾人专用品

E. 被免费更换后未退运出境的原进口货物

10.31 根据关税的减免规定，下列适用特定减免税政策的有（　　）。

A. 科教用品

B. 外国政府无偿捐赠的物资

C. 科普用品

D. 残疾人专用品

E. 我国缔结或者参加的国际条约规定减征、免征关税的货物、物品

10.32 关于关税减免税，下列说法正确的有（　　）。

A. 外国政府、国际组织无偿赠送的物资免征关税

B. 进出境运输工具装载的娱乐设施暂免征关税

C. 慈善捐赠物资法定免征关税

D. 科学研究机构进口的科学研究用品实行特定减免关税

E. 在海关放行前遭受损失的货物免征关税

10.33 以下符合我国关税征收管理规定的有（　　）。

A. 进口货物自运输工具申报进境之日起 15 日内，由进口货物的纳税人向进境地海关申报

B. 出口货物在货物运抵海关监管区后、装货的 24 小时之前，由出口货物的纳税人向出境地海关申报

C. 纳税义务人应自海关填发税款缴款书次日起 15 日内向指定银行缴纳税款

D. 纳税人因不可抗力不能按期缴纳税款的，可以申请延期缴纳，延长期限不能超过 6 个月

E. 海关发现多征税款的，应当立即退还

10.34 下列关于关税的说法中，正确的有（　　）。

A. 对海关监管年限内的减免税货物，不得申请提前解除监管

B. 减免税货物海关监管年限届满的，自动解除监管

C. 对在纳税期限内有逃税迹象且拒绝提供纳税担保的纳税人，海关可采取关税强制征收措施

D. 纳税人应在运输工具申报进境之日起 15 日内，进行关税申报

E. 海关采取强制措施时，对纳税义务人、担保人未缴纳的滞纳金同时强制执行

10.35 关于关税征收管理，下列说法正确的有（　　）。

A. 纳税人因不可抗力原因不能按期缴纳税款的，延期纳税最长不超过 6 个月

B. 进口货物放行后，海关发现少征税款的，应当自缴纳税款或者货物放行之日起 1 年内向纳税人补征

C. 进出口货物的纳税人，应当自海关填发税款缴款书之日起 14 日内缴纳税款

D. 纳税人逾期缴纳关税的，由海关征收滞纳金

E. 已征出口关税的货物，因故未装运出口申请退关的，纳税人可以自缴纳税款之日起 1 年内，申请退还关税

new

一、单项选择题

10.36 下列关于海关行政复议，说法正确的是（ ）

A. 公民法人或者其他组织认为海关行政行为侵犯其合法权益的，可以自知道或者应当知道该行政行为之日起 30 日内提出行政复议申请

B. 对海关总署作出的行政行为不服的，向海关总署提出行政复议申请

C. 认为海关未履行法定职责，可以申请行政复议，也可以申请行政诉讼

D. 海关行政复议机关应当自收到行政复议申请之日起 15 日内进行审查

二、多项选择题

10.37 根据关税的减免规定，下列适用特定减免税政策的有（ ）。

A. 国家综合性消防救援队伍进口国内不能生产或性能不能满足需求的消防救援装备

B. 外国政府无偿捐赠的物资

C. 科普用品

D. 重大技术装备

E. 集成电路生产企业和先进封装测试企业进口自用设备

错题整理页

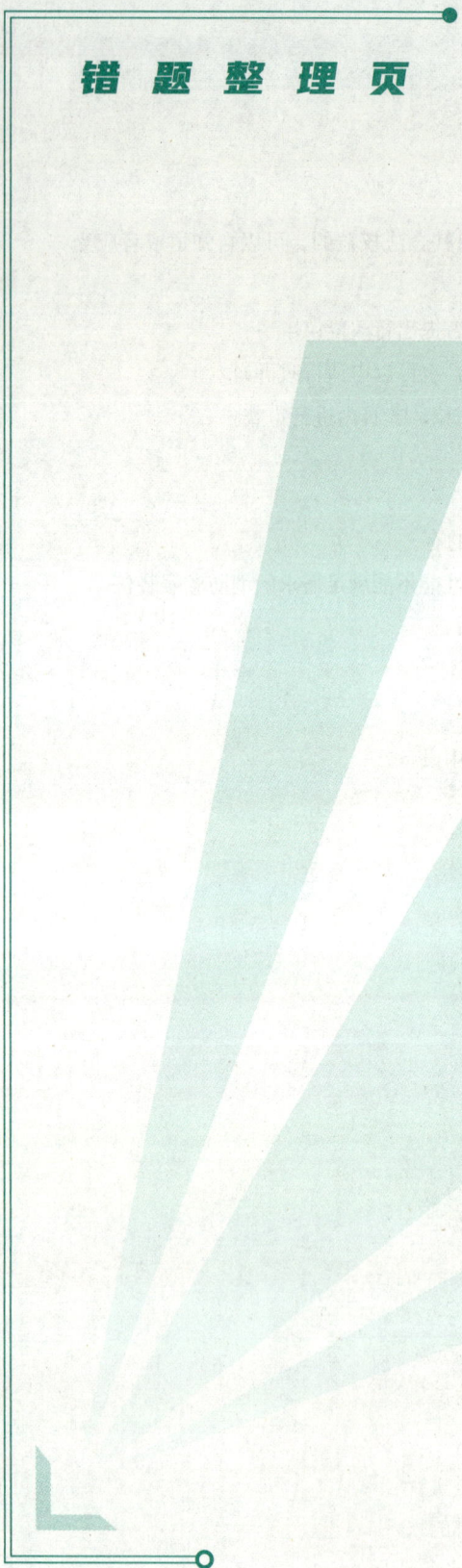

第十一章　非税收入

new

一、单项选择题

11.1 下列各项收入，属于非税收入的是（　　）。

A. 社会保险费

B. 政府将从“第三方机构”购买的公共服务提供给特定主体取得的收入

C. 非税收入产生的利息收入

D. 以政府名义接受的定向捐赠货币收入

11.2 某企业地处市区，2022 年 7 月被税务机关查补增值税 45 000 元、消费税 25 000 元、企业所得税 30 000 元；还被加收滞纳金 2 000 元，被处罚款 50 000 元。该企业应补缴城市维护建设税和教育费附加（　　）元。

A.5 600　　B.7 000

C.10 000　　D.12 200

11.3 甲广告公司是增值税一般纳税人，2024 年 5 月实现广告发布收入开具增值税专用发票金额 100 万元，税额 6 万元，将部分发布业务分包给个人张某，取得了由张某在税务机关代开的增值税普通发票，票面注明的价税合计金额 16 万元，不考虑优惠政策，甲公司应缴纳文化事业建设费（　　）万元。

A.2.52　　B.2.7

C.3　　D.3.18

11.4 甲公司 2023 年在职职工工资总额为 2 874.9 万元，年职工总数为 350 人，安排残疾人 3 名，其中 1 人持有《中华人民共和国残疾人证》（2 级）。当地社会平均工资为 6 万元，要求的残疾人就业安排比例是 1.5%，2024 年甲应申报缴纳残疾人就业保障金（　　）元。

A.51 337.5　　B.102 675

C.92 407.5　　D.166 333.5

11.5 下列关于残疾人就业保障金的征收，说法正确的是（　　）。

A. 残疾人就业保障金是中央收入科目

B. 用人单位申请缓缴残保金的最长期限不得超过 1 年

C. 用人单位跨地区招用残疾人的，不计入所安排的残疾人就业人数

D. 在职职工人数在 30 人（含）以下的企业，暂免征收残保金

11.6 下列销售的电量，需要征收可再生能源电价附加的是（　　）。

A. 农业生产用电

B. 省级电网企业对境外销售电量

C. 分布式光伏发电自发自用电量

D. 省级电网企业销售给地方独立电网的电量

11.7 下列关于油价调控风险准备金的计征依据，说法错误的是（　　）。

A. 直接生产销售汽油、柴油的，其销售数量以发票开具日期及数量为准

B. 进口汽油、柴油的，其销售数量以报关日期及报关数量为准

C. 委托加工汽油、柴油的，其销售数量按已委托加工合同签署日期及交货凭证确认

D. 来料加工贸易以及直接用于一般贸易出口的汽油、柴油，纳入油价调控风险准备金征收范围

11.8 下列关于石油特别收益金的征收，说法正确的是（　　）。

A. 石油特别收益金仅对在中国境内销售的石油征收

B. 石油特别收益金实行五级超额累进从价定率计征

C. 石油特别收益金实行按月计算、按季申报缴纳

D. 石油特别收益金列为政府性基金预算科目

11.9 下列关于矿业权出让收益的征收规定中，说法正确的是（　　）。

A. 按照出让金额形式征收的出让收益，分期缴纳的，首次征收比例不得低于出让收益的 20%

B. 矿业权转让时，未缴纳的矿业权出让收益及涉及的相关费用，转让方需要补缴

C. 按出让金额形式征收的，矿业权人在收到缴款通知书之日起 30 日内缴纳

D. 按矿业权出让收益率形式征收的，按矿业权出让收益率逐年缴纳的部分，缴款时间最迟不晚于次年 3 月底

11.10 下列关于海域使用金的计费方法，说法正确的是（　　）。

A. 对填海造地、非透水构筑物、跨海桥梁和海底隧道等按照使用年限逐年计征海域使用金

B. 使用海域不超过 6 个月的，不征收海域使用金

C. 经营性临时用海按年征收标准的 25% 一次性计征

D. 金额度超过 1 亿元的，可以在 5 年时间内分次缴纳

11.11 下列关于水土保持补偿费的征收规定，说法正确的是（　　）。

A. 水土保持补偿费是中央收入科目

B. 对一般性生产建设项目，按照征占用土地面积按年征收

C. 开采矿产资源的，建设期间，按照征占用土地面积一次性计征

D. 按次缴纳的，应于项目开工后或建设活动开始后 15 日内缴纳

二、多项选择题

11.12 下列属于非税收入特点的有（　　）。

A. 灵活性

B. 普遍性

C. 稳定性

D. 资金适用上的特定性

E. 强制性

11.13 关于教育费附加的说法正确的有（　　）。

A. 教育费附加实行地区差额征收率

B. 出口产品退还的增值税、消费税，同时退还教育费附加

C. 国家重大水利工程建设基金免征教育费附加

D. 对增值税、消费税实行即征即退的，不予退还已缴纳的教育费附加

E. 境外单位向境内提供在中国境内使用的特许权，对其收取的特许权使用费所代收代缴的增值税，不征收教育费附加

11.14 位于市区的某自营出口生产企业，适用出口免抵退税政策。2023 年 3 月内销业务销项税额为 500 万元，当期可抵扣的进项税额为 780 万元，出口货物的“免抵退”税额为 400 万元；企业将其自行研发的动力节约技术转让给一家科技开发公司，获得不含增值税转让收入 80 万元。下列各项中，符合税法相关规定的有（　　）。

A. 该企业应缴纳的增值税为 4.8 万元

B. 应退还该企业增值税税额 280 万元

C. 该企业应缴纳的城市维护建设税为 8.4 万元

D. 该企业应缴纳的教育费附加为 8.52 万元

E. 该企业应缴纳的地方教育附加为 2.4 万元

11.15 下列税费中“进口不征，出口不退”的有（　　）。

A. 增值税

B. 城市维护建设税

C. 教育费附加

D. 地方教育附加

E. 消费税

11.16 下列属于文化事业建设费征收范围的有（　　）。

A. 广告设计

B. 广告位的出租

C. 广告代理

D. 广告宣传

E. 歌厅

11.17 下列用电量中，免征大中型水库移民后期扶持基金的有（　　）。

A. 农业生产用电量

B. 省级电网企业网间销售电量

C. 企业自备电厂自发自用电量

D. 分布式光伏发电自发自用电量

E. 大用户与发电企业直接交易的电量

11.18 下列非税收入中，属于中央和地方共用的收入科目的有（　　）。

A. 防空地下室易地建设费

B. 水土保持补偿费

C. 矿产资源专项收入

D. 免税商品特许经营费

E. 残疾人就业保障金

11.19 下列关于各项非税收入的征收管理，说法正确的有（　　）。

A. 国家留成油收入，中海油按月申报缴纳，中石化、中石油按年申报缴纳

B. 免税商品特许经营费缴纳企业应于年度终了后 3 个月内向税务部门申报缴纳

C. 油价调控风险准备金按年度缴纳的，缴费人应于次年 2 月底前申报缴纳应缴费款

D. 可再生能源电价附加按季申报，次年 3 月底前省级电网企业和地方独立电网企业根据全年实际销售电量进行汇算清缴

E. 水土保持补偿费按期缴纳的，在期满之日起 15 日内申报缴纳

11.20 下列属于国有土地使用权出让收入征收范围的有（　　）。

A. 转让划拨国有土地使用权应当补缴的土地价款

B. 国土资源管理部门依法出租国有土地向承租者收取的土地租金收入

C. 土地使用者以划拨方式取得国有土地使用权，依法向市、县人民政府缴纳的征地管理费

D. 处置抵押划拨国有土地使用权应当补缴的土地价款

E. 以出让方式取得国有土地使用权后的再转让收入

11.21 下列用岛免缴无居民海岛使用金的有（　　）。

A. 公务用岛

B. 经营性的教学和科研项目用岛

C. 防灾减灾用岛

D. 非经营性基础设施提供配套服务的经营性用岛

E. 基础测绘和气象观测用岛

11.22 下列免征防空地下室易地建设费的有（　　）。

A. 临时民用建筑和不增加面积的危房翻新改造商品住宅项目

B. 享受政府优惠政策建设的廉租房、经济适用房等居民住房

C. 因遭受水灾、火灾或其他不可抗拒的灾害造成损坏后按原面积修复的民用建筑

D. 保障性住房项目

E. 新建幼儿园、学校教学楼、养老院及为残疾人修建的生活服务设施等民用建筑

错题整理页

综合题演练

做经典 

12.1 甲造纸厂为增值税一般纳税人，纳税信用等级为A级，主营业务为生产销售办公用纸制品，2023年5月发生的业务如下：

（1）从某商贸公司（一般纳税人）处购入原木一批，取得增值税专用发票注明金额500万元，税额45万元；从某木材批发商（小规模纳税人）处购买原木一批，取得增值税专用发票注明金额150万元，税额4.5万元；从棉农手中购买棉花，取得农产品收购发票注明价款20万元，款项当月已全部支付。前述原材料生产车间已领用。

（2）购买纸浆一批，取得增值税专用发票注明金额120万元，税额15.6万元；发生相关运费，取得货运运输发票，金额1万元，税额0.09万元，入库整理时发现5%的非正常损失。

（3）采用分期收款方式销售一批办公用纸，合同约定不含税货款1 500万元，本月约定收取货款80%，剩下的部分下月结清。当月实际收到货款的40%。以预收货款方式销售一批印刷用纸，按预收款百分百开具不含税发票300万元，已经发货70%。

（4）将2016年8月购入的综合楼改建为员工宿舍，购入时取得增值税专用发票注明金额2 000万元，税额100万元，税额已抵扣，该不动产的净值率为70%。

（5）销售2008年购入的机械设备一台，购入时按当时政策未抵扣进项税额，取得含税收入1.03万元，已开具增值税专用发票。

（6）回收废纸，取得增值税专用发票，税额6.5万元，销售处理废纸后再生产品取得不含税收入5万元，销售再生纸取得不含税收入280万元。受托加工再生纸浆，取得不含税加工费15万元，产品返回给委托方。

（7）该公司当月的污染物排放情况如下：二类水污染物SS、CODcr、氨氮、总磷排放量分别为200千克，大气污染物SO_2、CO、甲醛、苯、硫化氢排放量分别为：100千克、100千克、50千克、80千克、120千克，对应的污染当量值及环境保护税单位税额如下表所示：

二类水污染物	污染当量值（千克）	大气污染物	污染当量值（千克）
SS	4	SO_2	0.95
CODcr	1	CO	16.7
氨氮	0.8	甲醛	0.09
总磷	0.25	苯	0.05
—	—	硫化氢	0.29
计税单位：千克	税额：3.6元/千克	计税单位：千克	税额：1.2元/千克

已知：该企业适用13%税率，增值税当月已申报，享受优惠政策条件已申报。该企业在2023年1月因违反生态环境保护的法律法规受到行政处罚，被罚款20万元。

根据上述资料，回答下列问题。

(1) 下列说法正确的有（　　）。

A. 大气污染物，按照污染当量数从大到小排序，对前五项污染物征收环境保护税

B. 第一类水污染物，按照污染当量数从大到小排序，对前五项污染物征收环境保护税

C. 甲公司当月可申请即征即退增值税额0.4万元

D. 大气污染物，按照污染当量数从大到小排序，对前三项污染物征收环境保护税

E. 第一类水污染物，按照污染当量数从大到小排序，对前三项污染物征收环境保护税

(2) 业务（1）可抵扣进项税额（　　）万元。

A.60.3

B.58

C.67

D.65

(3) 业务（5）应缴纳的增值税为（　　）万元。

A.0.03

B.0.02

C.0.01

D.0.12

(4) 业务（6）应缴纳的增值税销项税额为（　　）万元。

A.37.95

B.38.35

C.37.05

D.39

(5) 甲公司3月应缴纳的增值税为（　　）万元。

A.215.59

B.215.62

C.254.62

D.203.92

(6) 甲公司5月应缴纳环境保护税（　　）万元。

A.0.76

B.0.77

C.0.78

D.0.79

12.2 位于市区的甲汽车制造厂经营汽车生产销售业务，乙公司为其全资销售子公司，2023 年 3 月甲厂和乙公司的经营业务如下：

（1）甲厂向乙公司销售 A 型小轿车 200 辆，每辆不含税售价为 120 万元。

（2）甲厂向本地汽车 4S 店销售 A 型小轿车 2 000 辆，每辆不含税售价为 132 万元；销售 B 型小轿车 3 000 辆，每辆不含税售价为 26 万元；甲厂向消费者直接销售 A 型小轿车 300 辆，每辆含税售价为 158.2 万元。

（3）甲厂以 10 辆 A 型小轿车作价 1 200 万元（不含税）向丙汽车 4S 店出资，丙汽车 4S 店取得投资后当月全部出售，A 型小轿车的每辆平均不含税售价为 132 万元，最高不含税售价为 140 万元。

（4）乙公司当月向汽车 4S 店销售 A 型小轿车 160 辆，每辆不含税售价为 140 万元；直接向消费者销售 A 型小轿车 400 辆，每辆含税售价为 158.2 万元。

（5）乙公司以从甲厂购入的 6 辆 B 型小轿车抵偿拖欠某企业的场地租金，B 型小轿车平均含税售价为 33.9 万元 / 辆，最高含税售价为 37.29 万元 / 辆。

（6）甲厂转让一幢综合楼，取得不含税转让收入 3 200 万元，已按规定缴纳转让环节的有关税金，该综合楼为 2017 年 7 月 1 日购置，购置时取得的购房发票上注明价款 2 000 万元、增值税 220 万元，进项税额已按规定申报扣除；契税完税凭证上注明已纳契税 60 万元。计算土地增值税时，该综合楼无评估价格。

已知：甲、乙均为增值税一般纳税人；A、B 型轿车消费税税率分别为 25% 和 5%；转让综合楼计算缴纳土地增值税时不考虑印花税和地方教育附加。

根据上述资料，回答下列问题。

(1) 关于消费税和土地增值税的表述中，下列说法正确的有（　　）。

A. 甲厂向消费者销售超豪华小汽车，应该按照生产环节和零售环节的消费税税率加总计算消费税

B. 根据业务（1），甲厂不缴纳消费税，乙公司应缴纳消费税

C. 零售环节计征消费税包括不含增值税价款在 130 万元及以上的乘用车和中轻型商用车

D. 甲厂转让综合楼，增值额不超过各项扣除项目金额之和 20%（含 20%），免征土地增值税

E. 甲厂转让综合楼，自购买年度起至转让年度止每年加计 5% 计算土地增值税的扣除

(2) 根据业务（3），甲厂应缴纳的消费税为（　　）万元。

A.330

B.300

C.350

D.395.5

(3) 甲厂销售超豪华小汽车，在零售环节应该加征的消费税为（　　）万元。

A.4 200

B.4 746

C.30 600

D.31 146

(4) 甲厂当月应缴纳的消费税为（　　）万元。

A.90 900

B.90 930

C.90 950

D.91 496

(5) 乙公司当月应缴纳消费税（　　）万元。

A.11 209.9

B.11 200

C.5 609.9

D.5 600

(6) 甲厂当月应缴纳土地增值税（　　）万元。

A.153.36

B.189.96

C.177.96

D.159.96

12.3 某油田为增值税一般纳税人，总部位于甲省 A 市，下设三个分公司，分别是甲省 A 市 A 炼油厂、甲省 B 市 B 炼油田、乙省 C 油田。B 油田是水深 460 米的油气田，C 油田是专门生产高凝油的油田。该油田 2024 年 2 月发生如下业务：

（1）A 炼油厂当月从农民手中收购玉米，开具的农产品收购发票上注明买价 500 万元，从小规模纳税人手中购入玉米，取得增值税专用发票注明金额 600 万元，税额 18 万元，并用当月从农民手中收购玉米的 80%和从小规模纳税人手中购入玉米的 60%生产生物柴油。

（2）A 炼油厂本月销售用废弃的植物油生产的纯生物柴油 700 吨，取得不含税销售额 980 万元，该纯生物柴油生产原料中的废弃植物油占比为 80%，符合柴油机燃料调和生物柴油 BD100 标准。

（3）A 炼油厂销售自产的甲醇汽油 50 吨，取得不含税销售额 60 万元，A 炼油厂将自产的甲醇汽油 12 吨移送用于 B 油田的运输车辆。

（4）B 油田开采原油 2 000 吨，销售 1 200 吨，开具增值税专用发票注明金额 1 320 万元。B 油田采油过程中加热使用自采原油 3 吨，B 油田将自产原油 800 吨移送 A 炼油厂用于加工生产成品油。

（5）C 油田开采原油 2 800 吨，销售 2 000 吨取得不含税销售额 2 000 万元，将 500 吨自产原油用于乙企业投资。

已知：原油资源税税率为6%，汽油1吨=1 388升，柴油1吨=1 176升，甲醇汽油、柴油消费税税率均为1.52元/升。

根据上述资料，回答下列问题。

(1) 关于A炼油厂上述业务的税务处理，下列说法正确的有（　　）。

A. 销售用废弃植物油生产的纯生物柴油免征消费税

B. 将自产的甲醇汽油移送用于B油田的运输车辆，属于增值税视同销售

C. 将自产的甲醇汽油移送用于B油田的运输车辆，属于消费税视同销售

D. 销售用废弃植物油生产的纯生物柴油免征增值税

E. 销售甲醇汽油免征增值税

(2) A炼油厂当月应缴纳消费税（　　）万元。

A.10.55

B.13.08

C.135.68

D.138.21

(3) A炼油厂当月准予从销项税额中抵扣的进项税额为（　　）万元。

A.67

B.99

C.106.6

D.110

(4) A炼油厂当月享受即征即退之前应缴纳增值税（　　）万元。

A.36.2

B.28.6

C.25.2

D.20.8

(5) B油田当月应缴纳资源税（　　）万元。

A.92.4

B.92.54

C.55.44

D.132

(6) C油田当月应缴纳资源税（　　）万元。

A.150

B.105

C.90

D.72

12.4　甲公司是一家位于市区的葡萄酒生产企业，为增值税一般纳税人，2024 年 5 月相关业务及涉税资料如下：

（1）委托乙公司加工一批 A 型葡萄酒，原材料成本为 600 万元，乙公司开具的增值税专用发票上注明的加工费为 30 万元，增值税为 3.9 万元，乙公司无同类产品出售。当月甲公司提货 80%，已代收代缴消费税。

（2）将委托加工收回的 50% 用于出售，取得不含税售价 800 万元，剩余 50% 用于连续生产 B 型葡萄酒，当月生产的 B 型葡萄酒进行投资，同类产品当月的不含增值税平均销售价格为 1 000 万元，不含增值税最高销售价格为 1 200 万元。

（3）已开工建设的一项在建工程，因未取得施工许可证被执法部门强行拆除，在建工程包含建筑服务不含增值税金额 400 万元、设计与监理服务不含增值税金额合计 50 万元，相关的进项税额均在前一申报期抵扣。上述服务的提供方均为一般纳税人且采用一般计税方法。

（4）进口一辆小汽车自用，关税完税价格为 30 万元，取得海关开具的增值税专用缴款书。

（5）当月其他购进项目的进项税额共计 38.8 万元，均已取得增值税专用发票。

已知：葡萄酒消费税税率为 10%，小汽车进口关税税率为 15%、消费税税率为 25%。

根据上述资料，回答下列问题。

(1) 下列关于甲公司的税务处理，正确的有（　　）。

A. 若乙公司未履行代收代缴义务，甲公司应补缴税款

B. 以 B 型葡萄酒进行投资应以同类产品当月不含税平均售价计算缴纳增值税

C. 以 B 型葡萄酒进行投资应以同类产品当月不含税平均售价计算缴纳消费税

D. 因未取得施工许可证被执法部门强行拆除属于非正常损失，应当作进项税额转出

E. 取得海关开具的增值税专用缴款书可凭票抵扣进项税额

(2) 业务（1）乙公司代收代缴的消费税为（　　）万元。

A.56　　B.50.4

C.70　　D.53.33

(3) 业务（2）应缴纳的消费税为（　　）万元。

A.124　　B.144

C.152　　D.172

(4) 业务（3）应转出的进项税额为（　　）万元。

A.27　　B.39

C.40.5　　D.15

(5) 业务（4）应缴纳的增值税、消费税和车辆购置税合计为（　　）万元。

A.19.2　　B.16.56

C.22.08　　D.14.4

(6) 当月应向税务机关申报缴纳的增值税为（　　）万元。

A.185.32　　B.224.32

C.230.30　　D.263.32

错 题 整 理 页

不要让来之不易的收获被时间偷偷带走，写下你的心得和感悟吧！

逢考必过！

一句话总结……

斯尔教育
SINCERE EDU

只做好题

税法（I）

税务师职业资格考试辅导用书·基础进阶 全2册·下册

斯尔教育 组编

北京理工大学出版社
BEIJING INSTITUTE OF TECHNOLOGY PRESS
·北京·

图书在版编目（CIP）数据

只做好题. 税法. Ⅰ：全2册 / 斯尔教育组编. --北京：北京理工大学出版社, 2024.6

税务师职业资格考试辅导用书. 基础进阶

ISBN 978-7-5763-4123-2

Ⅰ. ①只… Ⅱ. ①斯… Ⅲ. ①税法—中国—资格考试—习题集 Ⅳ. ①F810.42-44

中国国家版本馆CIP数据核字(2024)第110445号

责任编辑：武丽娟　　文案编辑：武丽娟

责任校对：刘亚男　　责任印制：边心超

出版发行 / 北京理工大学出版社有限责任公司

社　址 / 北京市丰台区四合庄路6号

邮　编 / 100070

电　话 /（010）68944451（大众售后服务热线）

（010）68912824（大众售后服务热线）

网　址 / http://www.bitpress.com.cn

版 印 次 / 2024年6月第1版第1次印刷

印　刷 / 三河市中晟雅豪印务有限公司

开　本 / 787mm×1092mm　1/16

印　张 / 17

字　数 / 439千字

定　价 / 32.70元（全2册）

·目　录·

第一章　税法基本原理
答案与解析

一、单项选择题

1.1 ▶ A	1.2 ▶ C	1.3 ▶ A	1.4 ▶ B	1.5 ▶ C
1.6 ▶ D	1.7 ▶ B	1.8 ▶ B	1.9 ▶ B	1.10 ▶ A
1.11 ▶ C	1.12 ▶ A	1.13 ▶ D	1.14 ▶ A	1.15 ▶ B
1.16 ▶ D	1.17 ▶ A	1.18 ▶ C	1.19 ▶ D	1.20 ▶ C
1.21 ▶ B	1.22 ▶ A	1.23 ▶ C	1.24 ▶ B	

二、多项选择题

1.25 ▶ ABD	1.26 ▶ BCD	1.27 ▶ ACE	1.28 ▶ AE	1.29 ▶ ACE
1.30 ▶ CDE	1.31 ▶ ADE	1.32 ▶ ACD	1.33 ▶ BDE	1.34 ▶ ABCD
1.35 ▶ ABDE	1.36 ▶ ABD	1.37 ▶ AB	1.38 ▶ BCDE	1.39 ▶ AB
1.40 ▶ ABCD				

一、单项选择题

1.1 斯尔解析　A　本题考查税法的特点。

选项 A 当选，从立法过程看，税法属于制定法。

提示：税法的特点总结如下。

角度	特点
立法过程	属于制定法，不属于习惯法
法律性质	属于义务性法规，不属于授权性法规
内容	税法具有综合性，不是单一的法律

1.2 斯尔解析 C 本题考查税收和税法的概念。

选项C当选，从税收的本质来看，税收是国家与纳税人之间形成的以国家为主体的社会剩余产品分配关系。

选项A不当选，国家征税依据的是政治权力。

选项B不当选，税收具有强制性、无偿性、固定性的特征。

选项D不当选，税法调整的是税收分配中形成的权利义务关系，而不是税收分配关系。

1.3 斯尔解析 A 本题考查税法基本原则。

选项A当选，税法基本原则包括：税收法律主义、税收公平主义、税收合作信赖主义、实质课税原则。

选项BCD不当选，税法适用原则包括：法律优位原则；法律不溯及既往原则；新法优于旧法原则；特别法优于普通法原则；实体从旧、程序从新原则；程序优于实体原则。

1.4 斯尔解析 B 本题考查税法基本原则的具体含义。

选项B当选，实质课税原则指应根据纳税人的真实负担能力决定纳税人的税负，不能仅考核其表面上是否符合课税要件。

选项A不当选，税法主体的权利、义务必须由法律加以规定，税法的各类构成要素必须且只能由法律予以明确规定，体现的是税收法律主义。

选项C不当选，没有充足证据，税务机关不能对纳税人是否依法纳税有所怀疑，纳税人有权要求税务机关予以信任，体现的是税收合作信赖主义。

选项D不当选，税收负担必须根据纳税人的负担能力分配，负担能力相等，税负相同；负担能力不等，税负不同。这体现的是税收公平主义。

1.5 斯尔解析 C 本题考查税法适用原则的具体含义。

选项C当选，程序优于实体，即纳税人通过税务行政复议或税务行政诉讼寻求法律保护的前提条件之一，是必须事先履行税务行政执法机关认定的纳税义务，否则，税务行政复议机关或司法机关对纳税人的申诉不予受理。

选项A不当选，特别法优于普通法打破了法律等级效力。

选项B不当选，实体法不具备溯及力，程序法在一定条件下具备溯及力，体现了实体从旧、程序从新原则。

选项D不当选，法律优位原则中，税收法律的效力高于税收行政法规的效力，税收行政法规的效力高于税收行政规章的效力。

1.6 斯尔解析 D 本题考查税法的时间效力。

选项 D 当选、选项 AC 不当选，税法的失效方式有三种：（1）以新税法代替旧税法，是最常见的税法失效宣布方式；（2）直接宣布某项税法失效；（3）税法本身规定失效的日期，该种方式比较少用。

选项 B 不当选，不属于税法的失效方式。

1.7 斯尔解析　B　本题考查税法解释的具体含义和相关规定。

选项 B 当选，最高人民法院作出的审判解释、最高人民检察院作出的检察解释都属于司法解释，立法解释和司法解释都可以作为判案依据。

选项 A 不当选，行政解释不能直接作为判案依据。

选项 C 不当选，字面解释是指严格依税法条文的字面含义进行解释，不扩大也不缩小。

选项 D 不当选，法定解释是针对具体法律条文、事件或案件作出的，所以具有针对性，但其效力不限于具体的法律事件或事实，而具有普遍性和一般性。

1.8 斯尔解析　B　本题考查税法的作用。

选项 B 当选，税法的指引因税收规范的不同有两种形式：确定的指引和不确定的指引，其中确定的指引主要是通过税法的义务性法规来实现的；不确定的指引主要是通过税法的授权性法规来实现的。

1.9 斯尔解析　B　本题考查税法与行政法的联系与区别。

选项 A 不当选，税法是一种义务性法规，而行政法大多为授权性法规。

选项 C 不当选，税法具有经济分配的性质，并且经济利益由纳税人向国家无偿单方面转移，这是一般行政法所不具备的。

选项 D 不当选，税法与社会再生产，特别是与物质资料再生产的全过程密切相连，是一般行政法无法比拟的。

1.10 斯尔解析　A　本题考查税法和其他部门法的关系。

选项 A 当选，税法和刑法都具备明显的强制性，并且从一定意义上讲，刑法是实现税法强制性最有力的保证。

选项 B 不当选，民法调整的是平等主体之间财产关系和人身关系，而税法调整的是国家与纳税人之间的税收征纳关系。

选项 C 不当选，税法属于义务性法规，刑法属于禁止性法规。

选项 D 不当选，税收犯罪和刑事犯罪的司法调查程序一致。

1.11 斯尔解析　C　本题考查税收法律关系产生、变更和消灭的原因。

选项 C 当选，税法的废止是税收法律关系消灭的原因之一。

选项 A 不当选，纳税人履行纳税义务会导致税收法律关系消灭，而不是变更。

选项 B 不当选，纳税人自身的组织状况发生变化会引起税收法律关系发生变更，而不是消灭。

选项 D 不当选，税法本身不能引起税收法律关系，引起纳税义务成立的法律事实是税收法律关系产生的基础和标志。

1.12 斯尔解析　A　本题考查税收法律关系的主体、客体和内容。

选项 A 当选，税收法律关系的纳税主体按在民法中身份不同分为自然人、法人、非法人单位，按征税权行使范围不同分为居民纳税人、非居民纳税人。不同种类的纳税主体，在税收法律关系中享受的权利和承担的义务也不尽相同。

选项 B 不当选，国家是真正意义上的征税主体，税务机关通过获得授权成为法律意义上的征税主体。

选项 C 不当选，税收法律关系的客体，指税收法律关系主体的权利义务所指向的对象，一般认为，税收法律关系的客体就是税收利益，包括物和行为两大类。税收法律关系主体所享有的权利和所承担的义务是税收法律关系的内容。

选项 D 不当选，征税主体和纳税主体双方都具有相应的权利，同时也都承担相应的义务。

1.13 斯尔解析 D 本题考查税收实体法要素。

选项 D 当选，代扣代缴义务人不是纳税义务人。

1.14 斯尔解析 A 本题考查各税法要素的具体含义。

选项 B 不当选，计税依据是对课税对象量的表现。

选项 C 不当选，税率是税收制度的核心和灵魂，代表征税的深度。

选项 D 不当选，税目是对课税对象质的表现，代表课税的广度。

1.15 斯尔解析 B 本题考查税法要素中税目的规定。

选项 B 当选，细列举税目是指本税目的征税范围仅限于列举的产品或项目，即按照每一产品或项目设计税目，如消费税中的"小汽车"。

选项 AC 不当选，列举税目的优点是界限明确，便于征管人员掌握，缺点是税目过多，不便于查找，不利于征管；概括税目的优点是税目较少，查找方便，缺点是税目过粗，不便于贯彻合理的负担政策。

选项 D 不当选，不是所有税种都需要规定税目，有些税种的征税对象简单、明确，没有另行规定税目的必要，例如房产税、土地增值税等。

1.16 斯尔解析 D 本题考查减免税的相关规定。

选项 D 当选，对个人销售额未达起征点的，免征增值税；达到起征点的，依照规定全额计算增值税。属于税基式减免。

1.17 斯尔解析 A 本题考查税率式减免的相关规定。

选项 A 当选，税率式减免指通过直接降低税率的方式实行的减税、免税，具体包括重新确定税率、选用其他税率。

选项 BC 不当选，免征额、起征点属于税基式减免。

选项 D 不当选，抵免税额属于税额式减免。

1.18 斯尔解析 C 本题考查纳税期限的概念。

选项 C 当选，决定纳税期限的因素有税种的性质和应纳税额的大小。

1.19 斯尔解析 D 本题考查税收立法权的主要依据。

选项 D 当选，在我国，划分税收立法权的直接法律依据主要是《宪法》与《立法法》。

1.20 斯尔解析 C 本题考查税务规章的具体规定。

选项 C 当选，税务规章由国务院各部、各委员会制定，由国家税务总局负责解释。

选项 A 不当选，税务规章是根据法律或者国务院的行政法规、决定、命令，在国家税务总局职权范围内制定的。

选项B不当选，没有法律或国务院的行政法律、决定、命令的依据，税务规章不得设定减损税务行政相对人权利或增加其义务的规范，不得增加本部门的权力或减少本部门的法定职责。

选项D不当选，只有法律或国务院行政法规等对税收事项已有规定的情况下，才可以制定规章。

1.21 斯尔解析 B 本题考查税务规范性文件的具体规定。

选项B当选，税务规范性文件由制定机关负责解释。制定机关不得将税务规范性文件的解释权授予本级机关的内设机构或者下级税务机关。

选项A不当选，税务规范性文件属于非立法行为。

选项C不当选，税务规范性文件的制定主体必须是税务机关。各级税务机关的内设机构、派出机构和临时性机构，不得以自己的名义制定税务规范性文件。

选项D不当选，税务规范性文件可以使用“办法”“规定”“规程”“规则”等名称，但是不得称“条例”“实施细则”“通知”“批复”等。

1.22 斯尔解析 A 本题考查我国税收立法权的划分。

选项A当选，《中华人民共和国税收征收管理法实施细则》是由国务院制定的税务行政法规。

选项BD不当选，《中华人民共和国增值税暂行条例实施细则》和《税务代理试行办法》是由国务院部门制定的税务部门规章。

选项C不当选，《中华人民共和国个人所得税法》是由全国人民代表大会及其常务委员会制定的税收法律。

1.23 斯尔解析 C 本题考查税收执法和税收司法的相关规定。

选项A不当选，已将抽象行政行为纳入行政赔偿诉讼和行政复议的范围，对具体行政行为提出复议申请时，可以一并向复议机关提出对该规范性文件的审查申请。

选项B不当选，监督的主体是税务机关，对象是税务机关及其工作人员，内容是税务机关及其工作人员的行政执法行为。

选项D不当选，税收执法的基本原则包括合法性原则及合理性原则。

1.24 斯尔解析 B 本题考查税收执法监督的特点。

选项B当选，税收执法监督包括事前监督、事中监督和事后监督，重大税务案件审理制度属于事中监督。

选项A不当选，税收执法监督的对象是税务机关及其工作人员。

选项C不当选，税收执法监督的内容是税务机关及其工作人员的行政执法行为。非行政执法行为，如税务机关及其工作人员的非职务行为，或者税务机关的人事任免等内容均不是税收执法监督的监督范围。

选项D不当选，税收执法监督的主体是税务机关。

二、多项选择题

1.25 斯尔解析 ABD 本题考查税法效力的相关规定。

选项A当选，一般而言，税收实体法多采用从旧原则，禁止其具有溯及既往的效力；税收程序法多采用从新原则，不仅便于税收征管，还不会对纳税人的实体权利造成损害。

选项B当选，对于重要税法的个别条款的修订和小税种的设置，较易理解和掌握，因此大多采用自通过发布之日起生效的方式。

选项 D 当选，税法的效力范围表现为空间效力、时间效力和对人的效力。

选项 C 不当选，税法的时间效力是指税法何时生效、何时终止效力和有无溯及力问题。

选项 E 不当选，我国采用的是属人、属地相结合的原则。

1.26 斯尔解析 BCD 本题考查税法与民法的关系。

选项 B 当选、选项 A 不当选，民事法律关系建立及其调整是按照自愿、公平、等价有偿、诚实信用的原则进行的，民事主体双方的地位平等，意思表示自由。而税收法律关系体现国家单方面的意志，权利义务关系不对等。因此民法原则总体上不适用于税收法律关系的建立和调整。

选项 D 当选，处理民事纠纷适用调解原则，而解决税收法律关系中的争议，不适用此原则。不过作为例外，涉及税务行政赔偿的，可以适用调解原则。

选项 E 不当选，税法的合作依赖原则与民法诚实信用原则两者的原理是相近的，并非对抗的。

1.27 斯尔解析 ACE 本题考查税法基本原则的具体含义。

选项 B 不当选，通过转移定价或其他方式减少计税依据的，税务机关有权调整，体现的是实质课税原则。

选项 D 不当选，纳税人同税务机关一样都没有选择开征、停征、减免、退补税收及延期纳税的权力，即使征纳双方就此达成一致也是违法的。

1.28 斯尔解析 AE 本题考查税收法律关系的产生、变更、消灭的原因。

引起税收法律关系消灭的原因主要包括：

（1）纳税人履行纳税义务。（选项 E 当选）

（2）纳税义务因超过期限而消灭。

（3）纳税义务的免除。（选项 A 当选）

（4）某些税法的废止。

（5）纳税主体的消失。

选项 BCD 不当选，属于税收法律关系变更的原因。

1.29 斯尔解析 ACE 本题考查减免税基本形式。

选项 ACE 当选，减免税的基本形式有税基式减免、税率式减免、税额式减免。

1.30 斯尔解析 CDE 本题考查减免税的基本形式。

税额式减免主要包括全部免征、减半征收（选项 E 当选）、核定减免率（选项 C 当选）、抵免税额以及另定减征税额（选项 D 当选）等。

选项 A 不当选，属于税基式减免的形式。

选项 B 不当选，属于税率式减免的形式。

1.31 斯尔解析 ADE 本题考查税率形式的辨析。

选项 A 当选，由于某些税种中途的计税依据与征税对象不一致、减免税政策的享受等因素的实际存在，实际税率常常低于名义利率。

选项 D 当选，负税率是指政府利用税收形式对所得额低于某一特定标准的家庭或个人予以补贴的比例。

选项 E 当选，税率包括比例税率、定额税率和累进税率，比例税率又可以细分为产品比例税率、行业比例税率、地区差别比例税率、有幅度比例税率。

选项 B 不当选，我国目前采用的累进税率形式只有超额累进税率和超率累进税率，全额累进税率由于税收负担不合理，我国的税收法律制度中已不采用。

选项 C 不当选，比例税率下，边际税率等于平均税率；累进税率下，边际税率往往大于平均税率。

1.32 斯尔解析 ACD 本题考查各税种适用的税率形式。

选项 A 当选，城镇土地使用税按照实际占用土地的面积征收，根据城市规模的不同采用地区差别定额税率。

选项 C 当选，土地增值税采用四级超率累进税率。

选项 D 当选，环境保护税从量征收，采用定额税率形式，其中大气污染物和水污染物采用浮动定额税率，固体废物和噪声采用固定定额税率。

选项 B 不当选，车辆购置税采用统一的比例税率，为 10%。

选项 E 不当选，消费税的税率有两种形式，一种是比例税率，一种是定额税率。适用从价定率的应税消费品，采用的是产品差别比例税率，而不是地区差别比例税率。

1.33 斯尔解析 BDE 本题考查税法各要素的具体含义与辨析。

选项 A 不当选，纳税人是税法中规定的直接负有纳税义务的单位和个人，负担税款的单位和个人是负税人。

选项 C 不当选，当纳税人收入达到或超过起征点时，就其收入全额征税；而当纳税人收入超过免征额时，则只就超过的部分征税。

1.34 斯尔解析 ABCD 本题考查税收程序法的主要制度。

税收程序法的主要制度包括：表明身份制度（选项 A 当选）、回避制度（选项 B 当选）、职能分离制度（选项 C 当选）、听证制度（选项 D 当选）、时限制度。

1.35 斯尔解析 ABDE 本题考查听证制度。

行政机关拟作出下列行政处罚决定，应当告知当事人有要求听证的权利，当事人要求听证的，行政机关应当组织听证：

（1）较大数额罚款。（选项 A 当选）

（2）没收较大数额违法所得、没收较大价值非法财物。（选项 B 当选）

（3）降低资质等级、吊销许可证件。（选项 D 当选、选项 C 不当选）

（4）责令停产停业、责令关闭、限制从业。（选项 E 当选）

（5）其他较重的行政处罚。

（6）法律、法规、规章规定的其他情形。

提示：只有较重的行政处罚才适用听证制度，较轻的行政处罚不适用听证制度。

1.36 斯尔解析 ABD 本题考查税收立法。

选项 ABD 当选、选项 CE 不当选，我国已立法税种包括企业所得税、个人所得税、车船税、环境保护税、烟叶税、船舶吨税、资源税、车辆购置税、耕地占用税、城市维护建设税、契税、印花税。

1.37 斯尔解析 AB 本题考查税收立法权的划分。

选项 AB 当选，税收法规是由国务院制定的。目前，在我国税法体系中，税收法律的实施细则或实施条例都是以税收行政法规的形式出现的。

选项 CD 不当选，均属于全国人大及常委会制定的法律。

选项 E 不当选，属于国家税务总局制定的税务规章。

1.38 斯尔解析 BCDE 本题考查税收执法基本原则的具体内容。

税收执法合法性原则的具体要求体现在执法主体法定（选项 B 当选）、执法内容合法（选项 C 当选）、执法程序合法（选项 E 当选）、执法根据合法（选项 D 当选）。

1.39 斯尔解析 AB 本题考查税收司法的基本原则。

税收司法遵循两项基本原则：（1）税收司法独立性原则（选项 A 当选）；（2）税收司法中立性原则（选项 B 当选）。

1.40 斯尔解析 ABCD 本题考查税收司法的概述。

选项 E 不当选，税收司法狭义上指审判机关依法对涉税案件行使审判权，广义上包括涉税案件过程中刑事侦查权、检察权和审判权等一系列司法权力的行使，即税收司法的主体是人民法院、人民检察院和各级公安机关等国家司法机关，而非税务机关。

第二章　增值税
答案与解析

做经典

一、单项选择题

2.1 B	2.2 D	2.3 C	2.4 A	2.5 C
2.6 B	2.7 A	2.8 C	2.9 B	2.10 A
2.11 C	2.12 D	2.13 B	2.14 B	2.15 C
2.16 C	2.17 A	2.18 C	2.19 D	2.20 D
2.21 A	2.22 D	2.23 C	2.24 C	2.25 C
2.26 B	2.27 B	2.28 C	2.29 B	2.30 A
2.31 C	2.32 B	2.33 A	2.34 C	2.35 B
2.36 C	2.37 C	2.38 C	2.39 D	2.40 C
2.41 C	2.42 D	2.43 B	2.44 B	2.45 B
2.46 B	2.47 C	2.48 B	2.49 C	2.50 B
2.51 B	2.52 A	2.53 B	2.54 A	2.55 C
2.56 C	2.57 B	2.58 D	2.59 B	2.60 C
2.61 A	2.62 D	2.63 A	2.64 B	2.65 C

2.66 ▶ C | 2.67 ▶ B | 2.68 ▶ C | 2.69 ▶ C | 2.70 ▶ D

2.71 ▶ B | 2.72 ▶ A | 2.73 ▶ A | 2.74 ▶ D | 2.75 ▶ C

2.76 ▶ A | 2.77 ▶ C | 2.78 ▶ D | 2.79 ▶ C | 2.80 ▶ B

2.81 ▶ D | 2.82 ▶ D | 2.83 ▶ B

二、多项选择题

2.84 ▶ BDE | 2.85 ▶ BDE | 2.86 ▶ CDE | 2.87 ▶ BCDE | 2.88 ▶ ABC

2.89 ▶ ABC | 2.90 ▶ AD | 2.91 ▶ BCDE | 2.92 ▶ AC | 2.93 ▶ BC

2.94 ▶ CDE | 2.95 ▶ ACDE | 2.96 ▶ BE | 2.97 ▶ AC | 2.98 ▶ ABC

2.99 ▶ ADE | 2.100 ▶ AC | 2.101 ▶ CDE | 2.102 ▶ ACD | 2.103 ▶ AD

2.104 ▶ AC | 2.105 ▶ ACE | 2.106 ▶ ABE | 2.107 ▶ BDE | 2.108 ▶ CD

2.109 ▶ ABC | 2.110 ▶ CD | 2.111 ▶ ABCD | 2.112 ▶ ADE | 2.113 ▶ ADE

2.114 ▶ ADE | 2.115 ▶ CE | 2.116 ▶ ACE | 2.117 ▶ AD | 2.118 ▶ ABD

2.119 ▶ ADE | 2.120 ▶ BD | 2.121 ▶ BC | 2.122 ▶ BCE | 2.123 ▶ ACD

2.124 ▶ ACDE | 2.125 ▶ ABCE | 2.126 ▶ CDE | 2.127 ▶ ACE | 2.128 ▶ DE

2.129 ▶ ABCD

三、计算题

2.130 (1) ▶ C	2.130 (2) ▶ C	2.130 (3) ▶ C	2.130 (4) ▶ A
2.131 (1) ▶ B	2.131 (2) ▶ B	2.131 (3) ▶ C	2.131 (4) ▶ B
2.132 (1) ▶ D	2.132 (2) ▶ A	2.132 (3) ▶ C	2.132 (4) ▶ B
2.133 (1) ▶ A	2.133 (2) ▶ B	2.133 (3) ▶ C	2.133 (4) ▶ A

四、综合分析题

2.134 (1) ▶ C	2.134 (2) ▶ A	2.134 (3) ▶ A	2.134 (4) ▶ C
2.134 (5) ▶ C	2.135 (1) ▶ B	2.135 (2) ▶ A	2.135 (3) ▶ C
2.135 (4) ▶ A	2.135 (5) ▶ D		

一、单项选择题

2.1 斯尔解析　B　本题考查增值税纳税人的规定。

选项 B 当选，单位以承包、承租、挂靠方式经营的，以发包人、出租人、被挂靠人（以下统称发包人）的名义对外经营，且发包人承担相关法律责任的，以该发包人为纳税人；不同时满足上述两个条件的，以承包人、承租人、挂靠人为纳税人。

选项 A 不当选，境外单位在境内提供应税劳务，境外单位为纳税人。

选项 C 不当选，建筑企业与发包方签订合同后，内部授权给第三方提供建筑服务，由第三方缴纳增值税，与发包方签订合同的建筑企业不缴纳增值税。

选项 D 不当选，在运输工具舱位承包业务中，发包方和承包方均按照“交通运输服务”缴纳增值税。

2.2 斯尔解析　D　本题考查增值税一般纳税人相关规定。

选项 A 不当选，年应税销售额超过规定标准的其他个人不能登记为一般纳税人。

选项 BC 不当选，年应税销售额超过规定标准但不经常发生应税行为的单位和个体工商户，以及非企业性单位、不经常发生应税行为的企业，可选择按照小规模纳税人纳税。

2.3 斯尔解析　C　本题考查增值税纳税人登记管理的规定。

选项 C 当选，除国家税务总局另有规定外，纳税人登记为一般纳税人后，不得转为小规模纳税人。

2.4 斯尔解析　A　本题考查增值税年应税销售额的规定。

选项 A 当选，年应税销售额包括纳税申报销售额、稽查查补销售额、纳税评估调整销售额，其中纳税申报销售额是指纳税人自行申报的全部应征增值税销售额，包括免税销售额和税务机关代开发票销售额。

选项 B 不当选，经营期，是指在纳税人存续期内的连续经营期间，含未取得销售收入的月份或季度。

选项 C 不当选，稽查查补销售额和纳税评估调整销售额计入查补税款申报当月（或当季）的销售额，不计入税款所属期销售额。

选项 D 不当选，年应税销售额，是指纳税人在连续不超过 12 个月或 4 个季度的经营期内累计应征增值税销售额。

2.5 斯尔解析 C 本题考查增值税征税范围的辨析。

选项 A 不当选，纳税人销售的外卖食品，按照“餐饮服务”缴纳增值税。

选项 B 不当选，无运输工具承运业务，应当按照“交通运输服务”缴纳增值税。

选项 D 不当选，融资性售后回租，按照“贷款服务”缴纳增值税。

2.6 斯尔解析 B 本题考查增值税征税范围的相关规定。

选项 B 当选，以货币资金投资收取的固定利润或者保底利润，按照“金融服务——贷款服务”缴纳增值税。

选项 A 不当选，融资性售后回租业务中承租人出售资产的行为不征收增值税。

选项 C 不当选，融资租赁业务中的租金收入按照“现代服务——租赁服务”缴纳增值税。

选项 D 不当选，被保险人获得的保险赔款不征收增值税。

2.7 斯尔解析 A 本题考查增值税征税范围的辨析。

选项 A 当选，逾期票证收入，按照“交通运输服务”缴纳增值税。

选项 B 不当选，度假村提供会议场地及配套服务，按照“现代服务——文化创意——会议展览服务”缴纳增值税。

选项 C 不当选，为电信企业提供基站天线等塔类站址管理业务，按照“现代服务——信息技术服务——信息系统服务”缴纳增值税。

选项 D 不当选，纳税人对安装运行后的机器设备提供的维护保养服务，按照“现代服务——其他现代服务”缴纳增值税。

2.8 斯尔解析 C 本题考查增值税征税范围的辨析。

选项 C 当选，纳税人以长（短）租形式出租酒店式公寓并提供配套服务的，按照“生活服务——住宿服务”缴纳增值税。

选项 AB 不当选，属于“现代服务——租赁服务——不动产租赁服务”。

选项 D 不当选，属于“现代服务——租赁服务——有形动产租赁服务”。

2.9 斯尔解析 B 本题考查金融服务的有关规定。

选项 B 当选，单位转让上市公司的股票，按照“金融商品转让”缴纳增值税。

选项 A 不当选，转让非上市公司的股权，不属于增值税的征税范围。

选项 CD 不当选，股息收入属于非保本非固定收益，不属于增值税的征税范围。

2.10 斯尔解析 A 本题考查增值税境内销售的界定。

在境内销售服务、无形资产或不动产，是指：

（1）服务（租赁不动产除外）或者无形资产（自然资源使用权除外）的销售方或者购买方在境内。

（2）所销售或者租赁的不动产在境内。（选项 A 当选、选项 B 不当选）

（3）所销售自然资源使用权的自然资源在境内。

（4）财政部和国家税务总局规定的其他情形。

下列情形，不属于境内销售服务或无形资产：

（1）境外单位或者个人向境内单位或者个人销售完全在境外发生的服务。（选项 D 不当选）

（2）境外单位或者个人向境内单位或者个人销售完全在境外使用的无形资产。（选项 C 不当选）

（3）境外单位或者个人向境内单位或者个人出租完全在境外使用的有形动产。

2.11 斯尔解析 C 本题考查增值税境内应税行为的界定。

选项 C 当选，所销售或者租赁的不动产在境内，属于在我国境内发生的应税行为，应当征收增值税。

选项 A 不当选，所销售自然资源使用权的自然资源在境外，不属于我国境内发生的增值税应税行为。

选项 B 不当选，境外单位或者个人向境内单位或者个人销售完全在境外发生的服务，不属于在我国境内发生的增值税应税行为。

选项 D 不当选，境外单位或者个人向境内单位或者个人销售完全在境外使用的无形资产，不属于在我国境内发生的增值税应税行为。

2.12 斯尔解析 D 本题考查增值税征税范围的判定。

选项 D 当选，存款利息不征收增值税。

选项 ABC 不当选，均属于增值税的征税范围。

2.13 斯尔解析 B 本题考查增值税征税范围的判定。

选项 B 当选，财政补贴收入，与其销售货物、劳务、服务、无形资产、不动产的收入或者数量直接挂钩的，应按规定计算缴纳增值税；其他情形的财政补贴收入，不征收增值税。

选项 A 不当选，融资性售后回租业务中，承租方出售资产的行为，不征收增值税。

选项 C 不当选，售卡或者持卡人充值取得的充值或预收资金，不缴纳增值税（可开具增值税普通发票，不得开具增值税专用发票）；持卡人到特约商户购买货物或服务，特约商户应按规定缴纳增值税（不得开具增值税发票）。

选项 D 不当选，单位或者个体工商户聘用的员工为本单位或者雇主提供取得工资的服务、单位或者个体工商户为员工提供应税服务，都属于非营业活动，不征收增值税。

2.14 斯尔解析 B 本题考查财政补贴征收增值税的规定。

选项 B 当选，财政补贴收入，与其销售货物、劳务、服务、无形资产、不动产的收入或者数量直接挂钩的，应按规定计算缴纳增值税；其他情形的财政补贴，不征收增值税。

故 C 公司收到的财政补贴的销项税额 $=350\times13\%=45.5$（万元）。

选项 A 不当选，误认为取得的财政补贴均不征收增值税。

选项 C 不当选，误认为收到的与节能灯相关的财政补贴不征收增值税，而与更新设备相关的财政补贴收入需缴纳增值税。

选项 D 不当选，误认为收到的与更新设备相关的财政补贴收入需缴纳增值税。

2.15 斯尔解析 C 本题考查增值税视同销售。

选项 C 当选，单位或者个体工商户将货物交付其他单位或者个人代销，视同销售货物。

选项 A 不当选，单位或者个体工商户聘用的员工为本单位或者雇主提供取得工资的服务，不征收增值税。

选项 B 不当选，单位或者个人向其他单位或者个人无偿转让无形资产或者不动产，但用于公益事业或者以社会公众为对象的除外。

选项 D 不当选，设有两个以上机构并实行统一核算的纳税人，将货物从一个机构移送其他机构用于销售，视同销售，但相关机构设在同一县（市）的除外。

2.16 斯尔解析 C 本题考查增值税视同销售的判定。

选项 C 当选、选项 BD 不当选，单位或者个体工商户向其他单位或者个人无偿提供应税服务，视同销售，但用于公益事业或者以社会公众为对象的除外。

选项 A 不当选，单位或者个人向其他单位或者个人无偿转让无形资产或者不动产，视同销售，但用于公益事业或者以社会公众为对象的除外。

2.17 斯尔解析 A 本题考查增值税视同销售的征税规定。

选项 A 当选，纳税人出租不动产，租赁合同中约定免租期的，无须视同销售服务，以实际收到的租金为销售额计算缴纳增值税。

故应纳销项税额 $=4\times9\%=0.36$（万元）。

选项 B 不当选，误认为免租期应当视同销售服务。

选项 C 不当选，误以 11 个月的租金计算销项税额。

选项 D 不当选，误以 12 个月的租金计算销项税额。

2.18 斯尔解析 C 本题考查混合销售行为的辨析。

选项 C 当选，在一项销售行为中同时涉及货物和服务的，属于混合销售。

选项 A 不当选，自 2017 年 5 月 1 日起，纳税人销售活动板房、机器设备、钢结构件等自产货物的同时提供建筑、安装服务，不属于混合销售，应分别核算货物和建筑服务的销售额，分别适用不同的税率或征收率。

选项 B 不当选，一项销售行为如果既涉及货物又涉及服务，为混合销售，选项 B 只涉及服务，不涉及货物。

选项 D 不当选，不是一项销售行为。

提示：

混合销售需要同时满足两个条件（特殊规定除外）：

（1）在同一项销售行为中发生。

（2）该项行为既涉及销售货物又涉及销售服务。

销售货款和服务价款是同时从一个购买方取得的。

不同时满足两个条件的即为兼营。

2.19 斯尔解析 D 本题考查混合销售和兼营的征税规定。

选项 D 当选，纳税人销售活动板房、机器设备、钢结构件等自产货物的同时提供建筑、安装服务，不属于混合销售，应分别核算货物和建筑服务的销售额，分别适用不同的税率或者征收率。

增值税销项税额 =230×13%+4÷（1+9%）×9%=30.23（万元）

选项 A 不当选，误判断成混合销售，全部按照 9% 的税率计算销项税额，并且收取的建筑服务费 4 万元没有进行价税分离。

选项 B 不当选，误判断成混合销售，全部按照 13% 的税率计算销项税额，并且收取的建筑服务费 4 万元没有进行价税分离。

选项 C 不当选，误判断成混合销售，全部按照 13% 的税率计算销项税额。

2.20 斯尔解析 D 本题考查单用途商业预付卡增值税的规定。

选项 D 当选，售卡方因发行单用途卡并办理相关资金收付结算业务时，取得的手续费、结算费、服务费、管理费等收入，应按照现行规定缴纳增值税。

选项 A 不当选，售卡方销售单用途卡时，可按规定向购卡人开具增值税普通发票，不得开具增值税专用发票。

选项 BC 不当选，持卡人到特约商户购买货物或服务，特约商户应按规定缴纳增值税，且不得开具增值税发票。

2.21 斯尔解析 A 本题考查增值税税率的适用。

选项 A 当选，肉桂油、桉油、香茅油不属于农业产品的范围，适用 13% 的税率。

选项 BCD 不当选，图书、葡萄籽油、巴氏杀菌乳均适用 9% 的税率。

2.22 斯尔解析 D 本题考查增值税税率的适用。

选项 D 当选，车辆停放服务按照“不动产租赁服务”缴纳增值税，适用 9% 的税率。

选项 A 不当选，卫星电视信号落地转接服务按照“增值电信服务”缴纳增值税，适用 6% 的税率。

选项 B 不当选，转让补充耕地占用指标按照“销售无形资产”缴纳增值税，适用 6% 的税率。转让土地使用权，适用 9% 的税率。

选项 C 不当选，销售农机整机适用 9% 的税率，销售农机零部件适用 13% 的税率。

2.23 斯尔解析 C 本题考查增值税税率的适用。

选项 C 当选，退票手续费按照“现代服务——其他现代服务”缴纳增值税，适用 6% 税率。

选项 A 不当选，出租或出售带宽、波长属于基础电信服务，适用 9% 税率。

选项 B 不当选，转让土地使用权适用 9% 税率。

选项 D 不当选，飞机、车辆广告位出租属于有形动产租赁服务，适用 13% 税率。

2.24 斯尔解析 C 本题考查增值税征税范围和适用税率。

纳税人受托对垃圾、污泥、污水、废气等废弃物进行专业化处理分两种情况：

第一种产生货物：（1）货物归属委托方甲炼钢厂的，属于提供加工劳务，收取的处理费适用 13% 税率（选项 C 当选、选项 A 不当选）；（2）货物归属受托方乙环保公司的，属于提供“现代服务——专业技术服务”，收取的处理费适用 6% 的税率；受托方将产生的货物用于销售时，属于销售货物，适用货物的增值税税率。

第二种未产生货物：受托方乙环保公司属于提供“现代服务——专业技术服务”，适用6%的增值税税率。（选项B不当选）

选项D不当选，乙环保公司为一般纳税人，垃圾处理服务不能选择简易计税方法征收增值税。

2.25 斯尔解析 C 本题考查增值税零税率的适用范围。

境内单位向境外单位提供的完全在境外消费的服务适用零税率的有：研发服务、合同能源服务、设计服务、广播影视节目（作品）的制作和发行服务（选项B不当选）、软件服务、电路设计及测试服务、信息系统服务（选项C当选）、业务流程管理服务、离岸服务外包、转让技术。

选项AD不当选，零税率的适用范围不包括向境外提供的电信服务和国际货物运输代理服务，这两项服务均适用免税政策。

2.26 斯尔解析 B 本题考查增值税零税率的适用范围。

选项B当选、选项C不当选，境内单位或个人向境内单位或个人提供期租、湿租服务，如果承租方（同样也是境内的单位或个人）利用该交通工具提供国际和港澳台运输服务，由承租方适用增值税零税率；如果是境内单位或个人直接向境外单位或个人提供的期租、湿租服务，由出租方适用增值税零税率。

选项A不当选，境内单位或个人提供程租服务，该交通工具用于国际或港澳台运输服务的，由出租方申请适用增值税零税率。

选项D不当选，以无运输工具承运方式提供的国际运输服务，由境内实际承运人适用增值税零税率，无运输工具承运业务的经营者适用增值税免税政策。

2.27 斯尔解析 B 本题考查一般纳税人可以选择简易计税方法的范围。

选项B当选，一般纳税人提供电影放映服务、仓储服务、装卸搬运服务、收派服务、文化体育服务，可以选择简易计税方式计税，征收率为3%。

2.28 斯尔解析 C 本题考查一般纳税人可以选择简易计税方法应税行为的判定。

选项A不当选，一般纳税人提供的非学历教育服务、教育辅助服务可以选择简易计税方法，提供的学历教育服务可以适用免税政策。

选项B不当选，县级及县级以下的小型水力发电单位生产的电力可以选择简易计税方法。

选项D不当选，一般纳税人提供的税务咨询服务不能选择简易计税方法。

2.29 斯尔解析 B 本题考查一般纳税人可以按5%征收率简易征收的项目判定。

选项B当选，一般纳税人出租其2016年4月30日前取得的不动产，可以选择适用简易计税方法，按照5%的征收率计算缴纳增值税。

选项ACD不当选，一般纳税人提供的公共交通运输服务、建筑服务老项目和高速公路通行费可以选择简易计税方法，但是要按照3%的征收率计算缴纳增值税。

2.30 斯尔解析 A 本题考查一般纳税人可以选择简易计税方法应税行为的判定。

选项A当选，一般纳税人提供仓储服务，可以选择简易计税方法，适用3%征收率计算缴纳增值税。

选项B不当选，一般纳税人生产销售和批发、零售抗癌药品、罕见病药品可以选择简易计税方法，适用3%征收率计算缴纳增值税；生产销售抗艾滋病病毒药品免征增值税。

选项 CD 不当选，不能选择简易计税方法。

2.31 斯尔解析 C 本题考查转让金融商品征收增值税的规定。

选项 C 当选、选项 B 不当选，转让金融商品按照卖出价扣除买入价后的余额为计税销售额。

选项 A 不当选，转让金融商品不得开具增值税专用发票。

选项 D 不当选，转让金融商品出现的正负差，按盈亏相抵后的余额为销售额。若相抵后出现负差，可结转下一纳税期与下期转让金融商品销售额相抵，但年末时仍出现负差的，不得转入下一个会计年度。

2.32 斯尔解析 B 本题考查增值税的特殊销售方式销售额和不征收增值税的规定。

选项 B 当选，具体计算过程如下：

（1）提供餐饮服务适用 6% 税率计算缴纳增值税，因此对于孤寡老人和其他社会人员提供的餐饮服务应作价税分离，计算增值税销项税额。

（2）单位为聘用的员工提供服务，不征收增值税。

（3）取得与其销售货物、劳务、服务、无形资产、不动产的收入或者数量直接挂钩的财政补贴收入，应计算缴纳增值税。

综上，增值税销项税额 =（40+5+135）÷（1+6%）×6%=10.19（万元）。

选项 A 不当选，未进行价税分离。

选项 C 不当选，误将为职工提供免费餐饮服务以成本作价税分离，计算增值税销项税额。

选项 D 不当选，误认为对孤寡老人提供餐饮服务无须计算缴纳增值税。

2.33 斯尔解析 A 本题考查包装物押金、租金的增值税处理。

选项 A 当选，一般包装物押金（包括一般货物、啤酒、黄酒）逾期时并入销售额计算缴纳增值税；而除啤酒、黄酒外的其他酒类的包装物押金，收到就纳入销售额中计算缴纳增值税。啤酒逾期的包装物押金 1 万元和茅台酒收取的包装物押金 2 万元需并入销售额计算销项税额，包装物押金属于含税收入，需要作价税分离。

故增值税销项税额 =［250+120+3÷（1+13%）］×13%=48.45（万元）。

选项 B 不当选，包装物押金未进行价税分离。

选项 C 不当选，误将收取啤酒的包装物押金并入销售额，而未将啤酒逾期包装物押金计入。

选项 D 不当选，误将收取啤酒的包装物押金并入销售额。

提示：纳税人为销售货物（除酒类的特殊规定）收取的包装物押金，单独记账的、时间在 1 年内又未过期的，不并入销售额征税；但对逾期未收回不再退还的包装物押金，应按所包装货物的适用税率计算纳税。本题酒类为特殊处理，勿混淆。

2.34 斯尔解析 C 本题考查增值税特殊销售方式下销售额的确定。

选项 C 当选，销售折让通常是指由于货物品种或质量等原因引起销售额的减少，即销货方给予购买方未予退货状况下的价格折让。销售折让可以通过开具红字专用发票从销售额中减除，未按规定开具红字增值税专用发票，不得扣减销项税额或销售额。

选项 A 不当选，销售折扣又称现金折扣，折扣发生在销货之后，通常是为了鼓励购货方及时偿还货款而给予的折扣优待，折扣额不得从销售额中减除，要按折扣前的销售额征收增值税。

选项 B 不当选，只有金银首饰的以旧换新，以实际收到的价款作为销售额计算增值税；其他货物的以旧换新，应按新货物的同期销售价格确定销售额。

选项 D 不当选，纳税人采取还本销售货物的，不得从销售额中减除还本支出。

2.35 斯尔解析 B 本题考查以折扣方式销售货物增值税销项税额的计算。

选项 B 当选，折扣销售，销售额和折扣额在同一张发票的“金额栏”分别注明的，可以按折扣后的销售额征收增值税，但是现金折扣不得从销售额中减除折扣额。

该企业上述业务增值税销项税额 =（300−50）×13%=32.50（万元）

选项 A 不当选，误将现金折扣的折扣额也从销售额中减除。

选项 C 不当选，只将现金折扣的折扣额从销售额中减除，没有减除折扣销售的折扣金额。

选项 D 不当选，折扣销售和现金折扣的折扣额都没有从销售额中减除。

2.36 斯尔解析 C 本题考查特殊销售方式下增值税的相关规定。

选项 C 当选，发生销售折让、中止或者退回等情形，开具红字发票的，销售折让或退回金额可从发生销售折让或退回当期的销售额中减除。

该企业 5 月增值税销项税额 =［150−58÷（1+13%）］×13%=12.83（万元）

选项 A 不当选，误将销售额作价税分离。

选项 B 不当选，减除的销售折让额未作价税分离。

选项 D 不当选，未减除销售折让额。

2.37 斯尔解析 C 本题考查特殊销售方式下增值税销项税额的计算。

选项 C 当选，折扣销售，销售额和折扣额在同一张发票的“金额”栏分别注明，可以按折扣后的销售额征收增值税；一般纳税人因销货退回和折让而退还给购买方的增值税额，应从发生销货退回或折让当期的销项税额中扣减。

当月销项税额 =380 000÷（1+13%）×13%−680÷（1+13%）×13%=43 638.58（元）

选项 A 不当选，误认为 380 000 元是折扣前的金额，将 380 000 元又打八折。

选项 B 不当选，误认为 680 元是不含税收入。

选项 D 不当选，没有将退货款冲减当期销项税额。

2.38 斯尔解析 C 本题考查差额确定销售额的规定。

选项 C 当选，企业转让持有的上市公司的股票，按照“金融商品转让”缴纳增值税，以卖出价扣除买入价的余额作为销售额。

选项 A 不当选，房地产开发企业销售自行开发的项目，一般计税方法下，可以扣除支付给政府的地价款，简易计税方法下需全额确定销售额。

选项 B 不当选，一般纳税人提供劳务派遣服务，简易计税方法下，可以差额纳税按照 5% 的征收率计算缴纳增值税；一般计税方法下，需全额按照 6% 的税率计算销项税额。

选项 D 不当选，纳税人提供建筑服务，简易计税方法下才能按差额计税。

2.39 斯尔解析 D 本题考查金银首饰以旧换新销售方式下销售额的确定。

选项 D 当选，金银首饰以旧换新按销售方实际收到的不含增值税的全部价款作为计税销售额，该金银饰品店当月应纳增值税 =50×13%+（25.2−11.7）÷（1+13%）×13%−5.16=2.89（万元）。

选项 A 不当选，以旧换新销售的金银首饰没有扣除收回旧金银首饰作价 11.7 万元。

选项 B 不当选，没有将以旧换新销售的金银首饰业务中的销售额作价税分离。

选项 C 不当选，以旧换新销售的金银首饰没有扣除收回旧金银首饰作价的 11.7 万元，并且将 50 万元误认为是含税价。

2.40 斯尔解析 C 本题考查增值税销项税额的计算。

选项 C 当选，纳税人在游览场所经营索道、摆渡车、电瓶车、游船等取得的收入，按照“文化体育服务”缴纳增值税。

故应缴纳的销项税额 =（62+6）÷（1+6%）×6%+4÷（1+9%）×9%=4.18（万元）。

选项 A 不当选，误认为第一道门票收入免征增值税，且误将收取的停车费按 6% 税率计算销项税额。

选项 B 不当选，误认为第一道门票收入免征增值税。

选项 D 不当选，误将收取的停车费按 6% 税率计算销项税额。

2.41 斯尔解析 C 本题考查价外费用的增值税处理。

选项 C 当选、选项 ABD 不当选。收取的违约金属于价外费用，需缴纳增值税，且价外费用按其所属项目的适用税率或征收率计算缴纳增值税，增值税一般纳税人出租房屋适用简易计税方法，征收率为 5%，故违约金按照 5% 征收率缴纳增值税。

2.42 斯尔解析 D 本题考查金融服务增值税销项税额的计算。

选项 D 当选，金融机构开展贴现、转贴现业务，以其实际持有票据期间取得的利息收入作为贷款服务销售额计算缴纳增值税。贷款服务、直接收费金融服务属于金融服务，适用 6% 的增值税税率。

该银行上述业务的销项税额 =（5 300+106+500）÷（1+6%）×6%=334.3（万元）

选项 A 不当选，误将开展贴现业务取得的利息收入判断为不征收增值税的收入，并且用 3% 的征收率计算。

选项 B 不当选，税率选用错误，用 3% 的征收率计算。

选项 C 不当选，将开展贴现业务取得的利息收入判断为不征税收入。

2.43 斯尔解析 B 本题考查增值税进项税额抵扣的范围。

选项 B 当选，收费公路增值税电子普通发票可以凭票抵扣进项税额。

选项 A 不当选，外购货物用于个人消费，不得抵扣增值税进项税额。

选项 CD 不当选，购进的贷款服务、餐饮服务、居民日常服务和娱乐服务，不得抵扣增值税进项税额。

2.44 斯尔解析 B 本题考查增值税进项税额的抵扣。

选项 B 当选，外购货物用于捐赠，需要视同销售计算销项税额，同时可以抵扣对应的进项税额，但是捐给目标脱贫地区的属于免税项目，外购货物用于免税项目的，进项税额不得抵扣，因此，允许抵扣的进项税额 =50 000×13%=6 500（元）。

选项 A 不当选，误将捐赠给福利院的食品对应的进项税额判断为不得抵扣。

选项 C 不当选，误将捐赠给福利院的食品对应的进项税额判断为不得抵扣，将捐给目标脱贫地区的进项税额判断为可抵扣。

选项 D 不当选，误认为捐赠对应的进项税额均可以抵扣。

2.45 斯尔解析 B 本题考查农产品计算抵扣进项税额的计算。

选项 B 当选，具体计算过程如下：

（1）纳税人购进农产品用于生产销售或委托加工 13% 税率货物的，按照 10% 的扣除率计算进项税额。其中，9% 是凭票据实抵扣或凭票计算抵扣进项税额；1% 是在生产领用农产品当期加计抵扣进项税额。

购进烟叶准予抵扣的增值税进项税额，按照规定的收购烟叶实际支付的价款总额和烟叶税以及法定扣除率计算。

故本月收购烟叶准予抵扣的进项税额 =50×（1+20%）×9%+50×（1+20%）×80%×1%=5.88（万元）

上月库存烟叶生产卷烟准予抵扣的进项税额 =20×1%=0.2（万元）

（2）支付运费取得增值税专用发票，可凭票抵扣。

综上，可抵扣进项税额 =5.88+0.2+0.36=6.44（万元）。

2.46 斯尔解析 B 本题考查购进农产品进项税额的扣除。

选项 B 当选，纳税人购进农产品开具农产品收购发票的，以农产品收购发票上注明的农产品买价和 9% 的扣除率计算进项税额，购进用于生产或者委托加工 13% 税率货物的农产品，按照 10% 的扣除率计算进项税额。本题中中药饮片属于初加工农产品，适用 9% 的税率；中成药属于深加工，适用 13% 的税率。

故该药材允许抵扣的进项税额 =10×40%×9%+10×60%×10%=0.96（万元）。

选项 A 不当选，误将制作中成药的 60% 也按 9% 的扣除率计算抵扣进项税额。

选项 C 不当选，误将制作中药饮片的 40% 按照 10% 的扣除率计算抵扣进项税额。

选项 D 不当选，误将制作中成药的 60% 按照 13% 的扣除率计算抵扣进项税额。

提示：本题需要辨析 9% 税率的适用范围。

2.47 斯尔解析 C 本题考查农产品进项税额的计算抵扣。

选项 C 当选，具体计算过程如下：

（1）从农业生产者手中购进农产品开具农产品收购发票的，计算抵扣进项税额。

可以抵扣的进项税额 = 买价 ×9%=200×9%=18（万元）

（2）从依照 3% 征收率的小规模纳税人处购进农产品取得的增值税专用发票，计算抵扣进项税额，可以抵扣的进项税额 = 买价 ×9%。

买价为不含税金额 =20.6÷（1+3%）=20（万元）

可以抵扣的进项税额 =20×9%=1.8（万元）

（3）从一般纳税人处购进农产品取得增值税专用发票，凭票抵扣进项税额。

可以抵扣的进项税额 =10.9÷（1+9%）×9%=0.9（万元）

（4）纳税人购进农产品用于生产销售或委托加工 13% 税率货物的，在生产领用农产品当期加计 1% 抵扣进项税额。

加计抵扣的进项税额 =（200×10 000÷20 000+20×1 000÷2 000+10×500÷1 000）×1%=1.15（万元）

综上，可以抵扣的进项税额合计 =18+1.8+0.9+1.15=21.85（万元）。

选项 A 不当选，没有考虑加计抵扣的进项税额。

选项 B 不当选，从小规模纳税人和一般纳税人处购入的农产品直接以价税合计金额作为买价，乘以 9% 扣除率计算抵扣进项税额，且没有考虑加计抵扣的进项税额。

选项 D 不当选，加计抵扣的 1% 没有考虑生产领用量，误将当期购进的农产品全部按照 10% 的扣除率计算抵扣进项税额。

2.48 斯尔解析 B 本题考查农产品进项税额核定办法。

选项 A 不当选，扣除率为销售货物的税率。

选项 C 不当选，纳入核定扣除试点范围的纳税人购进农产品不再凭增值税扣税凭证抵扣增值税进项税额。

选项 D 不当选，自 2012 年 7 月 1 日起，以购进农产品为原料生产销售液体乳及乳制品、酒及酒精、植物油的增值税一般纳税人，纳入农产品增值税进项税额核定扣除试点范围，不包括卷烟。

2.49 斯尔解析 C 本题考查购进国内旅客运输服务进项税额的扣除。

选项 C 当选，具体过程如下：

（1）取得注明旅客身份信息的航空运输电子客票行程单的，进项税额 =（票价 + 燃油附加费）÷（1+9%）×9%=（2 000+300）÷（1+9%）×9%=189.91（元）。

（2）取得铁路车票的，进项税额 = 票面金额 ÷（1+9%）×9%=500÷（1+9%）×9%=41.28（元）。

（3）取得公路、水路的其他客票的，进项税额 = 票面金额 ÷（1+3%）×3%=80÷（1+3%）×3%=2.33（元）。

综上，该企业允许抵扣的进项税额 =189.91+41.28+2.33=233.52（元）。

选项 A 不当选，计算航空电子客票行程单的进项税额时没有考虑燃油附加费。

选项 B 不当选，计算航空电子客票行程单的进项税额时没有考虑燃油附加费，并且将公路的票面金额 80 元用 9% 的税率计算进项税额。

选项 D 不当选，误将公路的票面金额 80 元用 9% 的税率计算进项税额。

2.50 斯尔解析 B 本题考查不得抵扣的进项税额的判定。

选项 B 当选、选项 ACD 不当选，购进的贷款服务、餐饮服务、居民日常服务和娱乐服务，其进项税额不得从销项税额中抵扣。

2.51 斯尔解析 B 本题考查一般纳税人增值税的计算。

选项 B 当选，大数据科技公司为大型企业提供数据采集及公司运营服务，属于提供“现代服务——信息技术服务”，适用 6% 税率计算缴纳增值税；此外，取得增值税专用发票可凭票抵扣进项税额。故该公司当期应缴纳增值税 =860×6%−16=35.60（万元）。

2.52 斯尔解析 A 本题考查增值税应纳税额的计算。

选项 A 当选，一般纳税人购进的兼用于不得抵扣进项税额项目的固定资产，可全额抵扣进项税额，购进的原材料兼用简易计税方法计税项目、免征增值税项目而无法划分不得抵扣的进项税额的，按照下列公式计算不得抵扣的进项税额：

不得抵扣的进项税额 = 当期无法划分的进项税额 ×（当期简易计税方法计税项目销售额 + 免征增值税项目销售额）÷ 当期全部销售额

当期免税项目产品 A 的销售额为 200 万元，应税项目产品 B 的不含税销售额为 300 万元，当期全部销售额为 500 万元。

不得抵扣的进项税额 =20×（200÷500）=8（万元）

应该缴纳的增值税税额 =300×13%-100×13%-（20-8）=14（万元）

选项 B 不当选，误将购进设备的进项税额也按产品销售额比例进行分摊抵扣。

选项 C 不当选，没有抵扣购进设备的进项税额。

选项 D 不当选，误将免税产品 A 并入销售额，计算销项税额。

2.53 斯尔解析 B 本题考查转出进项税额的计算。

选项 B 当选，已抵扣过进项税额的固定资产、无形资产或不动产改变用途、发生非正常损失等，不得抵扣的进项税额 = 已抵扣进项税额 × 不动产净值率，不动产净值率 =（不动产净值 ÷ 不动产原值）×100%。

该办公楼应转出进项税额 =100×（1 800÷2 000×100%）=90（万元）

选项 A 不当选，净值率计算错误，用价税合计金额作为不动产原值。

选项 C 不当选，直接将已抵扣的进项税额全部转出，没有考虑不动产的净值率。

选项 D 不当选，直接按照当期净值 1 800 万元和 9% 的税率，计算转出的进项税额。

2.54 斯尔解析 A 本题考查小规模纳税人增值税阶段性减免政策的相关规定。

选项 A 当选，小规模纳税人的免税销售额中包括出租不动产取得的收入。

2.55 斯尔解析 C 本题考查其他个人出租住房的税收优惠。

选项 C 当选，个人（自然人和个体工商户）出租住房，按照 5% 的征收率减按 1.5% 计算应纳税额。小规模纳税人出租非住房适用 5% 征收率。

应缴纳的增值税 =2÷（1+5%）×1.5%+16÷（1+5%）×5%=0.79（万元）

选项 A 不当选，误将出租门市房按照 5% 征收率减按 1.5% 计算应纳税额。

选项 B 不当选，误认为个体工商户出租住房免征增值税。

选项 D 不当选，误将出租住房按照 5% 征收率计算应纳税额。

2.56 斯尔解析 C 本题考查转让不动产增值税的征收管理。

选项 C 当选，一般纳税人转让其 2016 年 4 月 30 日前取得的不动产，可以选择适用简易计税方法。

选项 A 不当选，取得的不动产，包括以直接购买、接受捐赠、接受投资入股、自建以及抵债等各种形式取得的不动产。

选项 B 不当选，转让自建的不动产，不管是选择一般计税方法还是简易计税方法，都以取得的全部价款和价外费用为销售额，不得扣除取得不动产时的作价。

选项 D 不当选，不动产的转让收入，向不动产所在地的税务机关预缴税款，向机构所在地主管税务机关申报纳税。

2.57 斯尔解析 B 本题考查增值税应纳税额的计算。

选项 B 当选，纳税人转让取得（非自建）不动产，适用简易计税方法的，可以按照有关规定差额缴纳增值税，纳税人以契税计税金额进行差额扣除的，按照下列公式计算增值税应纳税额：

2016 年 4 月 30 日及以前缴纳契税的，增值税应纳税额 =［全部交易价格（含增值税）– 契税计税金额（含营业税）］÷（1+5%）×5%。

该企业上述业务增值税应纳税额 =（4 500–2 000）÷（1+5%）×5%=119.05（万元）

选项 A 不当选，公式运用错误，用作 2016 年 5 月 1 日以后缴纳契税的公式。

选项 C 不当选，收入和契税完税凭证注明的计税金额均未作价税分离。

选项 D 不当选，未扣除契税完税凭证上的计税金额。

2.58 斯尔解析 D 本题考查二手车购销业务的相关规定。

选项 D 当选、选项 C 不当选，从事二手车经销的纳税人销售其收购的二手车，按照简易办法，减按 0.5% 征收增值税。

选项 A 不当选，单位销售自己使用过的二手车，按照销售自己使用过的固定资产的相关规定计算缴纳增值税。

选项 B 不当选，纳税人应当开具二手车销售统一发票。除购买方为个人外，购买方索取增值税专用发票的，应当再开具征收率为 0.5% 的增值税专用发票。

2.59 斯尔解析 B 本题考查二手车经销商的增值税相关规定。

选项 B 当选，具体计算过程如下：

（1）应纳税额 = 含税销售额 ÷（1+0.5%）×0.5%=32÷（1+0.5%）×0.5%=0.16（万元）。

（2）自 2023 年 1 月 1 日至 2027 年 12 月 31 日，小规模纳税人适用 3% 征收率的应税销售收入，减按 1% 征收率征税。应纳税额 =3÷（1+1%）×1%=0.03（万元）。

综上，当月应缴增值税 =0.16+0.03=0.19（万元）。

选项 A 不当选，误认为销售自用小汽车适用 0.5% 征收率缴纳增值税。

选项 C 不当选，误认为销售二手车适用 3% 征收率减按 2% 缴纳增值税。

选项 D 不当选，误以“含税销售额 ÷（1+3%）×3%”计算销售二手车应缴纳的增值税。

2.60 斯尔解析 C 本题考查个人出租住房增值税应纳税额的计算。

选项 C 当选，具体计算过程如下：

（1）其他个人采取一次性收取租金的形式出租不动产，取得的租金收入可在对应的租赁期内平均分摊，分摊后的月租金收入不超过 10 万元的，免征增值税。按照租赁期限分摊后，王某月租金平均为 13 万元，超过 10 万元，需要缴纳增值税。

（2）其他个人出租住房，按照 5% 的征收率减按 1.5% 计算应纳税额。

综上，王某应纳税额 =39÷（1+5%）×1.5%=0.56（万元）。

选项 A 不当选，没有考虑其他个人的税收优惠，且误按 9% 的税率计算应纳税额。

选项 B 不当选，没有考虑其他个人的税收优惠，按 5% 的征收率计算应纳税额。

选项 D 不当选，误认为无须缴纳增值税。

2.61 斯尔解析 A 本题考查一般计税方法下建筑服务预缴增值税的计算。

选项 A 当选，一般纳税人跨县（市、区）提供建筑服务，适用一般计税方法计税的，以取得的全部价款和价外费用扣除支付的分包款后的余额，按照 2% 的预征率计算应预缴税款。

甲公司当月在 B 市应预缴增值税 =（1 000–200）÷（1+9%）×2%=14.68（万元）

选项 B 不当选，误用 5% 的征收率作价税分离。

选项C不当选，没有扣除分包款，误按照全额计算预缴税款。

选项D不当选，误按照3%的预征率计算应预缴税款。

2.62 斯尔解析 D 本题考查金融商品转让增值税应纳税额的计算。

选项D当选，金融商品转让，按照卖出价扣除买入价（不包括支付的相关税费）后的余额为销售额，若相抵后出现负差，可结转下一纳税期与下期转让金融商品销售额相抵，但年末时仍出现负差的，不得转入下一个会计年度。

该企业2022年6月应缴纳增值税 =（200–280×50%–10）÷（1+6%）×6%=2.83（万元）

选项A不当选，没有作价税分离。

选项B不当选，没有将负差10万元结转抵扣。

选项C不当选，没有将负差10万元结转抵扣，也没有作价税分离。

2.63 斯尔解析 A 本题考查留抵退税政策的相关规定。

选项B不当选，纳税人适用免退税办法的，相关进项税额“不得”用于退还留抵税额。

选项C不当选，纳税人自2019年4月1日起已取得留抵退税款的，不得再申请享受增值税即征即退、先征后返（退）政策。纳税人可以在2022年10月31日前一次性将已取得的留抵退税款全部缴回后，按规定享受增值税即征即退、先征后返（退）政策。

选项D不当选，符合条件的微型企业，可以自2022年4月纳税申报期起向主管税务机关申请一次性退还存量留抵税额。

2.64 斯尔解析 B 本题考查留抵退税政策中关于增量留抵税额和存量留抵税额的规定。

选项A不当选，纳税人获得一次性存量留抵退税前，当期期末留抵税额大于或等于2019年3月31日期末留抵税额的，存量留抵税额为2019年3月31日期末留抵税额；当期期末留抵税额小于2019年3月31日期末留抵税额的，存量留抵税额为当期期末留抵税额。

选项C不当选，纳税人可以在规定期限内同时申请增量留抵退税和存量留抵退税。

选项D不当选，纳税人获得一次性存量留抵退税后，存量留抵税额为零。

2.65 斯尔解析 C 本题考查存量留抵税额的计算。

选项C当选，具体计算过程如下：

（1）纳税人获得一次性存量留抵退税前，当期期末留抵税额大于或等于2019年3月31日期末留抵税额的，存量留抵税额为2019年3月31日期末留抵税额；当期期末留抵税额小于2019年3月31日期末留抵税额的，存量留抵税额为当期期末留抵税额。

（2）纳税人获得一次性存量留抵退税后，存量留抵税额为零。

综上，本题中纳税人首次申请存量留抵退税，存量留抵税额为当期期末留抵税额与2019年3月31日期末留抵税额两者取孰低，150万元＜180万元，故存量留抵税额为150万元。

2.66 斯尔解析 C 本题考查留抵退税政策的具体规定。

纳税人在同一申报期既申报免抵退税又申请办理留抵退税的，或者在纳税人申请办理留抵退税时存在尚未经税务机关核准的免抵退税应退税额的，应待税务机关核准免抵退税应退税额后，按最近一期《增值税及附加税费申报表（一般纳税人适用）》期末留抵税额，扣减税务机关核准的免抵退税应退税额后的余额确定允许退还的增量留抵税额。因此，F企业计算增量与存量留抵退税的实际期末留抵税额应为30万元。

选项 C 当选、选项 D 不当选，纳税人获得一次性存量留抵退税前，存量留抵税额为当期期末留抵税额与 2019 年 3 月 31 日期末留抵税额两者取孰低，为 10 万元。

选项 AB 不当选，纳税人获得一次性存量留抵退税前，增量留抵税额为当期期末留抵税额与 2019 年 3 月 31 日相比新增加的留抵税额，增量留抵税额 =30−10=20（万元）。

2.67 斯尔解析　B　本题考查留抵退税政策进项构成比例的计算。

选项 B 当选、选项 ACD 不当选，进项构成比例，为 2019 年 4 月至申请退税前一税款所属期已抵扣的增值税专用发票（含带有“增值税专用发票”字样全面数字化的电子发票、税控机动车销售统一发票）、收费公路通行费增值税电子普通发票、海关进口增值税专用缴款书、解缴税款完税凭证注明的增值税额占同期全部已抵扣进项税额的比重。纳税人发生进项税额转出时，无须从上述各类票据的进项已抵扣税额中进行扣减。

进项构成比例 =（600+200+100）÷（600+200+100+200）×100%=81.82%，其进项转出的 60 万元无须在计算公式的分子、分母中扣减。

2.68 斯尔解析　C　本题考查增值税特定减免税项目。

选项 C 当选，自 2012 年 1 月 1 日起，对从事蔬菜批发、零售的纳税人销售的蔬菜，免征增值税。

选项 A 不当选，对供热企业向居民个人供热而取得的采暖收入免征增值税。

选项 B 不当选，对从事学历教育的学校提供的教育服务，免征增值税，其中从事学历教育的学校不包含职业培训机构等国家不承认学历的教育机构。

选项 D 不当选，个人出租住房，应按照 5% 的征收率减按 1.5% 计算应纳增值税。

2.69 斯尔解析　C　本题考查增值税的税收优惠。

选项 A 不当选，除了个人销售自建自用住房免征增值税外，其他的销售不动产行为没有免税规定。

选项 B 不当选，自主就业退役士兵从事个体经营的，自办理个体工商户登记当月起，在 3 年（36 个月）内按每户每年 20 000 元为限额依次扣减其当年实际应缴纳的增值税、城市维护建设税、教育费附加、地方教育附加和个人所得税。

选项 D 不当选，对飞机维修劳务增值税实际税负超过 6% 的部分即征即退。

2.70 斯尔解析　D　本题考查增值税临时减免缓税项目。

选项 D 当选，自 2019 年 1 月 1 日至 2027 年 12 月 31 日，国家级、省级科技企业孵化器、大学科技园和国家备案众创空间对其向在孵对象提供孵化服务取得的收入，免征增值税。孵化服务，是指为在孵对象提供的经纪代理、经营租赁、研发和技术、信息技术、鉴证咨询服务。因此甲企业取得租金收入、经纪代理服务收入免征增值税。

应缴纳增值税 =（6+5）÷（1+6%）×6%=0.62（万元）

选项 A 不当选，误将取得的租金收入按 9% 税率、经纪代理收入按 6% 税率计算缴纳增值税。

选项 B 不当选，误将取得的租金收入按 9% 税率计算缴纳增值税。

选项 C 不当选，误认为打字复印服务收入免征增值税，其他需计算缴纳增值税。

2.71 斯尔解析　B　本题考查增值税即征即退政策。

选项 B 当选，增值税一般纳税人销售其自行开发生产的软件产品，按 13%的税率征收增值税后，对其增值税实际税负超过 3%的部分实行即征即退政策。

2.72 斯尔解析 A 本题考查增值税即征即退政策。

选项 A 当选，一般纳税人销售其自行开发生产的软件产品，按 13% 税率征收增值税后，对其增值税实际税负超过 3% 的部分实行即征即退政策。对于提供自行开发软件运维服务不适用增值税即征即退政策，属于提供其他现代服务，适用 6% 税率计算缴纳增值税。因此对于软件产品和运维服务要分开计算。增值税一般纳税人在销售软件产品的同时销售其他货物或者应税劳务的，对于无法划分的进项税额，应按照实际成本或销售收入比例确定软件产品应分摊的进项税额。

即征即退税额 = 当期软件产品增值税应纳税额 − 当期软件产品销售额 ×3%

当期软件产品增值税应纳税额 = 当期软件产品销项税额 − 当期软件产品可抵扣进项税额

当期软件产品销项税额 = 当期软件产品销售额 ×13%

故当期软件产品增值税应纳税额 =900×13%−40×900÷（900+100）=81（万元）。

即征即退税额 =81−900×3%=54（万元）

2.73 斯尔解析 A 本题考查资源综合利用增值税即征即退税额的计算。

选项 A 当选，纳税人如果应当取得上述发票或凭证而未取得的，该部分再生资源对应产品的销售收入不得适用即征即退规定。

不得适用即征即退规定的销售收入 = 当期销售综合利用产品和劳务的销售收入 ×（纳税人应当取得发票或凭证而未取得的购入再生资源成本 ÷ 当期购进再生资源的全部成本）

可申请退税额 =［（当期销售综合利用产品和劳务的销售收入 − 不得适用即征即退规定的销售收入）× 适用税率 − 当期即征即退项目的进项税额］× 对应的退税比例 =［（1 000−400）×13%−40］×100%=38（万元）

选项 B 不当选，未考虑不得适用即征即退规定的销售收入。

选项 C 不当选，对不得适用即征即退规定的销售收入计算错误。

选项 D 不当选，未扣除当期即征即退项目的进项税额。

2.74 斯尔解析 D 本题考查增值税先征后退政策。

选项 A 不当选，外文图书出版物在出版环节执行增值税 50 %先征后退的政策。

选项 B 不当选，对少数民族文字出版物的印刷或制作业务执行增值税 100% 先征后退政策。

选项 C 不当选，专为少年儿童出版发行的报纸和期刊、中小学的学生教科书，出版环节执行增值税 100% 先征后退政策。

2.75 斯尔解析 C 本题考查代扣代缴增值税应纳税额的计算。

选项 C 当选，境外单位为境内单位提供服务，因在境内无机构缴纳增值税，境内单位应代扣代缴，应扣缴税额 = 接收方支付的价款 ÷（1+ 税率）× 税率。

应扣缴增值税 =10 300÷（1+6%）×6%=583.02（元）

选项 A 不当选，误判断为境外所得，不征收增值税。

选项 B 不当选，误按照 3% 的征收率计算代扣代缴税额。

选项 D 不当选，没有作价税分离。

提示：境外单位或者个人在境内发生应税行为，无论购买方是一般纳税人还是小规模纳税人，都要用税率计算应纳增值税额，不能用征收率。

2.76 斯尔解析 A 本题考查增值税出口退税政策。

选项 B 不当选，出口企业既有适用增值税免抵退项目，也有增值税即征即退、先征后退项目的，增值税即征即退和先征后退项目不参与出口项目免抵退税计算，出口企业应分别核算增值税免抵退项目和增值税即征即退、先征后退项目，并分别申请享受增值税即征即退、先征后退。

选项 C 不当选，提供适用零税率的应税服务，采用简易计税方法的，实行免征增值税办法。

选项 D 不当选，生产企业进料加工复出口货物增值税退（免）税的计税依据，按出口货物的离岸价（FOB）扣除出口货物所含的海关保税进口料件的金额后确定。

2.77 斯尔解析 C 本题考查境外旅客购物离境退税的计算。

选项 C 当选，境外旅客在离境口岸离境时，对其在退税商店购买的退税物品可进行退税，应退增值税额 = 退税物品销售发票金额（含增值税）× 退税率，退税率为 11%。

应退增值税 =2 260 × 11%=248.6（元）

选项 A 不当选，误进行了价税分离。

选项 B 不当选，误用 13% 的税率作了价税分离，且退税率适用错误。

选项 D 不当选，误用 11% 作了价税分离。

2.78 斯尔解析 D 本题考查出口货物增值税免税政策。

选项 D 当选，适用出口货物增值税退（免）税政策。

选项 ABC 不当选，适用出口货物增值税免税政策。

2.79 斯尔解析 C 本题考查境外旅客购物离境退税政策。

选项 C 当选，退税物品不包括禁止、限制出境物品和退税商店销售的适用增值税免税政策的物品。

选项 A 不当选，需满足同一境外旅客同一日在同一退税商店购买的退税物品金额达到 500 元人民币。

选项 B 不当选，退税币种为人民币。

选项 D 不当选，境外旅客，是指在中华人民共和国境内连续居住不超过 183 天的外国人和港澳台同胞。

2.80 斯尔解析 B 本题考查海南自由贸易港国际运输船舶有关退税政策。

选项 A 不当选，自 2021 年 10 月 1 日至 2024 年 12 月 31 日，对境内建造船舶企业向运输企业销售且符合条件的船舶，实行增值税退税政策，由购进船舶的运输企业向主管税务机关申请退税。

选项 C 不当选，对符合条件的出口企业从符合条件的启运港报关出口的离境的集装箱货物，实行启运港退税政策。

选项 D 不当选，承运适用启运港退税政策货物的船舶，可在经停港加装、卸载货物。

2.81 斯尔解析 D 本题考查增值税汇总纳税政策。

选项 A 不当选，分支机构预缴税款的预征率由财政部和国家税务总局规定，并适时予以调整。

选项 BC 不当选，总机构汇总的应征增值税销售额和进项税额，都为总机构及其分支机构发生《应税服务范围注释》所列项目。

2.82 斯尔解析 D 本题考查增值税出口免抵退的计算。

选项 D 当选，具体过程如下：

（1）当期不得免征和抵扣税额 =（790-100）×（13%-10%）=20.7（万元）。

（2）当期应纳税额 =150×13%-（104-20.7）=-63.8（万元）。

（3）当期“免、抵、退”税额 =690×10%=69（万元），69 万元＞63.8 万元，则当期应退税额为 63.8 万元，当期免抵税额 =69-63.8=5.2（万元）。

2.83 斯尔解析 B 本题考查增值税起征点的规定。

选项 B 当选、选项 A 不当选，对个人销售额未达到规定的增值税起征点的，免征增值税；达到起征点的，依照规定全额计算缴纳增值税。

选项 C 不当选，起征点的调整由财政部和国家税务总局规定。

选项 D 不当选，增值税起征点的适用范围限于个人，包括个体工商户和其他个人，但不包括登记为一般纳税人的个体工商户。

二、多项选择题

2.84 斯尔解析 BDE 本题考查一般纳税人认定中关于年应税销售额的规定。

年应税销售额，是指纳税人在连续不超过 12 个月或 4 个季度的经营期内累计应征增值税销售额（选项 D 当选），包括纳税申报销售额、稽查查补销售额、纳税评估调整销售额（选项 E 当选），销售服务、无形资产或者不动产有扣除项目的纳税人，其销售服务、无形资产或者不动产年应税销售额按未扣除之前的销售额核算（选项 C 不当选）。

选项 B 当选、选项 A 不当选，纳税人偶然发生的销售无形资产、转让不动产的销售额，不计入销售服务、无形资产或者不动产年应税销售额，出租不动产的销售额，要计入年应税销售额。

2.85 斯尔解析 BDE 本题考查增值税纳税人的分类。

选项 BDE 当选，年应税销售额超过规定标准但不经常发生应税行为的单位和个体工商户，以及非企业性单位、不经常发生应税行为的企业，可选择按照小规模纳税人纳税。

选项 A 不当选，其他个人不得办理一般纳税人登记，按小规模纳税人纳税。

选项 C 不当选，年应税销售额超过规定标准的会计核算健全的单位，应当按一般纳税人纳税。

2.86 斯尔解析 CDE 本题考查增值税征税范围。

选项 CD 当选，按照“租赁服务——不动产租赁服务”缴纳增值税。

选项 E 当选，租赁服务包括经营租赁和融资租赁。

选项 A 不当选，纳税人以长租形式出租酒店式公寓并提供配套服务的，按照“住宿服务”缴纳增值税。

选项 B 不当选，融资性售后回租业务按照“贷款服务”缴纳增值税。

2.87 斯尔解析 BCDE 本题考查增值税征税范围的判断。

选项 BE 当选，属于交通运输服务。

选项 C 当选，属于文化创意服务。

选项 D 当选，属于鉴证咨询服务。

选项 A 不当选，单位或者个体工商户聘用的员工为本单位或者雇主提供取得工资的服务，以及单位或者个体工商户为聘用的员工提供服务，不征收增值税。

2.88 斯尔解析 **ABC** 本题考查增值税征税范围的辨析。

选项 ABC 当选，属于“有形动产租赁服务”。

选项 DE 不当选，远洋运输的期租服务、水路运输的程租服务属于“交通运输服务”。

2.89 斯尔解析 **ABC** 本题考查增值税征税范围的辨析。

选项 ABC 当选，均属于商务辅助服务。

选项 DE 不当选，均属于文化创意服务。

2.90 斯尔解析 **AD** 本题考查增值税征税范围的辨析。

选项 B 不当选，纳税人为客户办理退票而向客户收取的退票费、手续费等收入，按照“现代服务——其他现代服务”缴纳增值税。

选项 C 不当选，纳税人对安装运行后的电梯提供的维护保养服务，按照“现代服务——其他现代服务”缴纳增值税。

选项 E 不当选，纳税人收取的港口设施保安费按照“现代服务——物流辅助服务——港口码头服务”缴纳增值税。

2.91 斯尔解析 **BCDE** 本题考查增值税征税范围的判断。

选项 B 当选，单位或个体工商户为聘用的员工提供服务不征收增值税。

选项 CE 当选，工会经费和党费属于非经营活动，不征收增值税。

选项 D 当选，人民法院收取的诉讼费属于行政事业性收费，不征收增值税。

选项 A 不当选，单位或者个体工商户聘用的员工为本单位或者雇主提供取得工资的服务不属于增值税的征税范围。而单位员工将自有房屋出租给本单位收取房租，并不是为雇主提供取得工资的服务，因此要征收增值税。

2.92 斯尔解析 **AC** 本题考查混合销售和兼营的辨析。

增值税混合销售行为有两个标准：首先，销售行为必须是同一项；其次，必须同时涉及货物与服务。

选项 A 当选，属于同一项销售行为中既存在销售货物（即销售车床），又涉及提供服务（即配套使用培训服务）。

选项 C 当选，属于同一项销售行为中既存在销售货物（即销售办公设备），又涉及提供服务（即送货服务）。

选项 B 不当选，该行为只涉及货物。

选项 D 不当选，该行为只涉及服务。

选项 E 不当选，健身房提供健身场所，与代售减肥药，并不在同一项销售行为中。去健身房的顾客可以不购买减肥药，购买减肥药的顾客也不必然去健身房健身。

提示：混合销售从主业计征增值税，兼营销售分别核算，分别适用税率。

2.93 斯尔解析 BC 本题考查增值税视同销售行为的辨析。

选项 ADE 不当选，将购进的货物用于简易计税项目，免征增值税项目，集体福利和个人消费的，属于不可抵扣进项税额的情形。

提示：将自产、委托加工的货物用于集体福利或者个人消费，属于增值税视同销售行为。

2.94 斯尔解析 CDE 本题考查增值税视同销售行为的辨析。

选项 C 当选，将自产、委托加工或者购进的货物分配给股东或投资者，需要视同销售。

选项 D 当选、选项 A 不当选，单位或者个体工商户向其他单位或者个人无偿提供服务，属于视同销售服务，但用于公益事业或者以社会公众为对象的除外。

选项 E 当选，将自产、委托加工或购进货物无偿赠送给其他单位或者个人，需要视同销售。

选项 B 不当选，将购进的货物用于集体福利不需要视同销售。

2.95 斯尔解析 ACDE 本题考查增值税零税率适用范围。

境内单位和个人跨境销售规定范围内的服务，税率为零。包括：

（1）国际运输服务。

（2）航天运输服务。（选项 C 当选）

（3）向境外单位提供的完全在境外消费的下列服务：研发服务、合同能源管理服务、设计服务（选项 E 当选）、广播影视节目（作品）的制作和发行服务、软件服务、电路设计及测试服务、信息系统服务、业务流程管理服务、离岸服务外包业务、转让技术。

其中国际运输服务是指：

①在境内载运旅客或者货物出境。（选项 A 当选）

②在境外载运旅客或者货物入境。（选项 D 当选）

③在境外载运旅客或者货物。

无运输工具承运方式提供的国际运输服务，由境内实际承运人适用增值税零税率，无运输工具承运业务的经营者适用增值税免税政策。（选项 B 不当选）

2.96 斯尔解析 BE 本题考查跨境应税行为中适用增值税零税率和免征增值税的辨析。境内单位和个人跨境销售国务院规定范围内的服务、无形资产，税率为零。主要包括国际运输服务、航天运输服务，以及向境外单位提供的完全在境外消费的下列服务：研发服务、合同能源管理服务、设计服务、广播影视节目（作品）制作和发行服务（不包括播映）、软件服务、电路设计及测试服务、信息系统服务、业务流程管理服务、离岸服务外包业务、转让技术（选项 B 当选）。

选项 E 当选，境内的单位和个人提供程租服务，如果租赁的交通工具用于国际运输服务和港澳台地区运输服务，由出租方按规定申请适用增值税零税率。

选项 AC 不当选，广播影视节目（作品）的播映和向境外单位提供的完全在境外消费的电信服务，属于跨境应税行为增值税免税的范围。

选项 D 不当选，按照国家有关规定应取得相关资质的国际运输服务项目，纳税人取得相关资质的，适用增值税零税率政策；未取得的，适用增值税免税政策。

提示：适用零税率的跨境应税行为需要大家准确记忆，尤其是和一些容易混淆的免税行为做好辨析，比如电路设计及测试服务和信息系统服务是零税率，电信服务是免税；广播影视节目（作品）的制作和发行服务是零税率，广播影视节目（作品）的播映服务是免税。

2.97 斯尔解析 AC 本题考查增值税销售额的确定。

选项 B 不当选，纳税人采取以旧换新方式销售货物的（金银首饰除外），应按新货物的同期销售价格确定销售额，不得扣减旧货物的收购价格。

选项 D 不当选，将货物交付其他单位或者个人代销和销售代销货物，都需要进行视同销售处理。

选项 E 不当选，贷款服务，以提供贷款服务取得的全部利息及利息性质的收入为销售额。

2.98 斯尔解析 ABC 本题考查不动产租赁服务增值税相关规定。

选项 D 不当选，其他个人异地出租不动产，无须预缴税款。

选项 E 不当选，纳税人向其他个人出租不动产，不得开具增值税专用发票。

2.99 斯尔解析 ADE 本题考查增值税销项税额的计算。

货物保管收入、装卸搬运收入、飞机清洗消毒收入按照“现代服务——物流辅助服务”计算缴纳增值税，适用税率为 6%。

选项 A 当选，货物保管收入的销项税额 =40.28 ÷（1+6%）× 6%=2.28（万元）。

选项 D 当选，国内运输收入应按“交通运输服务”计算增值税，适用税率 9%。国内运输收入的销项税额 =748 ÷（1+9%）× 9%=61.76（万元）。

选项 E 当选，飞机清洗消毒收入的销项税额 =20 ÷（1+6%）× 6%=1.13（万元）。

选项 B 不当选，装卸搬运收入的销项税额 =97.52 ÷（1+6%）× 6%=5.52（万元）。

选项 C 不当选，国际运输收入适用零税率，销项税额为 0。

2.100 斯尔解析 AC 本题考查一般纳税人提供劳务派遣服务增值税的税务处理。

一般纳税人提供劳务派遣服务，可以选择以取得的全部价款和价外费用为销售额，按照一般计税方法适用 6% 的税率计算缴纳增值税；也可以选择差额纳税，以取得的全部价款和价外费用，扣除代用工单位支付给劳务派遣员工的工资、福利和为其办理社会保险及住房公积金后的余额为销售额，按照简易计税方法适用 5% 的征收率计算缴纳增值税。

选项 A 当选、选项 B 不当选，若选择差额纳税：应纳税额 =（200−80）÷（1+5%）× 5%=5.71（万元）。

选项 C 当选、选项 D 不当选，若选择全额纳税：应纳税额 =200 ÷（1+6%）× 6%−5=6.32（万元）。

选项 E 不当选，选择差额计征的，向用工单位收取用于支付给劳务派遣员工工资、福利和为其办理社会保险及住房公积金的费用，不得开具增值税专用发票，可以开具增值税普通发票。

2.101 斯尔解析 CDE 本题考查增值税进项税额的抵扣。

选项 C 当选，纳税人的交际应酬属于个人消费，购进货物用于个人消费的进项税额不得从销项税额中抵扣。

选项 D 当选，提供保险服务的纳税人以实物赔付方式承担保险责任的，进项税额可以从销项税额中抵扣；以现金赔付方式承担保险责任的，进项税额不得从销项税额中抵扣。

选项 E 当选，有下列情形之一者，应按照销售额依照增值税税率计算应纳税额，不得抵扣进项税额，也不得使用增值税专用发票：（1）一般纳税人会计核算不健全，或者不能提供准确税务资料的。（2）除另有规定外，纳税人销售额未申请办理一般纳税人认定或登记手续的。

选项 A 不当选，非正常损失的不动产的进项税额不得从销项税额中抵扣，是指违反法律法规造成不动产被依法没收、销毁、拆除的情形。政府规划不属于非正常损失，所以对应的进项税额可以继续抵扣，不需要作转出。

选项 B 不当选，纳税人购进贷款服务以及接受贷款服务向贷款方支付的与该笔贷款直接相关的投融资顾问费、手续费、咨询费等费用，其进项税额不得从销项税额中抵扣。

2.102 斯尔解析 ACD 本题考查进项税额抵扣的相关规定。

选项 AD 当选、选项 BE 不当选，纳税人购进或租入固定资产、不动产，既用于一般计税方法计税项目，又用于简易计税方法计税项目、免征增值税项目、集体福利或个人消费的，其进项税额准予从销项税额中全额抵扣。

选项 C 当选，购进固定资产、无形资产（不包括其他权益性无形资产）、不动产专用于简易计税方法计税项目、免征增值税项目、集体福利或者个人消费的，不得从销项税额中抵扣进项税额。

2.103 斯尔解析 AD 本题考查增值税进项税额的抵扣。

选项 A 当选，提供保险服务的纳税人以实物赔付方式承担机动车保险责任的，自行向车辆修理劳务提供方购进的车辆修理劳务，其进项税额可以按规定从保险公司销项税额中抵扣。

选项 D 当选，购进住宿服务的进项税额准予从销项税额中抵扣。

选项 B 不当选，购入的客车专用于职工福利，不得抵扣进项税额。

选项 C 不当选，提供保险服务的纳税人以现金赔付方式承担机动车辆保险责任的，将应付给被保险人的赔偿金直接支付给车辆修理劳务提供方，不属于保险公司购进车辆修理劳务，其进项税额不得从保险公司销项税额中抵扣。

选项 E 不当选，购进的贷款服务对应的进项税额不得抵扣。

2.104 斯尔解析 AC 本题考查平销返利的税务处理。

商业企业向供货方收取的与商品销量和销售额挂钩（如以一定比例、金额、数量计算）的各种返还，应按平销返利行为的有关规定冲减当期增值税进项税额。

选项 A 当选、选项 B 不当选，商场应按 200 万元作为销售额计算销项税额，销项税额 $=200\times13\%=26$（万元）。

选项 C 当选、选项 D 不当选，应冲减进项税额 $=6\div(1+13\%)\times13\%=0.69$（万元），准予抵扣的进项税额 $=26-0.69=25.31$（万元），应缴纳增值税 $=26-25.31=0.69$（万元）。

选项 E 不当选，商业企业向供货方收取的各种返还，一律不得开具增值税专用发票。

2.105 斯尔解析 ACE 本题考查增值税留抵税额退税制度。

选项 B 不当选，纳税人既有增值税欠税，又有期末留抵退税额的，按最近一期《增值税纳税申报表（一般纳税人适用）》期末留抵税额，抵减增值税欠税后的余额确定允许退还的增量留抵税额。

选项 D 不当选，纳税人应当在符合条件的次月起，在申报期内完成本期申报后，申请办理增量留抵退税。

2.106 斯尔解析 ABE 本题考查微型企业增值税退还存量留抵退税的条件辨析。

自 2022 年 4 月 1 日起，同时符合以下条件的小微企业纳税人，可以自 2022 年 4 月申报期起向主管税务机关申请退还存量留抵税额：

（1）纳税信用等级为 A 级或者 B 级。（选项 E 当选）

（2）申请退税前 36 个月未发生骗取留抵退税、出口退税或虚开增值税专用发票情形。（选项 B 当选）

（3）申请退税前 36 个月未因偷税被税务机关处罚两次及以上。（选项 C 不当选）

（4）自 2019 年 4 月 1 日起未享受即征即退、先征后返（退）政策。（选项 A 当选）

2.107 斯尔解析 BDE 本题考查不动产经营租赁服务的增值税相关规定。

选项 A 不当选，纳税人以经营租赁方式将土地出租给他人使用，按照不动产经营租赁服务缴纳增值税。

选项 C 不当选，出租不动产行为包含出租住房，其他个人出租住房，按照 5% 的征收率减按 1.5% 计算应纳税额；出租住房外的其他不动产，按照 5% 征收率计算应纳税额。

2.108 斯尔解析 CD 本题考查 5% 征收率的适用情形。

选项 C 当选，个人转让商铺按照 5% 征收率计算缴纳增值税。

选项 D 当选，一般纳税人出租其 2016 年 4 月 30 日前取得的不动产，可以选择简易计税方法，按照 5% 征收率计算缴纳增值税。

选项 A 不当选，小规模纳税人提供建筑服务适用 3% 征收率。

选项 B 不当选，纳税人销售旧货按照简易办法依照 3% 征收率减按 2% 征收增值税。

选项 E 不当选，一般纳税人收取的试点前开工的高速公路通行费，可选择简易计税方法，减按 3% 的征收率计算缴纳增值税。

2.109 斯尔解析 ABC 本题考查一般纳税人可以选择简易计税项目的判断。

选项 ABC 当选，增值税一般纳税人提供文化体育服务、公共交通运输服务以及从事再生资源回收的纳税人销售其收购的再生资源，可以选择适用简易计税方法按照 3% 征收率计算缴纳增值税。

选项 D 不当选，一般纳税人提供税务咨询服务只能适用一般计税方法，不能适用简易计税方法。

选项 E 不当选，一般纳税人销售电梯并提供安装服务，可以按照“建筑安装服务”，选择适用简易计税方法；电梯安装运行后机器的维修保养服务，按照“现代服务”，适用一般计税方法征收增值税。

2.110 斯尔解析 CD 本题考查一般纳税人可以选择简易计税方法适用 5% 征收率项目的判断。

选项 CD 当选，可以选择简易计税方法按照 5% 征收率计算缴纳增值税。

选项 A 不当选，可以选择简易计税方法按照 3% 征收率计算缴纳增值税。

选项 B 不当选，一般纳税人销售外购机器设备的同时提供安装服务，未分别核算的，从高适用税率。

选项 E 不当选，资管产品管理人运营资管产品过程中发生的增值税应税行为暂适用简易计税方法，暂按照 3% 的征收率缴纳增值税。

2.111 斯尔解析 ABCD 本题考查跨县（市、区）提供建筑服务的增值税处理。

选项 E 不当选，小规模纳税人以取得的全部价款和价外费用扣除分包款后的余额为计税依据计算应预缴税款。

2.112 斯尔解析 ADE 本题考查增值税税收优惠。

选项 B 不当选，残疾人福利机构提供的“育养服务”免征增值税，销售自产产品正常缴纳增值税。

选项 C 不当选，自 2018 年 1 月 1 日起，金融机构开展贴现、转贴现业务，以其实际持有票据期间取得的利息收入作为贷款服务的销售额计算缴纳增值税。

2.113 斯尔解析 ADE 本题考查个人不动产转让的增值税税收优惠。

选项 BC 不当选，个人将购买不足两年的住房对外销售，按照 5% 的征收率全额缴纳增值税。

2.114 斯尔解析 ADE 本题考查金融服务增值税的税收优惠。

选项 B 不当选，保险公司开展的一年期以上人身保险产品取得的保费收入，免征增值税。

选项 C 不当选，被撤销金融机构以货物、不动产、无形资产、有价证券、票据等财产清偿债务，免征增值税。但是被撤销金融机构所属、附属企业，不享受被撤销金融机构增值税免税政策。

2.115 斯尔解析 CE 本题考查增值税减免税规定。

选项 A 不当选，纳税人放弃免税优惠后，在 36 个月内不得再申请免税。

选项 B 不当选，纳税人一经放弃免税权，其生产销售的全部增值税应税货物或劳务均应按照适用税率征收，不得选择某一免税项目放弃免税权，也不得根据不同的销售对象选择部分货物或劳务放弃免税权。

选项 D 不当选，纳税人要求放弃免税权，应当以书面形式提交放弃免税权声明，报主管税务机关备案。

2.116 斯尔解析 ACE 本题考查增值税的税收优惠。

选项 A 当选，对于专为少年儿童出版发行的报纸和期刊、中小学的学生教科书，执行增值税 100% 先征后返政策。

选项 C 当选，对供热企业向居民个人供热而取得的采暖费收入免征增值税。

选项 E 当选，自 2012 年 1 月 1 日起，对从事蔬菜批发、零售的纳税人销售的蔬菜免征增值税。

选项 B 不当选，增值税一般纳税人销售其自行开发生产的软件产品，按 13% 税率征收增值税后，对其增值税实际税负超过 3% 的部分实行即征即退政策。

选项 D 不当选，对飞机维修劳务增值税实际税负超过 6% 的部分实行即征即退的政策。

2.117 斯尔解析 AD 本题考查增值税的税收优惠。

选项 A 当选，婚姻介绍服务免征增值税。

选项 D 当选，自 2018 年 1 月 1 日至 2027 年 12 月 31 日，纳税人为农户、小型企业、微型企业及个体工商户借款、发行债券提供融资担保取得的担保费收入，免征增值税。

选项 B 不当选，国债利息收入免征增值税，转让国有债券应按照规定缴纳增值税。

选项 C 不当选，个人销售自建自有住房免征增值税。个人销售受赠的住房，除北上广深非普通住房外，两年以上的可以免征，两年以下的需要全额纳税。

选项 E 不当选，职业培训机构提供的非学历教育服务，应缴纳增值税。

2.118 斯尔解析　ABD　本题考查增值税的税收优惠。

选项 C 不当选，福利彩票、体育彩票的发行收入，免征增值税；销售收入应缴纳增值税。

选项 E 不当选，托儿所、幼儿园提供的保育和教育服务收取的保育费和教育费免征增值税；与幼儿园挂钩的赞助费、支教费等超过规定范围的收入，不属于免征增值税的收入。

2.119 斯尔解析　ADE　本题考查增值税的征税范围及优惠。

选项 ADE 当选，金融机构取得的罚息收入、金融商品转让收入以及开展贴现、转贴现业务照章征收增值税。

选项 B 不当选，金融同业借款利息收入免征增值税。

选项 C 不当选，存款利息不征收增值税。

2.120 斯尔解析　BD　本题考查增值税的征税范围及税收优惠的辨析。

选项 B 当选，宠物饲料不属于免征增值税的饲料，应该缴纳增值税。

选项 D 当选，一年以内的人身保险保费收入应该缴纳增值税，一年期以上的人身保险保费收入可以免税。

选项 A 不当选，国际货物运输代理服务免征增值税。

选项 C 不当选，银行存款利息不征收增值税。

选项 E 不当选，自 2020 年 1 月 1 日起施行，纳税人取得的财政补贴收入，与其销售货物、劳务、服务、无形资产、不动产的收入或者数量直接挂钩的，应按规定计算缴纳增值税。纳税人取得的其他情形的财政补贴收入，不属于增值税应税收入，不征收增值税。

2.121 斯尔解析　BC　本题考查增值税起征点的相关规定。

选项 A 不当选，起征点的调整由财政部和国家税务总局规定。

选项 D 不当选，增值税起征点的适用范围限于个人，不包括认定为一般纳税人的个体工商户。

选项 E 不当选，销售额超过起征点的，全额征收增值税。

2.122 斯尔解析　BCE　本题考查增值税即征即退政策。

选项 A 不当选，提供有形动产融资租赁服务，对其增值税实际税负超过 3% 的部分实行即征即退政策。

选项 D 不当选，自 2015 年 7 月 1 日起，对纳税人销售自产的利用风力生产的电力产品，实行增值税即征即退 50% 的政策。

2.123 斯尔解析　ACD　本题考查跨境电子商务零售进口商品征收管理。

购买跨境电子商务零售进口商品的个人作为纳税义务人；电子商务企业（选项 D 当选）、电子商务交易平台企业（选项 C 当选）或物流企业（选项 A 当选）可作为代收代缴义务人。

选项 B 不当选，商品生产企业在这里是指进口商品在境外的生产商制造商，与跨境电子商务零售进口交易行为没有关系。

选项 E 不当选，购买跨境电子商务零售进口商品的个人作为纳税义务人，不是扣缴义务人。

2.124 斯尔解析　ACDE　本题考查出口货物增值税免税政策。

选项 B 不当选，出口企业提供虚假备案单证的货物，适用增值税征税政策。

2.125 斯尔解析 **ABCE** 本题考查增值税的纳税期限。

选项 ABCE 当选、选项 D 不当选，银行、财务公司、信托投资公司和信用社以 1 个季度为纳税期限。

2.126 斯尔解析 **CDE** 本题考查增值税纳税义务发生时间的确定。

选项 A 不当选，采取直接收款方式销售货物，不论货物是否发出，均为收到销售款或者取得索取销售款凭据的当天。

选项 B 不当选，委托其他纳税人代销货物，为收到代销单位的代销清单或者收到全部或部分货款的当天；未收到代销清单及货款的，为发出代销货物满 180 天的当天。

2.127 斯尔解析 **ACE** 本题考查增值税专用发票的开具和管理。

选项 ACE 当选，不得开具增值税专用发票。

选项 B 不当选，一般纳税人销售自己使用过的固定资产，适用简易计税办法，可以放弃减税，按照 3% 征收率计算缴纳增值税，并且可以开具增值税专用发票。

选项 D 不当选，自然人出租不动产可以向税务机关申请代开增值税专用发票。

2.128 斯尔解析 **DE** 本题考查差额纳税的相关规定。

选项 A 不当选，一般纳税人提供客运场站服务，以全部价款和价外费用扣除支付给承运方运费后的余额作为销售额，小规模纳税人需全额纳税。

选项 B 不当选，航空运输企业的销售额中不包括代收的机场建设费，但是要包含燃油附加费。

选项 C 不当选，一般纳税人转让营改增前自建的不动产，可以选择简易计税方法，以取得的全部价款和价外费用，按照 5% 计算缴纳增值税。

2.129 斯尔解析 **ABCD** 本题考查小规模纳税人增值税阶段性减免政策的相关规定。

选项 ABCD 当选、选项 E 不当选，2023 年 1 月 1 日至 2027 年 12 月 31 日，小规模纳税人发生增值税应税销售行为，合计月销售额未超过 10 万元（以 1 个季度为 1 个纳税期的，季度销售额未超过 30 万元）的，免征增值税。超过该标准的，不能享受免税政策，但是适用 3% 征收率的应税销售收入，可以减按 1% 的征收率征收增值税。

按照规定应当预缴增值税税款的小规模纳税人，凡在预缴地实现的月销售额未超过 10 万元（季销售额未超过 30 万元）的，当期无须预缴税款。在预缴地实现的月销售额超过 10 万元（季销售额未超过 30 万元）的，适用 3% 预征率的增值税预缴项目，可以向预缴地主管税务机关申请减按 1% 预征率预缴增值税。

因该公司 2023 年第一季度销售额为 60 万元，超过了 30 万元，因此不能享受小规模纳税人免征增值税政策，在机构所在地 A 市可享受减按 1% 征收率征收增值税政策。在建筑服务预缴地 B 市实现的销售额 40 万元，减按 1% 预征率预缴增值税；在建筑服务预缴地 C 市实现的销售额 20 万元，无须预缴增值税。

三、计算题

2.130 （1） 斯尔解析 **C** 本小问考查增值税销项税额的计算。

选项 C 当选，销售自行开发的软件产品适用增值税税率 13%，提供软件技术服务属于现代服务中的信息技术服务，适用增值税税率 6%。

应确认的销项税额 =260 × 13%+35 × 6%=35.90（万元）

选项 A 不当选，误将提供软件技术服务作为免税收入，并且将销售自行开发的软件产品按照销售无形资产征收增值税，适用 6% 的税率计算销项税额。

选项 B 不当选，误将销售自行开发的软件产品和提供软件技术服务都适用 6% 的税率计算销项税额。

选项 D 不当选，误将销售自行开发的软件产品和提供软件技术服务都适用 13% 的税率计算销项税额。

(2) 斯尔解析 C 本小问考查增值税可抵扣的进项税额的计算。

选项 C 当选，购进用于软件产品开发及软件技术服务的材料当期可以抵扣 3.9 万元；购进本单位注明身份的国内旅客运输服务进项税额准予抵扣，可抵扣进项税额 =（票价 + 燃油附加费）÷（1+9%）× 9%=（2+0.18）÷（1+9%）× 9%=0.18（万元），票价中不包含民航发展基金。

当月该公司当期可抵扣的进项税额 =3.9+0.18=4.08（万元）

选项 A 不当选，误将国内旅客运输服务的进项税额判断为不可抵扣的进项税额。

选项 B 不当选，在计算国内旅客运输服务准予抵扣的进项税额时，没有加上燃油附加费。

选项 D 不当选，在计算国内旅客运输服务准予抵扣的进项税额时，误将民航发展基金也包含在内。

(3) 斯尔解析 C 本小问考查不动产转让增值税应纳税额的计算。

选项 C 当选，纳税人转让不动产，按照有关规定差额缴纳增值税的，如因丢失等原因无法提供取得不动产时的发票，可向税务机关提供其他能证明契税计税金额的完税凭证等资料，进行差额扣除。2016 年 4 月 30 日前缴纳契税的，增值税应纳税额 =［全部交易价格（含增值税）– 契税计税金额（含营业税）］÷（1+5%）× 5%。

业务（4）应缴纳增值税 =（8 700–2 200）÷（1+5%）× 5%=309.52（万元）

选项 A 不当选，误用 3% 的征收率计算应纳税额。

选项 B 不当选，未将契税计税金额进行价税分离。

选项 D 不当选，误用全额计算应纳税额。

(4) 斯尔解析 A 本小问考查增值税即征即退优惠政策实际缴纳增值税额的计算。

选项 A 当选，具体计算过程如下：

①增值税一般纳税人销售其自行开发生产的软件产品，按基本税率征收增值税后，对其增值税实际税负超过 3% 的部分实行即征即退政策。

增值税一般纳税人在销售软件产品的同时发生其他应税行为的，对于无法划分的进项税额，应按实际成本或销售收入比例确定软件产品应分摊的进项税额。本题需按照销售软件产品和提供软件服务的销售收入的比例来分摊进项税额。

当期软件产品可抵扣的进项税额 =4.08 × 260 ÷（260+35）=3.6（万元）

销售自行开发的软件产品的应纳税额 =260 × 13%–3.6=30.2（万元）

实际税负 =30.2 ÷ 260 × 100%=11.62%，大于 3%，销售软件产品实际应纳的税额 =260 × 3%=7.8（万元）

②属于软件技术服务的进项税额占比，可抵扣进项税额 =4.08 × 35 ÷（260+35）=0.48（万

元），提供软件技术服务应纳税额 =35×6%−0.48=1.62（万元）。

③业务（4）应纳税额 =309.52（万元）。

综上，该企业 2024 年 5 月实际缴纳增值税 =7.8+1.62+309.52=318.94（万元）。

选项 B 不当选，没有考虑增值税即征即退政策。

选项 C 不当选，第三问简易计税的应纳税额计算错误，计算为 414.29 万元。

选项 D 不当选，没有考虑增值税的即征即退政策，并且第三问简易计税的应纳税额计算错误，计算为 414.29 万元。

2.131 （1）斯尔解析 B 本小问考查贷款服务销项税额的计算。

选项 B 当选，一般纳税人提供贷款服务，应以取得的全部利息及利息性质的收入作为销售额，按照 6% 的税率计算增值税，注意需要作价税分离。

业务（1）销项税额 =8 000÷（1+6%）×6%=452.83（万元）

选项 A 不当选，没有作价税分离。

选项 C 不当选，误用差额计算销项税额。

选项 D 不当选，误用差额计算销项税额，并且没有作价税分离。

（2）斯尔解析 B 本小问考查金融商品转让销项税额的计算。

选项 B 当选，金融商品转让，以照卖出价扣除买入价后的余额为销售额，转让金融商品出现的正负差，以盈亏相抵后的余额为销售额，若相抵后出现负差，可结转下一纳税期与下期转让金融商品销售额相抵，但年末时仍出现负差的，不得转入下一个会计年度。

业务（2）销项税额 =（2 200−1 400−80）÷（1+6%）×6%=40.75（万元）

选项 A 不当选，误将上年年末的负差，结转到当期进行抵扣。

选项 C 不当选，没有作价税分离。

选项 D 不当选，误用全额计算销项税额。

（3）斯尔解析 C 本小问考查直接收费金融服务销项税额的计算。

选项 C 当选，直接收费金融服务，以提供直接收费金融服务收取的手续费、佣金、酬金、管理费、服务费、经手费、开户费、过户费、结算费、转托管费等各类费用为销售额，适用 6% 的税率计算增值税。国债利息免税，代理发行国债取得的手续费收入不享受免税政策。

业务（3）销项税额 =（53+67）÷（1+6%）×6%=6.79（万元）

选项 A 不当选，误将代理发行国债取得的手续费收入判断为免税收入。

选项 B 不当选，误将代理发行国债取得的手续费收入判断为免税收入，并且没有作价税分离。

选项 D 不当选，没有作价税分离。

（4）斯尔解析 B 本小问考查增值税应纳税额的计算。

选项 B 当选，具体计算过程如下：

①销项税额合计 =452.83+40.75+6.79=500.37（万元）。

②个人出租非住房按照 5% 征收率计算缴纳增值税。

故准予抵扣的进项税额 =4.2÷（1+5%）×5%+13=13.2（万元）。

综上，该金融机构本季度应缴纳增值税 =500.37-13.2=487.17（万元）。

提示：个人只有出租住房才能按照 5% 征收率减按 1.5% 计算缴纳增值税。

2.132 (1) 斯尔解析 D 本小问考查房地产开发企业销售自行开发的房地产老项目应纳增值税额的计算。

选项 D 当选，房地产开发企业一般纳税人销售自行开发的房地产老项目，可以选择适用简易计税方法，以取得的全部价款和价外费用为销售额按照 5% 的征收率计税。

应纳增值税 =166 000 ÷（1+5%）× 5%=7 904.76（万元）

选项 A 不当选，误以取得的全部价款和价外费用扣除地价款和支付给乙建筑公司的工程价款后的余额为销售额，按照 5% 征收率计算增值税。

选项 B 不当选，误以取得的全部价款和价外费用扣除地价款后的余额为销售额，按照 5% 征收率计算增值税。

选项 C 不当选，误按照一般计税方法计算增值税，以取得的全部价款和价外费用扣除地价款后按照 9% 的税率计算销项税额，扣除购进的工程价款的进项税额计算应纳税额。

提示：一般纳税人房地产开发企业采用一般计税方法销售房地产，可以扣除土地价款，勿混淆。

(2) 斯尔解析 A 本小问考查建筑服务应纳增值税额的计算。

选项 A 当选，一般纳税人为甲供工程提供的建筑服务，选择适用简易计税方法的，应以取得的全部价款和价外费用扣除支付的分包款后的余额为销售额，按照 3% 的征收率计算应纳税额。

应纳增值税 =（3 000-1 000）÷（1+3%）× 3%=58.25（万元）

选项 B 不当选，误以取得的全部价款和价外费用作为销售额，按照 3% 的征收率计算应纳税额。

选项 C 不当选，误按照 5% 的征收率计算应纳税额。

选项 D 不当选，误以取得的全部价款和价外费用作为销售额，按照 5% 的征收率计算应纳税额。

(3) 斯尔解析 C 本小问考查租赁服务销项税额的计算。

选项 C 当选，纳税人提供租赁服务采取预收款方式的，其纳税义务发生时间为收到预收款的当天，收取的租金在 3 月发生纳税义务，适用税率为 9%，销项税额 =2 400 × 9%=216（万元）。另外收取的押金，暂不缴纳增值税。

选项 A 不当选，增值税的纳税义务发生时间判断错误，将租金平摊到每个月计算销项税额。

选项 B 不当选，误将收取的押金作为不含税收入并入销售额计算销项税额。

选项 D 不当选，误将收取的押金作为含税收入并入销售额计算销项税额。

(4) 斯尔解析 B 本小问考查增值税应纳税额的计算。

选项 B 当选，支付乙建筑公司工程价款，取得增值税专用发票可抵扣进项税额 108 万元；购进的商务车兼用于生产经营与职工福利，进项税额可以全额抵扣 3.4 万元；纳税人支付的道路通行费，按照收费公路通行费增值税电子普通发票上注明的增值税额抵扣进项税额 0.03 万元。

综上，准予抵扣的进项税额 =108+3.4+0.03=111.43（万元）。

当月应纳增值税 = 销项税额 − 进项税额 + 简易计税应纳税额 =216−111.43+7 904.76+58.25=8 067.58（万元）

选项 A 不当选，第一问的应纳税额计算错误，计算为 4 190.48 万元。

选项 C 不当选，误将购进商务车的进项税额进行划分，只抵扣 50%。

选项 D 不当选，第二问的应纳税额计算错误，计算为 87.38 万元。

2.133 (1) 斯尔解析　A　本小问考查建筑服务一般计税方法下预缴增值税的计算。

选项 A 当选，一般纳税人跨县（市、区）提供建筑服务，适用一般计税方法计税的，以取得的全部价款和价外费用扣除支付的分包款后的余额，按照 2% 的预征率计算应预缴税款。

在乙省应预缴的增值税 =（全部价款和价外费用 − 支付的分包款）÷（1+9%）×2%=（3 000−1 200）÷（1+9%）×2%=33.03（万元）

选项 B 不当选，误以简易计税的预缴公式计算预缴税款。

选项 C 不当选，误以全额计算预缴税款。

选项 D 不当选，误以 3% 预征率计算预缴税款。

(2) 斯尔解析　B　本小问考查建筑服务简易计税方法下预缴税款的计算。

选项 B 当选，一般纳税人跨县（市、区）提供建筑服务，选择适用简易计税方法计税的，以取得的全部价款和价外费用扣除支付的分包款后的余额，按照 3% 的征收率计算应预缴税款。

应预缴税款 =（全部价款和价外费用 − 支付的分包款）÷（1+3%）×3%=（4 000−1 500）÷（1+3%）×3%=72.82（万元）

选项 AD 不当选，预征率适用错误。

选项 C 不当选，误以全额计算预缴税款。

(3) 斯尔解析　C　本小问考查进项税额的抵扣。

选项 C 当选，购进的住宿服务，进项税额准予抵扣；购进的餐饮服务，进项税额不得抵扣。

业务（4）可抵扣的增值税进项税额 =6.36÷（1+6%）×6%=0.36（万元）

选项 ABD 不当选，对进项税额的抵扣范围判断错误。

(4) 斯尔解析　A　本小问考查增值税应纳税额的计算。

选项 A 当选，具体计算过程如下：

①一般纳税人跨县（市、区）提供建筑服务，适用一般计税方法计税的，应以取得的全部价款和价外费用为销售额计算销项税额。

业务（1）的销项税额 =3 000÷（1+9%）×9%=247.71（万元）

②一般纳税人跨县（市、区）提供建筑服务，选择适用简易计税方法计税的，应纳税额 =（全部价款和价外费用 − 支付的分包款）÷（1+3%）×3%。

业务（2）应缴纳增值税为 0。

③业务（1）的可抵扣的进项税额 =1 200÷（1+9%）×9%=99.08（万元）。

业务（3）中购进瓷砖用作职工福利，进项税额不得抵扣，已抵扣的进项税额需作转出。

当月可抵扣的进项税额合计 =99.08+0.36−40=59.44（万元）

综上，企业应向机构所在地主管税务机关缴纳的增值税 =247.71−59.44−33.03+72.82−72.82=155.24（万元）。

选项 B 不当选，未扣除业务（1）的预缴增值税税款。

选项 C 不当选，未作进项税额的转出。

选项 D 不当选，未扣除业务（1）和业务（2）的预缴增值税税款。

四、综合分析题

2.134 (1) 斯尔解析　C　本小问考查特殊销售方式下销项税额的计算。

选项 C 当选，纳税人采取赊销和分期收款方式销售货物，纳税义务发生时间为书面合同约定收款日期的当天。收取的品牌使用费应进行价税分离后计入增值税计税依据。

业务（1）应纳销项税额 =（2 260+100）÷（1+13%）×13%×60%=162.90（万元）

选项 A 不当选，未将品牌使用费进行价税分离。

选项 B 不当选，未将品牌使用费进行价税分离且未按合同约定 60% 计算销项税额。

选项 D 不当选，未按照合同约定的 60% 计算销项税额。

(2) 斯尔解析　A　本小问考查金融商品转让的计算。

选项 A 当选，将上市公司限售股在解禁流通后对外转让，属于金融商品转让，以卖价扣除买价后的余额为销售额计算销项税额。该限售股为公司首次公开发行股票并上市形成，应以该上市公司股票首次公开发行（IPO）的发行价 5.8 元 / 股为买入价，按规定确定的买入价（IPO 发行价 5.80 元 / 股）低于实际成本价（6.82 元 / 股）的，按实际成本价确认买入价。

业务（3）应缴纳的销项税额 =（10−6.82）×500 000÷（1+6%）×6%÷10 000=9.00（万元）

选项 B 不当选，误用 IPO 发行价作为买价扣除。

选项 C 不当选，未进行价税分离。

选项 D 不当选，误用 IPO 发行价作为买价扣除，且未进行价税分离。

(3) 斯尔解析　A　本小问考查销售无形资产销项税额的计算。

选项 A 当选，业务（4）中，转让连锁经营权属于销售无形资产，按 6% 税率缴纳增值税。

业务（4）应缴纳销项税额 =300×6%=18.00（万元）

选项 B 不当选，误用 9% 税率进行计算。

选项 C 不当选，误用 5% 征收率进行计算。

选项 D 不当选，误用 13% 税率进行计算。

(4) 斯尔解析　C　本小问考查计算抵扣进项税额。

选项 C 当选，业务（5）中，纳税人支付的桥、闸通行费，按照取得的通行费发票上的金额计算抵扣的进项税额。桥闸通行费可抵扣的进项税额 =6÷（1+5%）×5%=0.29（万元）。

当月可抵扣的增值税进项税额 =120+0.29=120.29（万元）

选项 A 不当选，未将桥、闸通行费可抵扣的进项税额计入。

选项 B 不当选，误用 3% 征收率计算桥、闸通行费的进项税额。

选项 D 不当选，误用 9% 税率计算桥、闸通行费的进项税额。

（5）斯尔解析 C 本小问考查增值税应纳税额的计算。

选项 C 当选，业务（2）的销项税额 =20×13%=2.6（万元）。

当月应缴纳的增值税 =162.9+2.6+9+18−120.29=72.21（万元）

选项 A 不当选，误用 9% 税率计算桥、闸通行费进项税额，且在计算业务（3）时未进行价税分离。

选项 B 不当选，未将业务（2）中甲厂收取的加工费计入销项税额。

选项 D 不当选，误将业务（3）中 IPO 发行价作为买价扣除。

2.135 （1）斯尔解析 B 本小问考查一般计税方法下销项税额的计算。

选项 B 当选，具体计算过程如下：

①提供餐饮服务的纳税人销售的外卖食品，按照“餐饮服务”缴纳增值税，适用 6% 税率。

销项税额 =420×6%=25.2（万元）

②宾馆、旅馆、旅社、度假村和其他经营性住宿场所提供会议场地及配套服务的活动，按照“会议展览服务”缴纳增值税，适用 6% 税率。

销项税额 =300×6%=18（万元）

综上，销项税额合计 =3 000×6%+25.2+18=223.20（万元）。

选项 A 不当选，误扣外卖食品收入和配套服务收入。

选项 C 不当选，误用 9% 税率计算提供会议场地及配套设施服务的销项税额，且误扣外卖食品收入。

选项 D 不当选，误用 9% 税率计算提供会议场地及配套设施服务的销项税额。

（2）斯尔解析 A 本小问考查增值税进项税额的抵扣。

选项 A 当选，可抵扣进项税额 =180−2=178（万元）。

（3）斯尔解析 C 本小问考查一般纳税人转让不动产的增值税规定。

选项 C 当选，一般纳税人转让其 2016 年 4 月 30 日前取得的不动产，可以选择适用简易计税方法计税，以取得的全部价款和价外费用扣除不动产购置原价或者取得不动产时的作价后的余额为销售额，按照 5% 的征收率向不动产所在地主管税务机关预缴税款。

业务（3）H 宾馆应在乙市预缴增值税 =［10 479−1 260］÷（1+5%）×5%=439.00（万元）

选项 A 不当选，误对转让不动产取得的余额进行价税分离。

选项 B 不当选，未对营业税发票注明金额进行价税分离。

选项 D 不当选，未扣除取得的营业税发票注明金额。

（4）斯尔解析 A 本小问考查一般纳税人转让不动产的增值税规定。

选项 A 当选，一般纳税人转让（视同销售）其 2016 年 5 月 1 日后取得的不动产的，适用一般计税方法计税，以取得的全部价款和价外费用扣除不动产购置原价或者取得不动产时的作价后的余额按照 5% 的预征率预缴增值税。

业务（4）H 宾馆应在丙市预缴增值税 =（1 500−1 200−132）÷（1+5%）×5%=8.00（万元）

（5）斯尔解析 D 本小问考查增值税应纳税额的计算。

选项 D 当选，具体计算过程如下：

①业务（1）销项税额 =223.2（万元）。

②业务（4）销项税额 =1 500 ÷（1+9%）× 9%=123.85（万元），预缴增值税 8.00 万元。

③业务（3）应纳税额 =（10 479−1 260）÷（1+5%）× 5%=439.00（万元），预缴增值税 439.00 万元。

④业务（2）进项税额 =178（万元）。

综上，A 宾馆当月应在甲市申报缴纳增值税 =223.2+123.85−8+439−439−178=161.05（万元）。

一、单项选择题

2.136 ▶ C　2.137 ▶ B　2.138 ▶ A　2.139 ▶ A　2.140 ▶ A

二、多项选择题

2.141 ▶ CE

一、单项选择题

2.136 斯尔解析　C　本题考查增值税加计抵减政策。

选项 C 当选，自 2023 年 1 月 1 日至 2027 年 12 月 31 日，允许先进制造业企业按照当期可抵扣进项税额加计 5% 抵减增值税应纳税额，纳税人出口货物劳务、发生跨境应税行为不适用加计抵减政策，其对应的进项税额不得计提加计抵减额。

兼营出口货物劳务、发生跨境应税行为且无法划分不得计提加计抵减额的进项税额，按照以下公式计算：

不得计提加计抵减额的进项税额 = 当期无法划分的全部进项税额 × 当期出口货物劳务和发生跨境应税行为的销售额 ÷ 当期全部销售额

故不得计提加计抵减额的进项税额 =20 × 200 ÷ 800=5（万元）

当期计提加计抵减额 = 当期可抵扣进项税额 × 5%=（80+20−5）× 5%=4.75（万元）

2.137 斯尔解析　B　本题考查增值税增量留抵退税的计算。

选项 B 当选，企业当期期末留抵税额 1 500 万元与 2019 年 3 月末留抵税额相比增加的留抵税额 =1 500−200=1300（万元）。则可申请退还增量留抵税额 =1 300 × 80% × 60%=624（万元）。

选项 A 不当选，退还的增量留抵税额比例计算有误。

选项 C 不当选，误用当月可抵扣进行税额计算增量留抵退税额且比例计算有误。

选项 D 不当选，误用当月可抵扣进行税额计算增量留抵退税额。

2.138 斯尔解析　A　本题考查成品油零售加油站增值税政策。

选项 A 当选，成品油应税销售额的计算公式为：

成品油应税销售额 =（当月全部成品油销售数量 — 允许扣除的成品油数量）× 油品单价

经核实加油站自有车辆自用油允许从销售数量中扣除，发售加油卡、加油凭证销售成品油的纳税人在售卖加油卡、加油凭证时，应按预收账款方法作相关账务处理，不征收增值税。

综上，A 加油站成品油应税销售额 =（20 000−500）× 8=156 000（元）。

当月的销项税额 =156 000 × 13%=20 280（元）

选项 B 不当选，没有扣除自用车辆自用油。

选项 C 不当选，误将发售加油卡、加油凭证销售成品油的销售额并入销售额中计算销项税额。

选项 D 不当选，没有扣除自用车辆自用油且误将发售加油卡、加油凭证销售成品油的销售额并入销售额中计算销项税额。

2.139 斯尔解析 A 本题考查研发机构采购国产设备增值税退税政策。

选项 B 不当选，研发机构采购国产设备取得的增值税专用发票，已用于进项税额抵扣的，不得申报退税。已申报退税的，不得抵扣进项税额。

选项 C 不当选，已办理增值税退税的国产设备，自增值税专用发票开具之日起 3 年内，设备所有权转移或移作他用的，研发机构须按照下列计算公式，向主管税务机关补缴已退税款。

应补缴税款 = 增值税专用发票上注明的税额 ×（设备折余价值 ÷ 设备原值）

设备折余价值 = 增值税专用发票上注明的金额 − 累计已提折旧

选项 D 不当选，已备案的研发机构应在退税申报期内，凭下列资料向主管税务机关办理采购国产设备退税：

（1）《购进自用货物退税申报表》。

（2）采购国产设备合同。

（3）增值税专用发票。

2.140 斯尔解析 A 本题考查增值税的税收优惠。

选项 A 不当选，自 2023 年 1 月 1 日至 2027 年 12 月 31 日，自主就业退役士兵从事个体经营的，自办理个体工商户登记当月起，在 3 年（36 个月，下同）内按每户每年 20000 元为限额依次扣减其当年实际应缴纳的增值税、城市维护建设税、教育费附加、地方教育附加和个人所得税。

二、多项选择题

2.141 斯尔解析 CE 本题考查增值税加计抵减政策。

选项 A 不当选，自 2023 年 1 月 1 日至 2027 年 12 月 31 日，先进制造业企业的加计抵减比例为 5%。

选项 B 不当选，纳税人同时符合多项加计抵减政策的，可以择优选择适用，但在同一期间不得叠加适用。

选项 D 不当选，合并企业的加计抵减额不得结转抵减。

第三章　消费税
答案与解析

一、单项选择题

3.1 D	3.2 C	3.3 C	3.4 B	3.5 A
3.6 A	3.7 D	3.8 D	3.9 C	3.10 B
3.11 B	3.12 B	3.13 A	3.14 D	3.15 B
3.16 A	3.17 B	3.18 A	3.19 C	3.20 A
3.21 B	3.22 B	3.23 D	3.24 C	3.25 C
3.26 D	3.27 D	3.28 B	3.29 D	3.30 C
3.31 A	3.32 D	3.33 A	3.34 C	3.35 B
3.36 B	3.37 D	3.38 B	3.39 B	3.40 C
3.41 C	3.42 C			

二、多项选择题

3.43 ABC	3.44 ABC	3.45 ABE	3.46 ABDE	3.47 BDE
3.48 ACD	3.49 BDE	3.50 BCD	3.51 CE	3.52 ABDE
3.53 ADE	3.54 AE	3.55 AC	3.56 ABE	3.57 CDE

3.58 ▶ BDE　3.59 ▶ BE　3.60 ▶ CE　3.61 ▶ ACE　3.62 ▶ CE

3.63 ▶ ABC　3.64 ▶ AD　3.65 ▶ BDE　3.66 ▶ ABD　3.67 ▶ BCE

3.68 ▶ BC　3.69 ▶ ABC　3.70 ▶ ABCD

三、计算题

3.71 (1) ▶ C　3.71 (2) ▶ D　3.71 (3) ▶ C　3.71 (4) ▶ C

3.72 (1) ▶ A　3.72 (2) ▶ A　3.72 (3) ▶ C　3.72 (4) ▶ D

3.73 (1) ▶ B　3.73 (2) ▶ C　3.73 (3) ▶ D　3.73 (4) ▶ C

3.74 (1) ▶ A　3.74 (2) ▶ B　3.74 (3) ▶ C　3.74 (4) ▶ B

四、综合分析题

3.75 (1) ▶ A　3.75 (2) ▶ C　3.75 (3) ▶ B　3.75 (4) ▶ B

3.75 (5) ▶ B　3.75 (6) ▶ C

一、单项选择题

3.1 斯尔解析　**D**　本题考查消费税的纳税义务人。

选项D当选，消费税的委托加工业务，委托方为消费税纳税人，其应纳消费税由受托方（受托方为个人除外）在向委托方交货时代收代缴税款，受托方是消费税的代收代缴义务人，不是纳税义务人。

选项A不当选，生产（进口）、批发电子烟的单位和个人，为消费税的纳税人。

选项BC不当选，在境内生产、委托加工和进口《中华人民共和国消费税暂行条例》规定的消费品的单位和个人是消费税的纳税人。

3.2 斯尔解析　**C**　本题考查消费税的扣缴义务人。

选项C当选、选项ABD不当选，跨境电子商务零售进口商品按照货物征收进口环节消费税，购买跨境电子商务零售进口商品的个人作为纳税义务人。电子商务企业、电子商务交易平台企业或物流企业可作为代收代缴义务人。

3.3 斯尔解析　C　本题考查消费税的特点。

消费税的特点有：

（1）征税范围具有选择性。（选项 A 不当选）

（2）征税环节具有单一性。

（3）征收方法具有多样性。（选项 C 当选）

（4）税收调节具有特殊性。（选项 B 不当选）

（5）税收负担具有转嫁性。（选项 D 不当选）

3.4 斯尔解析　B　本题考查消费税征税范围。

选项 B 当选，宝石坯属于“贵重首饰及珠宝玉石”税目的征税范围。

选项 A 不当选，调味料酒、酒精不属于消费税征税范围。

选项 C 不当选，企业购进货车或厢式货车改装生产的商务车、卫星通信车等专用汽车不属于消费税征税范围，不征收消费税。

选项 D 不当选，体育用发令纸、鞭炮药引线不属于增值税征税范围。

3.5 斯尔解析　A　本题考查消费税征税范围。

选项 B 不当选，舞台、戏剧、影视演员化妆用的上妆油、卸妆油、油彩、发胶和头发漂白剂等，不属于高档化妆品。

选项 C 不当选，酒类属于消费税征税范围，但不包括调味料酒、酒精。

选项 D 不当选，高尔夫球及球具属于消费税征税范围，但高尔夫球帽、高尔夫球车不征收消费税。

3.6 斯尔解析　A　本题考查消费税征税范围的辨析。

选项 A 当选，消费税中小汽车的征税范围包括小汽车、中轻型商用客车和超豪华小汽车。

选项 BC 不当选，均不征收消费税。

选项 D 不当选，气缸容量为 300 毫升的摩托车属于消费税征税范围中的“摩托车”税目，而非“小汽车”税目。

3.7 斯尔解析　D　本题考查消费税征税范围的辨析。

选项 D 当选，自 2022 年 11 月 1 日起，将电子烟纳入消费税征收范围，在“烟”税目下增设“电子烟”子目。电子烟是指用于产生气溶胶供人抽吸等的电子传输系统，包括烟弹、烟具以及烟弹与烟具组合销售的电子烟产品。

选项 A 不当选，航空煤油暂缓征收消费税。

选项 B 不当选，无动力艇和帆艇不属于消费税征税范围，无须缴纳消费税。

选项 C 不当选，太阳能电池免征消费税。

3.8 斯尔解析　D　本题考查成品油生产企业消费税的相关规定。

选项 D 当选、选项 AC 不当选，对成品油生产企业在生产成品油过程中作为燃料、动力及原料消耗掉的自产成品油，免征消费税。

选项 B 不当选，以外购已税汽油、柴油、石脑油、燃料油、润滑油用于连续生产应税成品油，外购应税消费品的已纳税款可以扣除，但是溶剂油、航空煤油除外。

3.9 斯尔解析 C 本题考查消费税计税依据的相关规定。

选项 C 当选，纳税人采用以旧换新（含翻新改制）方式销售的金银首饰，应按实际收取的不含增值税的全部价款确定计税依据征收消费税。

选项 A 不当选，啤酒从量计征，应该以移送数量作为计税依据。

选项 B 不当选，卷烟实际销售价格高于核定计税价格，应按照最高销售价格计税，低于核定价格的需要按照核定价格计算。

选项 D 不当选，委托加工白酒，按照受托方同类消费品的销售价格计算纳税；没有同类消费品销售价格的，再按照组成计税价格计算纳税。

3.10 斯尔解析 B 本题考查从价定率的计税依据。

选项 B 当选，白酒生产企业向商业销售单位收取的品牌使用费是随着应税白酒的销售而向购货方收取的，属于应税白酒销售价款的组成部分，因此，不论企业采取何种方式以何种名义收取价款，均应并入白酒的销售额中缴纳消费税。

选项 A 不当选，销售额不包括向购买方收取的增值税税款。

选项 C 不当选，啤酒从量计征消费税，计税依据为销售数量，所以包装物押金不作为计税依据。

选项 D 不当选，包装费属于价外费用，应并入销售额计征消费税。

3.11 斯尔解析 B 本题考查消费税关于包装物押金的处理。

选项 B 当选、选项 C 不当选，对销售除啤酒、黄酒以外的其他酒类产品的包装物押金，无论是否返还以及在会计上如何核算，均应并入当期销售额征税。

选项 A 不当选，黄酒从量计征，计税依据为销售数量，所以包装物押金不作为计税依据。

选项 D 不当选，一般包装物押金收取时不并入应税消费品销售额中征收消费税。

提示：包装物押金的处理总结如下。

情形		处理方式
包装物不作价，单独收取的包装物押金	酒类的包装物押金（除黄酒、啤酒）	无论包装物押金是否返还，也不论在会计上如何核算，均应并入酒类产品的销售额中征收消费税
	一般包装物押金	收取时不并入应税消费品销售额中征税，逾期收取或收取时间超过 12 个月的，应并入销售额征收消费税
既作价随同消费品销售，又单独收取押金的		在规定期限内没有退还的，并入应税消费品的销售额

3.12 斯尔解析 B 本题考查卷烟计税价格的核定。

选项 A 不当选，已经国家税务总局核定计税价格的卷烟，生产企业实际销售价格高于计税价格的，按实际销售价格确定适用税率，计算应纳税款并申报纳税；实际销售价格低于计税价格的，按计税价格确定适用税率，计算应纳税款并申报纳税。

选项 C 不当选，未经国家税务总局核定计税价格的新牌号、新规格卷烟，生产企业应按卷烟调拨价格申报纳税。

选项 D 不当选，计税价格由国家税务总局按照卷烟批发环节销售价格扣除卷烟批发环节批发毛利核定并发布。

3.13 斯尔解析 A 本题考查白酒最低计税价格的核定。

选项 A 当选，生产企业实际销售价格高于消费税最低计税价格的，按实际销售价格申报纳税；实际销售价格低于消费税最低计税价格的，按最低计税价格申报纳税。

选项 BC 不当选，白酒消费税最低计税价格的核定范围，是指白酒生产企业销售给销售单位的白酒（或纳税人将委托加工收回的白酒销售给销售单位），消费税计税价格低于销售单位对外销售价格（不含增值税）70% 以下的，税务机关应核定消费税最低计税价格。

选项 D 不当选，国家税务总局选择核定消费税计税价格的白酒，核定比例统一确定为 60%。

3.14 斯尔解析 D 本题考查消费税征税环节的相关规定。

选项 D 当选，计算批发环节消费税时，不得扣除已缴纳的生产环节消费税。

选项 A 不当选，我国目前对卷烟、电子烟加征一道批发环节消费税。

选项 BC 不当选，税目“烟”中，我国目前只对卷烟在生产销售及批发环节复合计征消费税，烟丝等其他消费品从价计征。

3.15 斯尔解析 B 本题考查啤酒消费税应纳税额的计算。

选项 B 当选，啤酒分为甲类啤酒和乙类啤酒。每吨不含税出厂价（含包装物及包装物押金）3 000 元（含）以上的啤酒为甲类啤酒；3 000 元以下的啤酒为乙类啤酒。其中包装物押金不包括重复使用的塑料周转箱的押金，且包装物押金默认为含税价，需要作价税分离。

该啤酒厂每吨不含增值税出厂价 =［28 700+（1 750−250）÷（1+13%）］÷10=3 002.74（元）＞3 000 元，属于甲类啤酒。

故该厂当月应缴纳消费税 =10×250=2 500（元）。

选项 A 不当选，误选用乙类啤酒的消费税税率。

选项 C 不当选，误按 20% 税率对取得不含税销售额进行从价计算。

选项 D 不当选，误按 20% 税率对取得不含税销售额及扣除塑料周转箱后的包装物押金之和进行从价计算。

3.16 斯尔解析 A 本题考查消费税应纳税额的计算。

选项 A 当选，纳税人通过非独立核算门市部销售的自产应税消费品，应按该门市部的“对外销售额”计征消费税，故应纳消费税 =74.58÷（1+13%）×10%=6.6（万元）。

选项 B 不当选，误以组成计税价格的 80% 作为计税依据。

选项 C 不当选，误以成本价作为计税依据。

选项 D 不当选，计税依据未作价税分离。

3.17 斯尔解析 B 本题考查消费税应纳税额的计算。

选项 B 当选，征收消费税的高档手表，是指销售价格（不含增值税）每只在 1 万元（含）以上的手表。A 款手表每只单价 =360÷300=1.2（万元）＞1 万元，应该缴纳消费税。B 款手表每只单价 =80÷500=0.16（万元）＜1 万元，无须缴纳消费税。手表配件不需要缴纳消费税。

故该厂本月应纳消费税 =360×20%=72（万元）。

选项 A 不当选，误计算 B 款手表和手表配件消费税。

选项 C 不当选，误计算手表配件消费税。

选项 D 不当选，误计算 B 款手表消费税。

3.18 斯尔解析 A 本题考查特殊销售方式下消费税的计算。

选项 A 当选，纳税人采取分期收款结算方式的，在书面合同约定的收款日期的当天按照应收取的款项计算缴纳消费税，未开发票对纳税义务的发生没有影响。应纳消费税 =135.6÷（1+13%）×50%×15%=9（万元）。

选项 B 不当选，误以全部收款额计算缴纳消费税。

选项 C 不当选，误认为未开具发票，即无须缴纳消费税。

选项 D 不当选，未进行价税分离。

3.19 斯尔解析 C 本题考查金银首饰消费税应纳税额的计算。

选项 C 当选，具体计算过程如下：

（1）金银首饰在零售环节缴纳消费税，所以零售首饰取得含税收入应作价税分离计算缴纳消费税。

（2）金银首饰与镀金首饰组成成套消费品销售的，应按销售额全额征收零售环节的消费税。

该商场当月应纳消费税 =（11.3+20.34）÷（1+13%）×5%=1.4（万元）

选项 A 不当选，只针对零售铂金首饰征收消费税，未对成套首饰计征。

选项 B 不当选，对于金银首饰与镀金首饰组成配套首饰盒销售的，只按照金银首饰的销售额征收消费税。

选项 D 不当选，没有作价税分离。

3.20 斯尔解析 A 本题考查金银首饰消费税应纳税额的计算。

选项 A 当选，纳税人采用以旧换新方式销售的金银首饰，应按实际收取的不含增值税的全部价款确定计税依据征收消费税；修理、清洗金银首饰不征收消费税；镀金首饰不属于零售环节征收消费税的金银首饰范围，不在零售环节计征消费税。

该商场当月应纳消费税 =7.91÷（1+13%）×5%=0.35（万元）

选项 B 不当选，误对修理金银首饰的销售额计征消费税。

选项 C 不当选，误以未扣除旧首饰的价款作为计税依据。

选项 D 不当选，误将修理金银首饰和零售镀金首饰的销售额并入计税依据。

3.21 斯尔解析 B 本题考查视同应税消费品生产行为的规定。

选项 B 当选，工业企业以外的单位和个人将外购的消费税非应税消费品以消费税应税产品对外销售的，视为应税消费品的生产行为，按规定征收消费税。

选项 AC 不当选，无须缴纳消费税。

选项 D 不当选，生产企业将自产的应税消费品用于企业技术研发的，视同销售，于移送时缴纳消费税，但不视为应税消费品的生产行为。

3.22 斯尔解析 B 本题考查超豪华小汽车的相关规定。

选项 B 当选，超豪华小汽车在生产环节征收一道消费税，在零售环节加征一道消费税。

选项 A 不当选，超豪华小汽车为每辆零售价格 130 万元（不含增值税）及以上的乘用车和中轻型商用客车。

选项 C 不当选，超豪华小汽车的消费税纳税人为销售方，购买方（消费者）不是消费税的纳税人。

选项 D 不当选，超豪华小汽车的计税价格是含消费税不含增值税的计税销售价格。

3.23 斯尔解析 D 本题考查进口卷烟消费税应纳税额的计算。

选项 D 当选，进口卷烟应缴纳的关税 =2 × 100 × 20%=40（万元）。

每条价格 =（200+40+150 × 100 ÷ 10 000）÷（1−36%）÷（250 × 100）× 10 000=150.94（元）>70 元

计算进口卷烟消费税的时候先一律按照乙类卷烟 36% 的税率进行组价试算，看计算结果是否大于或等于 70 元；如果大于或等于 70 元，则按照甲类卷烟 56% 的税率组价计算，如果小于 70 元，则按照乙类卷烟计算。

本题每条卷烟大于 70 元，故应按照 56% 的比例税率计算组成计税价格：

组成计税价格 =（200+40+150 × 100 ÷ 10 000）÷（1−56%）=548.86（万元）

进口卷烟应缴纳的消费税 =548.86 × 56%+150 × 100 ÷ 10 000=308.86（万元）

选项 A 不当选，误按照乙类卷烟消费税税率计算应纳税额且组价公式运用错误。

选项 B 不当选，误按照乙类卷烟消费税税率计算应纳税额。

选项 C 不当选，组价公式运用错误。

提示：卷烟每标准箱是 250 标准条；每标准条是 200 支。

3.24 斯尔解析 C 本题考查消费税应纳税额的计算。

选项 C 当选，具体计算过程如下：

（1）白酒单位换算：2 吨 =2 000 千克 =2 000 × 2 斤 =4 000 斤。

（2）品牌使用费要作为价外费用并入销售额计税。

（3）除了啤酒、黄酒以外的其他酒类产品，包装物押金在收取时并入销售额计征消费税和增值税。

（4）包装物押金和品牌使用费属于价外费用，应当进行价税分离。

综上，应纳消费税 =［20 000+（1 130+2 260）÷（1+13%）］× 20%+4 000 × 0.5=6 600（元）。

选项 A 不当选，没有将包装物押金和品牌使用费并入销售额计征消费税。

选项 B 不当选，没有将品牌使用费并入销售额计征消费税。

选项 D 不当选，包装物押金和品牌使用费没有作价税分离。

3.25 斯尔解析 C 本题考查消费税应纳税额的计算。

选项 C 当选，以柴油调和而成的生物柴油属于消费税的征税范围；从 2009 年 1 月 1 日起，对符合条件的纯生物柴油免征消费税。因此，本月销售的 90 000 升柴油中，符合税法规定条件的 30 000 升纯生物柴油无须缴纳消费税。

则该企业 4 月应纳消费税 =（90 000−30 000）× 1.2=72 000（元）。

选项 A 不当选，误判断成 90 000 升柴油都无须缴纳消费税。

选项 B 不当选，误将以柴油调和而成的 10 000 升生物柴油判断为无须纳税的生物柴油。

选项 D 不当选，误将 90 000 升柴油全部计算消费税。

3.26 斯尔解析 D 本题考查消费税应纳税额的计算。

选项 D 当选，纳税人自产的应税消费品用于换取生产资料和消费资料、投资入股和抵偿债务等，应当按纳税人同类应税消费品的最高销售价格作为计税依据计算消费税。

因此，该汽车制造厂应缴纳消费税 =20×70×5%=70（万元）。

选项 A 不当选，没有视同销售计算缴纳消费税。

选项 B 不当选，误以双方确认价格 1 000 万元作为计税依据计算消费税。

选项 C 不当选，误以同类应税消费品的平均销售价格作为计税依据计算消费税。

提示：消费税的计算要与增值税的计算区分开来，增值税视同销售中销售额的确定，应以同类商品的平均销售价格作为计税依据。

3.27 斯尔解析 D 本题考查消费税应纳税额的计算。

选项 D 当选，一般纳税人将自产的白酒作为职工福利，有同类销售价格的先按同类销售价格；无同类销售价格的再按照组成计税价格计算。该题有同类销售价格，应按同类销售价格进行计算。

白酒单位换算：1 吨 =1 000 千克 =1 000×2 斤 =2 000 斤。

应纳消费税税额 =50 000×20%+2 000×0.5=11 000（元）

选项 AB 不当选，误以组成计税价格作为计税依据，且组价公式运用错误。

选项 C 不当选，误以组成计税价格计算消费税。

3.28 斯尔解析 B 本题考查消费税应纳税额的计算。

选项 B 当选，木制一次性筷子属于消费税的征收范围，金属工艺筷子和竹制一次性筷子均不属于消费税的征收范围，不缴纳消费税。应税消费品连同包装物销售的，无论包装物是否单独计价，也不论在会计上如何计算，均应并入应税消费品的销售额中征收消费税。

故该企业当月应缴纳消费税 =30×5%=1.5（万元）。

选项 A 不当选，没有将包装物的销售额并入计税依据。

选项 C 不当选，错误地将竹制一次性筷子的销售额并入计税依据。

选项 D 不当选，错误地将金属工艺筷子和竹制一次性筷子的销售额并入计税依据。

3.29 斯尔解析 D 本题考查消费税应纳税额的计算。

选项 D 当选，批发商与零售商之间批发卷烟需要计算缴纳消费税，而批发商之间批发卷烟不征收消费税。故该企业当月应纳消费税 =18.6×11%+4×200×250×0.005÷10 000=2.15（万元）。

选项 A 不当选，误认为向其他卷烟批发企业批发卷烟需计算批发环节消费税。

选项 B 不当选，误认为向其他卷烟批发企业批发卷烟需计算批发环节消费税，且仅计算从价部分。

选项 C 不当选，仅计算批发环节从价计征部分的消费税。

3.30 斯尔解析 C 本题考查消费税的扣缴义务人。

选项 C 当选，委托加工应税消费品，受托方（除个人外）应当履行代收代缴消费税义务。消费税实际纳税人为委托方。

3.31 斯尔解析　A　本题考查委托加工应税消费品的处理。

选项 A 当选，受托方为个人（含个体工商户）的，由委托方收回后自行缴纳。

选项 B 不当选，受托方未履行代收代缴消费税义务的，由委托方补缴税款，对受托方处以应收未收税款 50% 以上 3 倍以下的罚款。

选项 C 不当选，委托加工环节收回的应税消费品对外销售需要分情况处理：（1）委托方将收回的应税消费品以不高于受托方的计税价格出售的，属于直接出售，不再缴纳消费税；（2）委托方以高于受托方的计税价格出售的，不属于直接出售，需按规定申报缴纳消费税，在计税时准予扣除受托方已代收代缴的消费税。

选项 D 不当选，由受托方以委托方名义购进原材料生产的应税消费品，不属于委托加工业务，按照受托方销售自产应税消费品处理，受托方为纳税义务人。

3.32 斯尔解析　D　本题考查消费税应纳税额的计算。

选项 D 当选，具体计算过程如下：

（1）委托方将委托加工收回的应税消费品以高于受托方的计税价格出售的，需按照销售额申报缴纳消费税，在计税时准予扣除受托方已代收代缴的消费税。

（2）以委托加工收回的已税电池连续生产应税电池的，在计征消费税时，不能扣除委托加工收回应税消费品的已纳消费税税款。

综上，甲企业当月应缴纳消费税 =（33+80）×4%−4×30%=3.32（万元）。

选项 A 不当选，误认为无须缴纳消费税。

选项 B 不当选，误扣除 50% 用于连续加工铅蓄电池的已纳消费税税款，而未扣除 30% 对外出售的已纳消费税税款。

选项 C 不当选，误认为 30% 对外出售的电池无须缴纳增值税，且误扣除 50% 用于连续加工铅蓄电池的已纳消费税税款。

提示：委托方将委托加工收回的应税消费品以高于受托方的计税价格出售的，需按照销售额申报缴纳消费税，在计税时准予扣除受托方已代收代缴的消费税。没有范围限制，所有的应税消费品都适用。注意与委托加工收回或外购的应税消费品连续生产应税消费品扣除范围进行区分。

3.33 斯尔解析　A　本题考查应税消费品已纳税款扣除的相关规定。

选项 A 当选、选项 B 不当选，葡萄酒生产企业购进葡萄酒连续生产应税葡萄酒的，准予按当期生产领用量从应纳消费税税额中扣除应税葡萄酒已纳消费税税款，本期消费税应纳税额不足抵扣的，余额可以留待下期抵扣。

选项 CD 不当选，以外购白酒连续生产白酒，已纳消费税不得扣除。

3.34 斯尔解析　C　本题考查消费税应纳税额的计算。

选项 C 当选，啤酒分类以每吨不含增值税出厂价（含包装物及包装物押金）作为划分标准，每吨出厂价在 3 000 元（含 3 000 元）以上的为甲类啤酒，在 3 000 元以下的为乙类啤酒。其中包装物押金不包括重复使用的塑料周转箱的押金。

鲜啤酒每吨出厂价 =［29 000+（2 000−500）÷（1+13%）］÷10=3 032.74（元）＞3 000 元，为甲类啤酒；无醇啤酒每吨出厂价 =［（13 800+750）÷（1+13%）］÷5=2 575.22（元）＜

3 000 元，为乙类啤酒。故甲厂当月应缴纳消费税 =10×250+5×220=3 600（元）。

选项 A 不当选，未计算无醇啤酒消费税税额。

选项 B 不当选，误将鲜啤酒判断为乙类啤酒。

选项 D 不当选，误将无醇啤酒判断为甲类啤酒。

提示：啤酒、黄酒属于从量计征消费税，包装物押金实际上不直接作为啤酒、黄酒消费税的计税依据。所以啤酒、黄酒的包装物押金在逾期的时候只计算增值税，而无须计算消费税。但是在计算消费税的题目中，涉及判断啤酒类别及其适用税额时，需要计入包装物押金。

3.35 斯尔解析 B 本题考查消费税应纳税额的计算。

选项 B 当选，以外购珠宝玉石连续生产珠宝玉石，可以按照当期的生产领用数量计算扣除已纳的消费税税款。

准予扣除已纳税款 =50×10%×90%=4.5（万元）

该首饰厂上述业务应缴纳的消费税税额 =90×10%−4.5=4.5（万元）

选项 A 不当选，误以当期购进金额作为计算扣除已纳税款的依据。

选项 C 不当选，误以销售比例计算扣除已纳税款。

选项 D 不当选，没有扣除已纳税款。

3.36 斯尔解析 B 本题考查消费税应纳税额的计算。

选项 B 当选，以外购烟丝连续生产卷烟，准予按照生产领用数量计算扣除已纳的消费税税款。

准予抵扣的消费税 =（5+20−12）×30%=3.9（万元）

甲卷烟厂应缴纳消费税 =22×56%+10×（0.003×200×250）÷10 000−3.9=8.57（万元）

选项 A 不当选，未扣除已纳消费税税款。

选项 C 不当选，仅计算卷烟比例税率，且未抵扣已纳消费税税款。

选项 D 不当选，错按全额抵扣本月购进烟丝已纳消费税税款。

3.37 斯尔解析 D 本题考查消费税已纳消费税的扣除。

选项 D 当选、选项 A 不当选，外购已税消费品连续生产应税消费品的，允许抵扣税额的税目从大类上看，原则上不包括“酒（葡萄酒、啤酒除外）”“小汽车”“高档手表”“游艇”“涂料”“摩托车”税目。

选项 B 不当选，从葡萄酒生产企业购进、进口葡萄酒连续生产应税葡萄酒的，准予从葡萄酒消费税应纳税额中扣除所耗用应税葡萄酒已纳消费税税款。

选项 C 不当选，以委托加工收回的已税鞭炮、焰火为原料生产的鞭炮、焰火，已纳消费税准予扣除。

3.38 斯尔解析 B 本题考查消费税应纳税额的计算。

选项 B 当选，委托加工收回的应税高档化妆品连续生产高档化妆品销售的，应按当期生产领用数量计算准予扣除的应税消费品已纳的消费税税款。

当期准予扣除的委托加工应税消费品已纳税款 = 期初库存的委托加工应税消费品已纳税款 + 当期收回的委托加工应税消费品已纳税款 − 期末库存的委托加工应税消费品已纳税款

该企业当月应纳消费税 =280×15%−（30+10−20）=22（万元）

选项 A 不当选，误将期初库存的已纳消费税 30 万元作为当期准予扣除的已纳税款。

选项 C 不当选，误将题目中给出的已纳消费税理解为买价，用外购应税消费品已纳税款的扣除公式计算当期准予扣除的已纳税款。

选项 D 不当选，没有扣除已纳税款。

提示：外购的应税消费品已纳税款的扣除公式与委托加工收回的应税消费品已纳税款的扣除公式不同。外购的应税消费品已纳税款的扣除需要先计算当期准予扣除的外购应税消费品的买价，再以计算出的买价作为计税依据计算当期准予扣除的已纳税款。委托加工收回的应税消费品已纳税款的扣除不需要计算买价，直接计算当期准予扣除的税款。这是因为外购时，购买方不是消费税的纳税人，所以会计上不对消费税进行核算记账，而委托加工收回的应税消费品，委托方是消费税的纳税人，需要对消费税单独进行核算记账。

3.39 斯尔解析 B 本题考查外购应税消费品已纳税款的扣除。

选项 B 当选，对外购、进口高档化妆品连续生产高档化妆品的，计算征收消费税时，应按当期生产领用数量计算准予扣除的已纳的消费税税款。

进口香水精已纳消费税税款 =（30+30×20%）÷（1-15%）×15%=6.35（万元）

故该企业上述业务当月应缴纳消费税 =400×15%-6.35×90%=54.29（万元）。

选项 A 不当选，没有按照生产领用数量计算扣除已纳的税款，而是全额扣除。

选项 C 不当选，进口环节香水精的已纳消费税税款计算错误，误以完税价格加关税作为计税依据。

选项 D 不当选，没有扣除香水精的已纳消费税税款。

3.40 斯尔解析 C 本题考查消费税应纳税额的计算。

选项 C 当选、选项 B 不当选，将自产货物无偿赠送给其他单位或个人，需视同销售，计算缴纳增值税，应计算的增值税销项税额 = 组成计税价格 ×13%=（成本 + 利润 + 消费税）×13%=［6 000×（1+10%）×10+10×250］×13% =8 905（元）。

选项 A 不当选，啤酒属于从量计征消费税，无须按照组成计税价格计算缴纳消费税。

选项 D 不当选，啤酒生产集团内部企业之间用啤酒液连续灌装生产的啤酒，其外购啤酒液已纳的消费税税额，可以从其当期应纳消费税税额中抵减。从非关联方处购进的，已纳税款不可抵减。

3.41 斯尔解析 C 本题考查消费税的纳税地点。

消费税纳税地点分以下几种情况：

（1）纳税人销售的应税消费品，以及自产自用的应税消费品，除国家另有规定外，应当向纳税人机构所在地或者居住地的主管税务机关申报纳税。（选项 A 不当选）

（2）纳税人的总机构与分支机构不在同一县（市）的，除另有规定外，应当分别向各自机构所在地的主管税务机关申报纳税；经财政部、国家税务总局或者授权的财政、税务机关批准，可以由总机构汇总向总机构所在地的主管税务机关申报缴纳消费税。（选项 B 不当选）

（3）委托个人加工的应税消费品，由委托方向其机构所在地或者居住地主管税务机关申报纳税。（选项 C 当选）

（4）进口的应税消费品，由进口人或由其代理人向报关地海关申报纳税。（选项 D 不当选）

3.42 斯尔解析 C 本题考查消费税的征收管理。

选项 A 不当选，纳税人采用预收货款计算方式的，纳税义务发生时间为发出应税消费品的当天。

选项 B 不当选，纳税人进口应税消费品，应当自海关填发进口消费税专用缴款书之日起 15 日内缴纳税款。

选项 D 不当选，纳税人委托加工的应税消费品，其纳税义务的发生时间为纳税人提货的当天。

二、多项选择题

3.43 斯尔解析 ABC 本题考查消费税扣缴义务人。

选项 AC 当选、选项 D 不当选，购买跨境电子商务零售进口商品的个人作为纳税义务人。电子商务企业、电子商务交易平台企业或物流企业可作为代收代缴义务人。

选项 B 当选、选项 E 不当选，委托加工应税消费品，除受托方为个人外，由受托方在向委托方交货时代收代缴消费税，受托方为个人（含个体工商户），由委托方收回后自行缴纳消费税。

3.44 斯尔解析 ABC 本题考查消费税征税范围的辨析。

选项 A 当选，未经打磨、倒角的木制一次性筷子属于“木制一次性筷子”税目的征税范围。

选项 B 当选，对饮食业、商业、娱乐业举办的啤酒屋（啤酒坊）利用啤酒生产设备生产的啤酒，属于“酒”税目的征税范围。

选项 C 当选，燃料油属于“成品油”税目的征税范围。

选项 D 不当选，电动汽车、沙滩车、雪地车、卡丁车、高尔夫车不属于消费税的征税范围，不征收消费税。

选项 E 不当选，影视演员化妆用的上妆油不属于消费税的征收范围，不征收消费税。

3.45 斯尔解析 ABE 本题考查消费税征税范围的辨析。

选项 A 当选，航空煤油属于“成品油”税目的征税范围。

选项 B 当选，人造宝石制作的首饰属于“贵重首饰及珠宝玉石”税目的征税范围。

选项 E 当选，未经涂饰的素板属于“实木地板”税目的征税范围。

选项 C 不当选，变压器油、导热类油等绝缘油类产品不属于应征消费税的“润滑油”税目的征税范围，不征收消费税。

选项 D 不当选，摩托车的征税范围包括气缸容量为 250 毫升和 250 毫升（不含）以上的摩托车，气缸容量为 250 毫升（不含）以下的小排量摩托车不征收消费税。

3.46 斯尔解析 ABDE 本题考查消费税征收范围的判断。

选项 C 不当选，征收消费税的游艇，指包括艇身长度大于 8 米（含）小于 90 米（含），内置发动机，主要用于水上运动和休闲娱乐等非营利活动的各类机动艇，非机动艇不属于“游艇”税目的征收范围。

3.47 斯尔解析 BDE 本题考查零售环节消费税的征税范围。

选项 BD 当选、选项 C 不当选，金银铂钻首饰在零售环节缴纳消费税，但这些首饰中不包括镀金（银）、包金（银）首饰，以及镀金（银）、包金（银）的镶嵌首饰。

选项 E 当选，超豪华小汽车在零售环节加征一道消费税。

选项 A 不当选，卷烟在批发环节加征一道消费税，在零售环节不缴纳消费税。

3.48 斯尔解析 ACD 本题考查电子烟代加工业务的纳税义务人和征收管理。

选项 A 当选，通过代加工方式生产电子烟的，由持有商标的企业缴纳消费税，如果甲企业分开核算自产 A 电子烟和代加工 B 电子烟的销售额，则其代加工部分对应的消费税，应由乙企业承担，甲企业在 2022 年 12 月申报期内应申报缴纳电子烟消费税 =200 × 36%=72（万元）；如果甲企业未分开核算，则甲企业在 2022 年 12 月申报期内应申报缴纳电子烟消费税 =（200+80）× 36%=100.8（万元）。

选项 CD 当选、选项 BE 不当选，电子烟生产环节纳税人从事电子烟代加工业务的，应当分开核算持有商标电子烟的销售额和代加工电子烟的销售额；未分开核算的，一并缴纳消费税。

3.49 斯尔解析 **BDE** 本题考查石脑油、燃料油消费税征收（免、退）政策。

石脑油、燃料油消费税征收（免、退）政策的基本规定如下：

（1）自 2011 年 10 月 1 日起，对生产石脑油、燃料油的企业对外销售的用于生产乙烯、芳烃类化工产品的石脑油、燃料油，恢复征收消费税。（选项 B 当选、选项 A 不当选）

（2）自 2011 年 10 月 1 日起，生产企业自产石脑油、燃料油用于生产乙烯、芳烃类化工产品的，按实际耗用数量暂免征收消费税。（选项 D 当选、选项 C 不当选）

（3）自 2011 年 10 月 1 日起，对使用石脑油、燃料油生产乙烯、芳烃的企业购进并用于生产乙烯、芳烃类化工产品的石脑油、燃料油，按实际耗用数量暂退还所含消费税。（选项 E 当选）

3.50 斯尔解析 **BCD** 本题考查以废矿物油为原料生产的润滑油基础油、汽油、柴油等工业油料免征消费税需要符合的条件。

选项 BC 当选、选项 E 不当选，生产原料中废矿物油重量必须占 90% 以上。产成品中必须包括润滑油基础油，且每吨废矿物油生产的润滑油基础油应不少于 0.65 吨。

选项 D 当选，利用废矿物油生产的产品与利用其他原料生产的产品应分开核算。

选项 A 不当选，必须取得省级及以上环境保护部门颁发的经营范围有“利用”或“综合经营”字样的《危险废物（综合）经营许可证》。

3.51 斯尔解析 **CE** 本题考查消费税征税范围的判断。

选项 A 不当选，以蒸馏酒或食用酒精为酒基，具有国家相关部门批准的国食健字或卫食健字文号，酒精度数低于 38 度（含）配制酒和以发酵酒为酒基，酒精度低于 20 度（含）的配制酒，按“其他酒”征收消费税。

选项 B 不当选，对施工状态下 VOC 含量低于 420 克 / 升（含）的涂料免征消费税。

选项 D 不当选，用排气量大于 1.5 升的乘用车底盘改装的车辆属于中轻型商用客车的征税范围。

3.52 斯尔解析 **ABDE** 本题考查消费税与增值税的征税范围和征税环节。

五个选项均征收增值税。选项 ABCDE 涉及的产品均在消费税的征税范围内，再结合消费税的征收环节判断是否需要缴纳消费税。

选项 ABE 当选，除了金银首饰以外的其他应税消费品均在生产、委托加工及进口环节征收消费税。

选项 D 当选，卷烟在批发环节加征一道消费税。

选项 C 不当选，在零售环节征收消费税的只有金银首饰和超豪华小汽车（零售环节加征）。

3.53 斯尔解析 **ADE** 本题考查消费税与增值税的征税范围和征税环节。

选项 A 当选，金银首饰在零售环节征收消费税，商场珠宝部销售金银首饰需要同时缴纳增值税和消费税。

选项 D 当选，自产白酒用于集体福利的，增值税和消费税都需要视同销售。

选项 E 当选，超豪华小汽车在零售环节加征一道消费税，4S 店销售超豪华小汽车，需要同时缴纳增值税和消费税。

选项 B 不当选，批发商之间批发卷烟不征收消费税，因此该行为只征收增值税，不征收消费税。

选项 C 不当选，将自产的实木地板用于装修办公室，增值税无须视同销售，消费税需要视同销售，因此该行为无须缴纳增值税，只需要缴纳消费税。

3.54 斯尔解析 AE 本题考查消费税与增值税的征税范围和征税环节。

五个选项均征收增值税，关键在于对消费税征税环节的判断。

选项 A 当选，高档手表在生产（及委托加工、进口）环节征收消费税。

选项 E 当选，超豪华小汽车在生产（及委托加工、进口）和零售环节征收消费税。

选项 B 不当选，卷烟在生产（及委托加工、进口）和批发环节征收消费税，在零售环节不征收消费税。

选项 C 不当选，珍珠饰品在生产（及委托加工、进口）环节征收消费税，在零售环节不征收消费税。

选项 D 不当选，鞭炮、焰火在生产（及委托加工、进口）环节征收消费税，在批发环节不征收消费税。

3.55 斯尔解析 AC 本题考查消费税的计征方式。

选项 AC 当选，消费税税目中，只有啤酒、黄酒、成品油采用的是从量定额税率。

选项 BDE 不当选，均为从价计征。

3.56 斯尔解析 ABE 本题考查金银首饰征收消费税的规定。

选项 A 当选，金银首饰改在零售环节征税后，出口金银首饰中不含消费税，故不退还消费税。

选项 B 当选，将应税消费品用于赠送，选择计税依据时需先找同类金银首饰销售价格，无同类金银首饰销售价格的，再选择组成计税价格为计征依据。

选项 E 当选，纳税人采用以旧换新（含翻新改制）方式销售的金银首饰，应按实际收取的不含增值税的全部价款确定计税依据征收消费税。

选项 C 不当选，金银首饰与其他产品组成成套消费品销售的，应按销售额全额征收消费税。

选项 D 不当选，金银首饰连同包装物销售的，无论包装物是否单独计价，也无论会计上如何核算，均应并入金银首饰的销售额，计征消费税。

3.57 斯尔解析 CDE 本题考查卷烟和白酒消费税的计税依据。

选项 C 当选，白酒生产企业销售给销售单位的白酒，生产企业消费税计税价格低于销售单位对外销售价格（不含增值税，下同）70% 以下的，税务机关应核定消费税最低计税价格；白酒生产企业销售给销售单位的白酒，生产企业消费税计税价格高于销售单位对外销售价格 70%（含 70%）以上的，税务机关暂不核定消费税最低计税价格。

选项 D 当选，品牌使用费要作为价外费用计入销售额计税。

选项 E 当选，除了啤酒、黄酒以外的其他酒类产品，包装物押金在收取时并入销售额计征消费税和增值税。

选项 A 不当选，卷烟实际销售价格高于核定计税价格，应按照最高销售价格计税；低于核定价格的，需要按照核定价格计算。

选项 B 不当选，卷烟的征收范围包括进口卷烟、白包卷烟、手工卷烟和未经国务院批准纳入计划的企业及个人生产的卷烟。

3.58 斯尔解析 BDE 本题综合考查增值税和消费税的相关规定。

选项 B 当选，乙企业增值税销项税额 =100 × 13%=13（万元）。

选项 D 当选，将货物交付给其他单位代销，应视同销售货物，甲企业应纳增值税 =66 × 13%=8.58（万元）。

选项 E 当选、选项 AC 不当选，生产企业销售给销售单位的白酒，消费税计税价格低于销售单位对外销售价格（不含增值税）70% 以下的，税务机关应当核定消费税计税价格。本题甲企业销售给乙公司的白酒销售额低于乙公司对外销售价格 70%（即 70 万元），应当核定甲企业消费税计税价格。以乙企业对外销售价格的 60% 为最低计税价格，再按照实际销售价格和核定的最低计税价格孰高确定消费税计税依据，计算缴纳消费税。故最低计税价格 =100 × 60%=60（万元）。

甲企业白酒的实际销售价格 66 万元＞最低计税价格 60 万元，应以实际售价作为计税依据，故甲企业应纳消费税 =66 × 20%+1 000 × 6 × 0.5 ÷ 10 000=13.5（万元）。

3.59 斯尔解析 BE 本题考查消费税计税价格的核定权限。

选项 B 当选、选项 A 不当选，卷烟、小汽车的计税价格由国家税务总局核定，送财政部备案。

选项 E 当选、选项 C 不当选，白酒及其他应税消费品的计税价格由省、自治区和直辖市税务局核定。

选项 D 不当选，进口应税消费品的计税价格由海关核定。

3.60 斯尔解析 CE 本题考查委托加工环节应纳消费税税额的相关规定。

选项 C 当选、选项 AD 不当选，委托加工收回后，委托方以高于受托方的计税价格出售的，需要缴纳消费税，同时委托加工环节的已纳消费税可以扣除。因为 350 万元＞ 300 × 70%=210（万元），所以甲企业应纳消费税 =350 × 5%−15 × 70%=7（万元）。

选项 E 当选、选项 B 不当选，，委托加工应税消费品，由受托方（受托方为个人的除外）代收代缴消费税，受托方无同类应税消费品价格的，按组成计税价格计算缴纳消费税。乙企业代收代缴的消费税组成计税价格 =（260+25）÷（1−5%）=300（万元）。乙企业代收代缴的消费税 =300 × 5%=15（万元）。

3.61 斯尔解析 ACE 本题考查消费税特殊征税环节的相关规定。

选项 A 当选，对既销售金银首饰，又销售非金银首饰的生产、经营单位，应将两类商品划分清楚，分别核算销售额。凡划分不清或不能分别核算的，在生产环节销售的，一律从高适用税率征收消费税；在零售环节销售的，一律按金银首饰征收消费税。

选项 C 当选，外购电池、涂料大包装改成小包装或者外购电池、涂料不经加工只贴商标的行为，视同应税消费税品的生产行为。发生上述生产行为的单位和个人应按规定申报缴纳消费税。

选项 E 当选，金银首饰在零售环节征收消费税，在进口环节不缴纳消费税。

选项 B 不当选，批发商之间批发卷烟不缴纳消费税。

选项 D 不当选，如果国内汽车生产企业直接将超豪华小汽车销售给消费者，则消费税税率按照生产环节税率和零售环节税率加总计算。

3.62 斯尔解析 **CE** 本题考查委托加工应税消费品的税务处理。

选项 C 当选，委托加工的应税消费品直接出售，是指委托方收回的应税消费品以不高于受托方的计税价格出售，如果以高于受托方计税价格出售的，不属于直接出售，需按照规定申报缴纳消费税，在计税时准予扣除受托方已代收代缴的消费税。

选项 E 当选，纳税人委托个人（含个体工商户）加工应税消费品，于委托方收回后在委托方所在地缴纳消费税。

选项 A 不当选，如果受托方没有按规定代收代缴消费税，则由委托方补缴税款。

选项 B 不当选，委托加工的应税消费品的计税依据为受托方同类消费品的销售价格。

选项 D 不当选，委托加工的应税消费品，是指由委托方提供原材料和主要材料，受托方只收取加工费和代垫部分辅助材料加工的应税消费品。对于受托方提供原材料生产的应税消费品，或者受托方先将原材料卖给委托方，然后再接受加工的应税消费品，以及由受托方以委托方的名义购进原材料生产的应税消费品，不论纳税人在财务上是否作销售处理，都不得作为委托加工应税消费品，而应当按照销售自制应税消费品缴纳消费税。

3.63 斯尔解析 **ABC** 本题考查消费税计税依据的相关规定。

选项 AC 当选，白酒属于从价计征，计税依据为向购买方收取的全部价款和价外费用。延期付款利息和包装物租金属于价外费用，应计入计税依据。

选项 B 当选，白酒生产企业向商业销售单位收取的品牌使用费，属于应税白酒销售价款的组成部分。不论采取何种方式或者以何种名义收取价款，白酒生产企业收取的品牌使用费均应并入白酒的销售额中缴纳消费税。

选项 D 不当选，啤酒从量计征，包装物押金不计入计税依据。

选项 E 不当选，增值税是价外税，不包含在消费税的计税依据中。

3.64 斯尔解析 **AD** 本题考查外购应税消费品已纳税款的扣除规定。

选项 A 当选，外购已税烟丝生产的卷烟，准予扣除外购已税烟丝的已纳消费税。

选项 D 当选，外购已税实木素板涂漆生产的实木地板，准予扣除外购已税实木素板的已纳消费税。

选项 BC 不当选，白酒、高档手表不属于可以扣除外购应税消费品的已纳消费税的范围。

选项 E 不当选，金银镶嵌首饰在零售环节征收消费税，税款不可跨环节抵扣，所以外购已税珠宝玉石生产的金银镶嵌首饰，不可以扣除已纳税款。

3.65 斯尔解析 **BDE** 本题考查委托加工收回的应税消费品已纳税款的扣除。

选项 A 不当选，消费税的征税范围中，酒、小汽车、高档手表、游艇、摩托车、电池、涂料的已纳消费税不得扣除。

选项 C 不当选，贵重首饰及珠宝玉石中，用珠宝玉石生产的、在零售环节缴纳消费税的金银首饰的已纳税款不得抵扣（跨环节不能相互抵扣）。

提示：区分委托加工的应税消费品。受托方在交货时已代收代缴消费税，委托方收回后直接销售的，不再征收消费税。委托方以高于受托方的计税价格出售的，不属于直接出售，需按照规定申报缴纳消费税，在计税时准予扣除受托方已代收代缴的消费税（无扣除类别的限制）。

3.66 斯尔解析 ABD 本题考查白酒消费税计税依据的相关规定。

选项 A 当选，自 2009 年 8 月 1 日起，对白酒消费税实行最低计税价格核定管理办法。

选项 B 当选，不论企业采取何种方式或以何种名义收取价款，白酒生产企业收取的品牌使用费均应并入白酒的销售额中缴纳消费税。

选项 D 当选，白酒消费税的最低计税价格由税务机关核定。

选项 C 不当选，进口的应税消费品的计税价格如需核定的，则由海关核定。

选项 E 不当选，白酒的消费税征税环节为生产、委托加工、进口环节，因此纳税人应当在移送至自设的独立核算门市部时计算缴纳消费税，自设的独立核算门市部对外销售白酒时无须再缴纳消费税。

提示：纳税人通过自设的非独立核算门市部销售的自产应税消费品，按照非独立核算门市部对外销售价格征收消费税。

3.67 斯尔解析 BCE 本题考查委托加工应税消费品的消费税处理。

选项 B 当选，委托方以高于受托方的计税价格出售的，不属于直接出售，需按照规定申报缴纳消费税，在计税时准予扣除受托方已代收代缴的消费税。

选项 C 当选，受托方没有履行代收代缴义务的，委托方有补缴税款的责任，税务机关应向委托方补征税款。

选项 E 当选，加工费是指受托方加工应税消费品向委托方所收取的全部费用，包括代垫辅助材料的实际成本。

选项 A 不当选，委托加工的应税消费品，委托方为消费税纳税人，受托方是代收代缴义务人。

选项 D 不当选，委托加工的应税消费品，除受托方为个人外，由受托方向机构所在地或者居住地的主管税务机关解缴消费税税款。

3.68 斯尔解析 BC 本题考查消费税的纳税义务及应纳税额的计算。

选项 B 当选，贸易公司抵偿乙企业债务的小汽车增值税销项税额 =58.76÷（1+13%）×13%=6.76（万元）。

选项 C 当选、选项 DE 不当选，小汽车在生产、委托加工或者进口环节缴纳消费税，只有超豪华小汽车（零售价格 130 万元 / 辆及以上）在零售环节加征一道，所以贸易公司销售和抵债的小汽车均不缴纳消费税。

选项 A 不当选，甲汽车制造厂应纳消费税 =40×20×25%=200（万元）。

3.69 斯尔解析 ABC 本题考查消费税和增值税的征收管理。

选项 AB 当选、选项 DE 不当选，纳税人采取分期收款结算方式的，消费税纳税义务发生时间为书面合同约定的收款日期的当天；书面合同没有约定收款日期或者无书面合同的，纳税义务发生时间为发出应税消费品的当天。故甲企业书面合同约定的收款日期为纳税义务发生时间，4月份、5月份、6月份均以合同约定的应收货款100万元作为计税销售额。

选项C当选，纳税人销售应税消费品，先开具发票的，增值税的纳税义务发生时间为开具发票的当天。

3.70 斯尔解析 ABCD 本题考查消费税征税范围和征税环节。

选项A当选，高档化妆品属于消费税征税范围，因此销售中档化妆品无须缴纳消费税。

选项B当选，小汽车在生产、委托加工和进口环节征收消费税，零售不含增值税价格130万元及以上的超豪华小汽车应加征一道消费税，因此零售130万元以下大排量小汽车无须计算缴纳消费税。

选项C当选，金银铂钻仅在零售环节征收消费税，除金银铂钻以外的贵重首饰及珠宝玉石在生产、委托加工和进口环节征收消费税，因此零售珍珠首饰无须缴纳消费税。

选项D当选，委托加工收回应税消费品对外直接出售（即以不高于受托方计税价格出售），不再缴纳消费税。

选项E不当选，工业企业以外单位和个人将外购的消费税非应税产品以消费税应税产品对外销售的，视同生产应税消费品，需征收消费税。

三、计算题

3.71 (1) 斯尔解析 C 本小问考查消费税应纳税额的计算。

选项C当选，用外购的高档化妆品连续生产高档化妆品，可以按照生产领用数量计算扣除的已纳税款；发放给职工的高档化妆品需要视同销售计算缴纳消费税。

业务（2）应缴纳消费税 =750 ÷ 75% × 15%−150 × 80% × 15%=132（万元）

选项A不当选，未将发放给职工的高档化妆品视同销售并入计税依据。

选项B不当选，扣除了外购香水精的全部已纳税款。

选项D不当选，未扣除外购香水精的已纳税款。

(2) 斯尔解析 D 本小问考查消费税应纳税额的计算。

选项D当选，将自产的应税消费品用于抵债，应以同类消费品的最高售价作为计税依据。

应缴纳消费税 =1 300 × 15%+280 × 1 400 × 15% ÷ 10 000=200.88（万元）

选项A不当选，抵债部分误以最低售价作为计税依据。

选项B不当选，抵债部分误以平均售价作为计税依据。

选项C不当选，抵债部分误以38万元作为计税依据。

(3) 斯尔解析 C 本小问考查成套化妆品应纳消费税的计算。

选项C当选，纳税人将自产的应税消费品与外购或自产的非应税消费品组成套装销售的，以套装产品的销售额（不含增值税）为计税依据计算消费税。

业务（4）应缴纳的消费税 =400 × 1 000 ÷ 10 000 × 15%=6（万元）

选项A不当选，误以套装产品扣除面膜售价作为计税依据。

选项B不当选，误以口红售价作为计税依据。

选项D不当选，误以口红售价加上面膜售价作为计税依据。

(4) 斯尔解析 C 本小问考查自产应税消费品用于连续生产时应纳消费税的计算。

选项 C 当选，将自产的应税消费品用于连续生产应税消费品时，无须视同销售缴纳消费税；用于连续生产非应税消费品时，需视同销售缴纳消费税，计税依据为同类产品售价，无同类售价时，需以组成计税价格作为计税依据。

本题只有用于连续生产中档化妆品的 40% 部分香水精需计算缴纳消费税。

应缴纳消费税 =50 ×（1+10%）÷（1−15%）× 40% × 15%=3.88（万元）

选项 A 不当选，误认为连续生产应税消费品或者非应税消费品均无须视同销售。

选项 B 不当选，误以香水精成本的 40% 作为计税依据。

选项 D 不当选，误将全部香水精视同销售。

3.72 （1）斯尔解析 A 本小问考查零售金银铂钻应纳消费税的计算。

选项 A 当选，纯金首饰在零售环节征收消费税，玉石首饰在生产、委托加工和进口环节征收消费税；零售纯金首饰取得的销售额 1 200 000 元为含税销售额，需作价税分离。

故业务（1）应缴纳的消费税 =1 200 000 ÷（1+13%）× 5%=53 097.35（元）。

选项 B 不当选，未作价税分离。

选项 C 不当选，误将玉石首饰的销售额也在零售环节计算缴纳消费税。

选项 D 不当选，误将玉石首饰的销售额也在零售环节计算缴纳消费税，且纯金首饰和玉石首饰均未作价税分离。

（2）斯尔解析 A 本小问考查金银首饰以旧换新应纳消费税的计算。

选项 A 当选，纳税人采用以旧换新（含翻新改制）方式销售的金银首饰，应按实际收取的不含增值税的全部价款确定计税依据征收消费税。实际收取的 560 000 元为含税价，需作价税分离。

故业务（2）应缴纳的消费税 =560 000 ÷（1+13%）× 5%=24 778.76（元）。

选项 B 不当选，未作价税分离。

选项 C 不当选，误以同款新纯金首饰零售价确定计税依据征收消费税。

选项 D 不当选，误以同款新纯金首饰零售价确定计税依据征收消费税，且未作价税分离。

（3）斯尔解析 C 本小问考查委托加工环节应纳消费税的计算。

选项 C 当选，带料加工的金银首饰，应按受托方销售同类金银首饰的销售价格确定计税依据征收消费税；没有同类金银首饰销售价格的，按照组成计税价格计算纳税。组成计税价格 =（材料成本 + 加工费）÷（1− 金银首饰消费税税率），加工费应为不含税价。

故业务（3）应缴纳的消费税 =［30 000+5 650 ÷（1+13%）］÷（1−5%）× 5%=1 842.11（元）。

选项 A 不当选，没有将消费税计算在内。

选项 B 不当选，加工费没有作价税分离，且没有将消费税计算在内。

选项 D 不当选，加工费没有作价税分离。

（4）斯尔解析 D 本小问考查视同销售应纳消费税的计算。

选项 D 当选，将应税消费品用作职工福利，应视同销售缴纳消费税，由于无同类首饰的售价，因此按组成计税价格计税，组成计税价格 = 成本 ×（1+ 成本利润率）÷（1− 消费税比例税率）。

故业务（4）应缴纳消费税 =270×500×（1+6%）÷（1-5%）×5%=7 531.58（元）。

选项 A 不当选，没有视同销售计算缴纳消费税。

选项 B 不当选，直接以耗用的黄金价值作为计税依据。

选项 C 不当选，组价时没有将消费税计算在内。

3.73 （1）斯尔解析 B 本小问考查外购应税消费品已纳税款的扣除。

选项 B 当选，以外购的已税实木地板为原料生产实木地板，外购实木地板已纳的消费税准予扣除，按领用数量比例进行计算。

甲厂应缴纳消费税 =226÷（1+13%）×5%-150×70%×5%=4.75（万元）

选项 A 不当选，没有按照领用数量计算扣除外购实木地板已纳的消费税，而是全额扣除。

选项 C 不当选，没有作价税分离。

选项 D 不当选，没有扣除已纳税款。

（2）斯尔解析 C 本小问考查委托加工代收代缴消费税应纳税额的计算。

选项 C 当选，委托加工的应税消费品，有受托方同类消费品销售价格的，按照受托方的同类消费品的销售价格计算纳税；无同类消费品销售价格的，再使用组成计税价格进行计算。

本题给出的是委托方同类产品的售价，受托方没有同类产品的售价，所以需要组价，组成计税价格 =（材料成本 + 加工费）÷（1- 消费税比例税率）。

乙厂应代收代缴的消费税 =［（150+2）×30%+5］÷（1-5%）×5%=2.66（万元）

选项 A 不当选，组价时没有将消费税计算在内。

选项 B 不当选，组价时没有将运费算进材料成本里。

选项 D 不当选，直接以甲厂同类地板的售价 65 万元作为计税依据。

（3）斯尔解析 D 本小问考查消费税应纳税额的计算。

选项 D 当选，由业务（5）中得知，丙厂未代收代缴消费税，应由甲厂收回后补缴税款。对于未代收代缴的消费品，如果收回的应税消费品已直接销售的，按销售额计税补征；收回的应税消费品尚未销售或用于连续生产等，按组成计税价格计税补征。

甲厂收回 C 型实木地板后直接销售，应纳消费税 =70×5%=3.5（万元）。

选项 A 不当选，误按组成计税价格确定计税依据，且组价公式运用错误，没有将加工费计算在内。

选项 B 不当选，误按组成计税价格确定计税依据，且组价公式运用错误，没有将消费税计算在内。

选项 C 不当选，误按组成计税价格确定计税依据。

（4）斯尔解析 C 本小问考查消费税应纳税额的计算。

选项 C 当选，对于委托加工收回的未代收代缴消费税的应税消费品，如果收回的应税消费品尚未销售或用于连续生产等，按组成计税价格计税补征。

甲厂留存仓库的 C 型实木地板应缴纳消费税 =（48.8+8）÷（1-5%）×30%×5%=0.9（万元）.

选项 A 不当选，误认为尚未销售的消费品无须缴纳消费税，等销售时再补税。

选项 B 不当选，组价公式运用错误，没有将加工费计算在内。

选项 D 不当选，误以对外销售的 70% 的售价为基础确定计税依据。

3.74 (1) 斯尔解析 A 本小问考查代收代缴消费税的计算。

选项 A 当选，委托加工的应税消费品，按照受托方的同类消费品的销售价格计算纳税；没有同类消费品销售价格的，按照组成计税价格计算纳税。从价计征的组成计税价格 =（材料成本 + 加工费）÷（1– 比例税率）。

委托加工的消费税纳税义务发生时间为纳税人提货当天，故当期应按照交付的 80% 代收代缴消费税。

乙厂应代收代缴的消费税 =（40+5）÷（1–15%）× 80% × 15%=6.35（万元）

选项 B 不当选，误以组成计税价格的 100% 作为计税依据。

选项 C 不当选，误以委托方的售价作为计税依据。

选项 D 不当选，误以委托方售价的 80% 作为计税依据。

(2) 斯尔解析 B 本小问考查委托加工收回后消费税的处理。

选项 B 当选，委托加工的应税消费品收回后，委托方以高于受托方的计税价格出售的，需按照规定申报缴纳消费税，在计税时准予按照销售比例扣除受托方已代收代缴的消费税。本题中，受托方的计税价格 =（40+5）÷（1–15%）× 80% × 60%=25.41（万元），委托方的销售价格高于受托方计税价格，不属于直接销售，应缴纳消费税。

故应纳消费税税额 =45 × 15%–6.35 × 60%=2.94（万元）。

选项 A 不当选，误扣除全部已纳税款。

选项 C 不当选，未扣除已纳税款。

选项 D 不当选，误以为无须再申报纳税。

(3) 斯尔解析 C 本小问考查消费税纳税义务发生时间及应纳税额的计算。

选项 C 当选，具体过程如下：

①纳税人采取分期收款结算方式的，消费税纳税义务发生时间为书面合同约定的收款日期的当天；书面合同没有约定收款日期或者无书面合同的，纳税义务发生时间为发出应税消费品的当天。本题中，合同约定 6 月收取货款的 70%，7 月收取货款的 30%，只需按合同约定的每月应收取的款项计算消费税即可。

②用委托加工收回的焰火连续生产焰火，可以扣除已纳税款。

③将自产焰火赠送给客户，属于视同销售，应该缴纳消费税，有同类消费品销售价格的，按照纳税人生产的同类消费品的不含增值税销售价格计算纳税。业务（3）中赠送客户焰火计征消费税的计税依据 =36 ÷ 80% × 20%=9（万元）。

综上，6 月应纳消费税 =36 × 70% × 15%+9 × 15%–6.35 × 40%=2.59（万元）。

选项 A 不当选，未将赠送客户的 20% 视同销售并入计税依据。

选项 B 不当选，只针对赠送客户的 20% 计算应纳税款，且未扣除已纳税款。

选项 D 不当选，未扣除已纳税款。

(4) 斯尔解析 B 本小问考查消费税征税范围和换取生产资料时应纳税额的计算。

选项 B 当选，纳税人以自产的应税消费品换取生产资料，应以同类消费品的最高售价作为计税依据，鞭炮药引线不征收消费税。

应缴纳的消费税 =80×15%=12（万元）

选项 A 不当选，误以平均售价作为计税依据。

选项 C 不当选，误以平均售价作为计税依据，且误对鞭炮药引线征收消费税。

选项 D 不当选，误对鞭炮药引线征收消费税。

四、综合分析题

3.75 （1）斯尔解析 A 本小问考查烟叶税进项税额的计算抵扣。

①烟叶属于农产品，购进的烟叶可计算抵扣增值税进项税额。允许抵扣的进项税额 = 买价 × 扣除率，其中，买价 = 收购价款 + 价外补贴 + 烟叶税，烟叶用于加工烟丝（13% 税率货物），适用 10% 扣除率。

②运输费可抵扣的进项税额为 0.05 万元。

业务（1）允许抵扣的进项税额 =［360×（1+10%）+79.2］×10%+0.05=47.57（万元）

选项 B 不当选，未考虑烟叶税。

选项 C 不当选，误以 9% 扣除率计算进项税额。

选项 D 不当选，未考虑运输费凭票抵扣进项税额。

（2）斯尔解析 C 本小问考查委托加工环节代收代缴消费税的计算。

选项 C 当选，没有受托方的同类消费品的销售价格，按照组成计税价格计算纳税，组成计税价格 =（材料成本 + 加工费）÷（1− 比例税率）。其中：

①材料成本中不含准予抵扣的进项税额，购进烟叶允许抵扣的进项税额为 47.52 万元。

②运费为购买原材料入库前合理必要支出，需要计入烟叶的材料成本。

烟叶材料成本 =360×（1+10%）+79.2−47.52+5=432.68（万元）

综上，乙企业应代收代缴消费税 =（432.68+40+10）÷（1−30%）×30%=206.86（万元）。

（3）斯尔解析 B 本小问考查特殊销售方式消费税的计算。

选项 B 当选，现金折扣是为了鼓励购货方及时偿还货款而给予的折扣优待，不得从销售额中减除。以委托加工收回的已税烟丝为原料生产的卷烟，准予按当期生产领用数量计算扣除委托加工收回的应税消费品已纳的消费税税款。

甲厂应纳消费税 =1 200×56%+500×150÷10 000−206.86×80%=514.01（万元）

选项 A 不当选，误在销售额中扣除折扣额。

选项 C 不当选，误在销售额中扣除折扣额，且未扣除已纳消费税税款。

选项 D 不当选，未扣除已纳消费税税款。

提示：需注意单位换算。

（4）斯尔解析 B 本小问考查已纳消费税的扣除。

选项 B 当选，20% 的烟丝收回的价格 =（432.68+40+10）÷（1−30%）×20%=137.91（万元）。销售 20% 烟丝取得不含税收入 150 万元，属于加价出售的情形，正常计算缴纳消费税，委托加工环节已代收代缴的消费税准予扣除。

业务（4）甲厂应纳消费税 =150×30%−206.86×20%=3.63（万元）

选项 A 不当选，误认为无须缴纳消费税。

选项 C 不当选，第二问已纳消费税错误计算为 177.86 万元。

选项 D 不当选，未扣除已纳消费税税款。

(5) 斯尔解析 B 本小问考查增值税进项税额的抵扣。

选项 B 当选，业务（2）属于购进加工劳务，适用 13% 的增值税税率。

业务（5）中，购入客车用于接送职工上下班，属于购进固定资产专用于集体的福利，进项税额不得抵扣。

故可以抵扣进项税额合计 =（40+10）×13%+3.9=10.4（万元）。

选项 A 不当选，误用 10% 计算购进加工劳务可抵扣进项税额。

选项 C 不当选，误用 10% 计算购进加工劳务可抵扣进项税额，且误认为购进客车用于接送职工上下班可抵扣进项税额。

选项 D 不当选，误认为购进客车用于接送职工上下班可抵扣进项税额。

(6) 斯尔解析 C 本小问考查增值税应纳税额的计算。

选项 C 当选，具体计算过程如下：

①业务（3）和业务（4）中甲厂本月销项税额 =（1 200+150）×13%=175.5（万元）。

②业务（1）可抵扣进项税额 47.57 万元，业务（2）和业务（5）可抵扣进项税额 10.4 万元，所以甲厂当月可抵扣进项税额 =47.57+10.4=57.97（万元）。

综上，应缴纳增值税 =175.5−57.97=117.53（万元）。

new

单项选择题

3.76 ▶ A　　3.77 ▶ B

单项选择题

3.76 斯尔解析 A 本题考查废矿物油生产的润滑油基础油消费税的优惠政策。

选项A当选、选项C不当选，符合免税规定的纳税人利用废矿物油生产的润滑油基础油连续加工生产润滑油，或纳税人外购利用废矿物油生产的润滑油基础油加工生产润滑油，在申报润滑油消费税税额时按当期销售的润滑油数量扣减其耗用的符合规定的润滑油基础油数量的余额计算缴纳消费税。

选项B不当选，纳税人因违规排放被取消享受免税资格的，3年内不得再次申请。

选项D不当选，废矿物油为原料生产的润滑油基础油免征消费税，生产原料中废矿物油重量需要达到90%以上。

3.77 斯尔解析 B 本题考查视同销售应税消费品行为消费税政策。

选项B当选、选项C不当选，单位和个人外购润滑油大包装经简单加工改成小包装，或者外购润滑油不经加工只贴商标的行为，视同应税消费品的生产行为。单位和个人发生的以上行为应当申报缴纳消费税。准予扣除外购润滑油已纳的消费税税款。

选项A不当选，将外购的消费税低税率应税产品以高税率应税产品对外销售的，需要视同生产应税消费品缴纳消费税。将外购的消费税高税率应税产品以低税率应税产品对外销售的，无须申报缴纳消费税。

选项D不当选，外购电池、涂料大包装改成小包装或者外购电池、涂料不经加工只贴商标的行为，视同应税消费品的生产行为。发生上述生产行为的单位和个人应按规定申报缴纳消费税。

第四章　城市维护建设税
答案与解析

一、单项选择题

4.1 ▶ D　4.2 ▶ B　4.3 ▶ C　4.4 ▶ C　4.5 ▶ D

4.6 ▶ B　4.7 ▶ A

二、多项选择题

4.8 ▶ BD　4.9 ▶ ABCE　4.10 ▶ AB

一、单项选择题

4.1 斯尔解析　D　本题考查城市维护建设税的特点。

城市维护建设税具有以下特点：

（1）属于一种附加税，没有独立的征税对象，以增值税、消费税实际缴纳的税额之和为计税依据。（选项 AC 不当选）

（2）根据城建规模设计不同的差别比例税率。（选项 B 不当选）

（3）征收范围较广，缴纳增值税、消费税的单位和个人都要缴纳城市维护建设税。（选项 D 当选）

4.2 斯尔解析　B　本题考查城市维护建设税的税率形式。

选项 B 当选，城市维护建设税实行地区差别比例税率，纳税人所在地区不同，适用不同档次的税率。

4.3 斯尔解析　C　本题考查城市维护建设税的计税依据。

选项 C 当选，生产企业出口货物实行免、抵、退税办法，当期免抵的增值税税额应纳入城市维护建设税的计征范围，按规定的税率征收城市维护建设税。

选项 A 不当选，对进口货物或者境外单位和个人向境内销售劳务、服务、无形资产缴纳的增值税、消费税税额，不征收城市维护建设税。

选项 B 不当选，城市维护建设税以实际缴纳的增值税、消费税为计税依据，不包括加收的滞纳金和罚款。

选项 D 不当选，对实行增值税期末留抵退税的纳税人，其退还的增值税期末留抵税额应在计税依据中扣除。

4.4 斯尔解析 C 本题考查城市维护建设税应纳税额的计算。

选项 C 当选，城市维护建设税的计税依据为实际缴纳的增值税、消费税税额，对进口货物或者境外单位和个人向境内销售劳务、服务、无形资产缴纳的增值税、消费税税额，不征收城市维护建设税。甲企业位于市区，适用 7% 的税率。

故该企业当期应缴纳城市维护建设税 =（30+15）×7%=3.15（万元）。

选项 A 不当选，税率适用错误，误用成 5% 的税率。

选项 B 不当选，误将进口环节缴纳的 2 万元从计税依据中扣除。

选项 D 不当选，误将进口环节缴纳的 2 万元并入计税依据。

提示：实际缴纳的 20 万元增值税中不包括进口环节缴纳的 2 万元，所以无须再从计税依据中扣除。

4.5 斯尔解析 D 本题考查城市维护建设税税率的适用。

选项 D 当选、选项 C 不当选，城市维护建设税的适用税率，一般规定按纳税人所在地的适用税率执行，但对下列两种情况，可按纳税人缴纳增值税、消费税（以下简称“两税”）所在地的规定税率就地缴纳城市维护建设税：（1）由受托方代收、代扣“两税”的单位和个人；（2）流动经营等无固定纳税地点的单位和个人。

选项 A 不当选，行政区划变更的，自变更完成当月起适用新行政区划对应的城市维护建设税税率。

选项 B 不当选，纳税人预缴增值税时，以预缴的增值税税额为计税依据，并按预缴增值税所在地的城市维护建设税适用税率就地计算缴纳城市维护建设税。

4.6 斯尔解析 B 本题考查预缴城市维护建设税应纳税额的计算。

选项 B 当选，一般纳税人跨县（市、区）提供建筑服务，适用一般计税方法，应以取得的全部价款和价外费用扣除分包款后的余额按照 2% 的预征率在建筑服务发生地预缴增值税，同时根据预缴的增值税额就地预缴城市维护建设税，县城适用的城市维护建设税的税率为 5%。故甲企业应在 B 县预缴城市维护建设税 =（5 000−2 000）÷（1+9%）×2%×5%=2.75（万元）。

选项 A 不当选，以取得的全部价款和价外费用计算预缴增值税额。

选项 C 不当选，误用 9% 税率计算预缴增值税额。

选项 D 不当选，误用 7% 税率计算预缴城市维护建设税。

4.7 斯尔解析 A 本题考查城市维护建设税的减免规定。

选项 A 当选，城市维护建设税为附加税，原则上不单独规定减免税。

选项 B 不当选，对实行增值税期末留抵退税的纳税人，其退还的增值税期末留抵税额应在计税依据中扣除。

选项 C 不当选，对增值税、消费税采用先征后返、先征后退、即征即退办法的，除另有规定外，随增值税、消费税附征的城市维护建设税和教育费附加一律不予退（返）还。

选项 D 不当选，生产企业出口货物实行免、抵、退税办法后，经税务局正式审核批准的当期免抵的增值税税额应纳入城市维护建设税的计征范围，分别按规定的税（费）率征收城市维护建设税和教育费附加。

二、多项选择题

4.8 斯尔解析 **BD** 本题考查城市维护建设税的计税依据。

选项 B 当选，生产企业出口货物实行免、抵、退税办法后，当期免抵的增值税税额应纳入城市维护建设税的计征范围，分别按规定的税（费）率征收城市维护建设税和教育费附加。

选项 D 当选，城市维护建设税的计税依据，指纳税人依法实际缴纳的增值税、消费税税额。

选项 A 不当选，对实行增值税期末留抵退税的纳税人，其退还的增值税期末留抵税额应在城市维护建设税计税依据中扣除。

选项 C 不当选，依照增值税、消费税相关法律法规和税收政策规定，直接减征或免征的增值税、消费税税额同时减免城市维护建设税。

选项 E 不当选，城市维护建设税计税依据不包括因进口货物或境外单位和个人向境内销售劳务、服务、无形资产缴纳的增值税、消费税税额。

4.9 斯尔解析 **ABCE** 本题考查城市维护建设税计税依据的判定。

选择 AC 当选、选项 D 不当选，城市维护建设税的计税依据是纳税人实际缴纳的增值税、消费税税额，但对进口货物或者境外单位和个人向境内销售劳务、服务、无形资产缴纳的增值税、消费税税额，不征收城市维护建设税。

选项 B 当选，关税不属于城市维护建设税的计税依据。

选项 E 当选，对由于减免增值税、消费税而发生的退税，同时退还已纳的城市维护建设税。

4.10 斯尔解析 **AB** 本题考查城市维护建设税的相关规定。

选项 C 不当选，城市维护建设税的纳税义务发生时间、纳税地点、纳税期限比照增值税、消费税（简称“两税”）的相应规定，城市维护建设税分别与增值税、消费税同时缴纳。

选项 D 不当选，在中华人民共和国境内缴纳“两税”的个人也为城市维护建设税的纳税人，应当依照规定缴纳城市维护建设税。

选项 E 不当选，其他个人出租异地不动产无须在不动产所在地预缴增值税，相应也无须预缴附加税。

第五章　土地增值税
答案与解析

一、单项选择题

题号	答案	题号	答案	题号	答案	题号	答案	题号	答案
5.1	D	5.2	B	5.3	C	5.4	C	5.5	A
5.6	D	5.7	C	5.8	C	5.9	C	5.10	D
5.11	C	5.12	C	5.13	D	5.14	C	5.15	B
5.16	C	5.17	D	5.18	C	5.19	D	5.20	B

二、多项选择题

题号	答案	题号	答案	题号	答案	题号	答案	题号	答案
5.21	BC	5.22	ACDE	5.23	ABE	5.24	BCDE	5.25	BCE
5.26	AD	5.27	CE	5.28	ACE	5.29	BC	5.30	ACD

三、计算题

题号	答案	题号	答案	题号	答案	题号	答案
5.31 (1)	D	5.31 (2)	D	5.31 (3)	A	5.31 (4)	B
5.32 (1)	B	5.32 (2)	B	5.32 (3)	C	5.32 (4)	B
5.33 (1)	B	5.33 (2)	D	5.33 (3)	D	5.33 (4)	A
5.34 (1)	B	5.34 (2)	C	5.34 (3)	D	5.34 (4)	C

四、综合分析题

5.35 (1) ▶ C	5.35 (2) ▶ C	5.35 (3) ▶ D	5.35 (4) ▶ C
5.35 (5) ▶ D	5.35 (6) ▶ AD	5.36 (1) ▶ D	5.36 (2) ▶ C
5.36 (3) ▶ B	5.36 (4) ▶ D	5.36 (5) ▶ D	5.36 (6) ▶ ABE

一、单项选择题

5.1 斯尔解析 D 本题考查土地增值税的征税范围。

选项 D 当选，不征收土地增值税的赠与行为只包括以下两种：（1）将房地产赠与直系亲属或承担直接赡养义务人；（2）公益性赠与。除此之外的房地产赠与行为都要征收土地增值税。

选项 A 不当选，虽然房地产在评估过程中增值，但是并没有发生房地产权属的转让，所以房产评估增值不属于土地增值税的征税范围。

选项 B 不当选，由于房地产在出租期间并没有发生权属变更，因此，在房地产出租时不征收土地增值税。

选项 C 不当选，房地产的继承不属于土地增值税的征税范围。

5.2 斯尔解析 B 本题考查土地增值税的征税范围。

选项 B 当选，转让国有土地使用权、地上的建筑物及其附着物并取得收入的单位和个人都需要缴纳土地增值税。单位包括各类企业单位、事业单位、国家机关、社会团体以及其他组织，个人包括个体工商户和自然人个人。

选项 A 不当选，房产的评估增值未发生产权的转移，不缴纳土地增值税。

选项 C 不当选，企业以房地产抵押借款，抵押期间产权没有发生权属变更，不征收土地增值税。

选项 D 不当选，土地增值税的征收范围是纳税人有偿转让国有土地使用权、地上建筑物及其附着物。村委会自行转让集体土地使用权，按现行规定不征税。

5.3 斯尔解析 C 本题考查土地增值税税率。

选项 C 当选，土地增值税采用四级超率累进税率。

5.4 斯尔解析 C 本题考查土地增值税超率累进税率。

选项 C 当选，增值额 =8 000−3 500=4 500（万元）。

增值率 =4 500 ÷ 3 500 × 100%=128.57%

适用第 3 级税率，即税率为 50%、速算扣除系数为 15%。

5.5 斯尔解析 A 本题考查土地增值税清算条件。

对符合以下条件之一的，主管税务机关可要求纳税人进行土地增值税清算：

（1）已竣工验收的房地产开发项目，已转让的房地产建筑面积占整个项目可售建筑面积的比例在 85% 以上，或该比例虽未超过 85%，但剩余的可售建筑面积已经出租或自用的。

（2）取得销售（预售）许可证满 3 年仍未销售完毕的。（选项 B 不当选）

（3）纳税人申请注销税务登记但未办理土地增值税清算手续的。（选项 A 当选）

（4）省税务机关规定的其他情况。

选项 C 不当选，不属于主管税务机关可要求纳税人进行土地增值税清算的情形。

选项 D 不当选，属于纳税人应进行土地增值税清算的情形。

5.6 斯尔解析　D　本题考查土地增值税应税收入的确认。

选项 D 当选，营改增前转让房地产取得的收入为含营业税的收入；营改增后转让房地产取得的收入为不含增值税的收入。

选项 A 不当选，对取得的无形资产收入，要进行专门的评估，在确定其价值后折算成货币收入。

选项 B 不当选，房地产企业用建造的清算项目安置回迁户的，安置用房视同销售处理，按规定确认收入。

选项 C 不当选，对于县级及县级以上人民政府要求房地产开发企业在售房时代收的各项费用，如果代收费用是计入房价中向购买方一并收取的，可作为转让房地产所取得的收入计税；如果代收费用未计入房价中，而是在房价之外单独收取的，可以不作为转让房地产的收入。

5.7 斯尔解析　C　本题考查土地增值税应税收入的计算。

选项 C 当选，房地产开发企业中的一般纳税人销售其开发的房地产项目适用一般计税方法计税，以取得的全部价款和价外费用，扣除受让土地时向政府部门支付的土地价款后的余额为销售额，按照 9% 的税率计算销项税额。销项税额 =（10 900–4 000）÷（1+9%）× 9%= 569.72（万元）。

应税收入 =10 900–569.72=10 330.28（万元）

选项 A 不当选，误以扣除地价款后的销售额作为应税收入。

选项 B 不当选，计算销项税额时没有扣除地价款。

选项 D 不当选，误以含税收入作为应税收入。

5.8 斯尔解析　C　本题考查土地增值税应税收入的确定。

选项 C 当选，用于抵顶建筑供应商等值的建筑材料的 5 000 平方米应视同销售确认收入；对外出租的 1 000 平方米，权属未发生转移，不征收土地增值税，不需要确认应税收入。

故该房地产开发公司在计算土地增值税时的应税收入 =60 000 ÷ 30 000 ×（30 000+5 000）= 70 000（万元）。

选项 A 不当选，没有将 5 000 平方米视同销售确认收入。

选项 B 不当选，没有将 5 000 平方米视同销售确认收入，而将对外出租的 1 000 平方米收取的租金 56 万元确认为应税收入。

选项 D 不当选，误将对外出租的 1 000 平方米收取的租金 56 万元确认为应税收入。

5.9 斯尔解析　C　本题考查土地增值税清算时应税收入的计算。

选项 C 当选，具体计算过程如下：

土地增值税清算时以取得的不含增值税收入确认收入，需分别计算转让两个项目应缴纳的增值税，将含税收入还原为不含税收入。

（1）A项目选择简易计税方法缴纳增值税，适用5%征收率，以销售额全额计征增值税，应纳增值税=50 000÷（1+5%）×5%=2 380.95（万元），转让A项目不含税收入=50 000−2 380.95=47 619.05（万元）。

（2）B项目适用一般计税方法缴纳增值税，以取得的全部价款和价外费用，扣除受让土地时向政府部门支付的土地价款后的余额为销售额，应缴纳增值税=（30 000−7 000）÷（1+9%）×9%=1 899.08（万元），转让B项目不含税收入=30 000−1 899.08=28 100.92（万元）。

综上，两个项目确认收入合计=47 619.05+28 100.92=75 719.97（万元）。

选项A不当选，B项目计算增值税时没有扣除地价款。

选项B不当选，A项目计算增值税时扣除了地价款。

选项D不当选，没有作价税分离。

5.10 斯尔解析 D 本题考查土地增值税的扣除项目。

选项D当选，房地产开发企业在工程竣工验收后，根据合同约定，扣留建筑安装施工企业一定比例的工程款，作为开发项目的质量保证金，在计算土地增值税时，建筑安装施工企业就质量保证金对房地产开发企业开具发票的，按发票所载金额予以扣除；未开具发票的，扣留的质量保证金不得计算扣除。

选项A不当选，拆迁补偿费作为房地产开发成本扣除。

选项BC不当选，逾期开发土地闲置费、预提费用，不得扣除。

5.11 斯尔解析 C 本题考查转让旧房及建筑物的扣除。

选项C当选，纳税人转让旧房及建筑物，凡不能取得评估价格，但能提供购房凭据，且提供的购房凭据为营改增后取得的增值税普通发票的，按照发票所载价税合计金额从购买年度起至转让年度止每年加计5%计算。每满12个月计一年；超过一年，不满12个月但超过6个月的，可以视同为一年。本题中，该房屋于2022年6月购入，2023年8月转让，满一年加计5%，可以扣除旧房金额以及加计扣除金额合计=（350+17.5）×（1+5%）=385.88（万元）。

选项A不当选，没有加上增值税税额。

选项BD不当选，年限计算错误。

5.12 斯尔解析 C 本题考查土地增值税房地产开发费用的扣除。

选项C当选，具体计算过程如下：

（1）会计上核算的三大期间费用，不完全按房地产项目进行分摊，所以土地增值税中的房地产开发费用，要按照税法规定的标准进行扣除。纳税人能按转让房地产项目分摊利息支出并能提供金融机构贷款证明的，允许扣除的房地产开发费用=利息+（取得土地使用权所支付的金额+房地产开发成本）×5%。

（2）开发成本中的资本化利息应调至开发费用中扣除，与财务费用中的利息一并单独扣除。

综上，允许扣除的房地产开发费用=（3 000+1 000）+（50 000+101 000−1 000）×5%=11 500（万元）。

选项 A 不当选，只将资本化利息从房地产开发成本中减除，没有单独作为利息进行扣除。

选项 B 不当选，误直接用销售费用、管理费用和财务费用三大期间费用作为房地产开发费用的扣除。

选项 D 不当选，没有将资本化利息调至开发费用中扣除，直接作为了开发成本的基数。

5.13 斯尔解析 D 本题考查土地增值税扣除项目的相关规定。

选项 A 不当选，超过贷款期限的利息和超过商业银行同期同类贷款利率水平计算的部分都不允许扣除。

选项 B 不当选，耕地占用税应计入房地产开发成本中扣除。

选项 C 不当选，销售费用、管理费用和财务费用在计算土地增值税时不按会计制度上核算的实际发生的费用进行扣除，必须按照《中华人民共和国土地增值税法》的相关规定进行扣除。

5.14 斯尔解析 C 本题考查房地产开发企业土地增值税的扣除项目。

选项 C 当选，开发建造的与清算项目配套的学校，建成后无偿移交政府的，其成本、费用可以在计算土地增值税时扣除。

选项 A 不当选，房地产开发企业销售已装修的房屋，其装修费用准予在计算土地增值税时扣除。

选项 BD 不当选，对从事房地产开发的纳税人允许按照取得土地使用权时支付的金额和房地产开发成本之和加计扣除 20%。

5.15 斯尔解析 B 本题考查房地产开发企业转让新建项目时可以扣除的取得土地使用权所支付的金额。

选项 B 当选，具体计算过程如下：

（1）取得土地使用权所支付的金额是指纳税人为取得土地使用权所支付的地价款和按国家统一规定缴纳的有关费用之和。其中按国家统一规定缴纳的有关费用，是指纳税人在取得土地使用权过程中为办理有关手续，按国家统一规定缴纳的有关过户、登记手续费。

（2）房地产开发企业为取得土地使用权所支付的契税，应视同“按国家统一规定缴纳的有关费用”，计入“取得土地使用权所支付的金额”中扣除。

综上，该公司缴纳土地增值税时可以扣除的取得土地使用权所支付的金额 = 地价款 + 契税 + 登记费 =7 000+210+0.1=7 210.1（万元）。

选项 A 不当选，没有将登记费 0.1 万元计算在内。

选项 C 不当选。没有将登记费 0.1 万元计算在内，而将印花税 3.5 万元计算在内。

选项 D 不当选，误将印花税 3.5 万元计算在内。

5.16 斯尔解析 C 本题考查转让的旧房及建筑物有评估价格时，土地增值税的扣除。

选项 C 当选，纳税人转让旧房能够取得评估价格的，应按房屋及建筑物的评估价格、取得土地使用权所支付的地价款和按国家统一规定缴纳的有关费用，以及在转让环节缴纳的税金作为扣除项目金额计征土地增值税。旧房及建筑物的评估价格 = 重置成本价 × 成新度折扣率。故该企业转让厂房计算土地增值税时准予扣除的项目金额 =600+1 450 × 60%+10=1 480（万元）。

选项 A 不当选，没有扣除评估价格。

选项 B 不当选，只扣除了旧房及建筑物的评估价格。

选项 D 不当选，误将重置成本价作为评估价格。

5.17 斯尔解析 D 本题考查土地增值税与转让房地产有关的税金。

选项 D 当选，与转让房地产有关的税金，包括转让房地产时缴纳的印花税、城市维护建设税、教育费附加和地方教育附加。其中，房地产开发企业缴纳的印花税列入管理费用，已相应予以扣除，因此，不允许作为与转让环节有关的税金再重复扣除。其他的土地增值税纳税义务人在计算土地增值税时允许扣除在转让时缴纳的印花税。

选项 A 不当选，房地产开发企业转让新建房时，为取得土地使用权所支付的契税，应视同"按国家统一规定缴纳的有关费用"，计入"取得土地使用权所支付的金额"中扣除，不作为转让房地产有关的税金扣除。

选项 BC 不当选，土地增值税的扣除项目中，不包括增值税和城镇土地使用税。

5.18 斯尔解析 C 本题考查土地增值税的税收优惠。

选项 C 当选，因城市实施规划、国家建设的需要而搬迁，由纳税人自行转让原房地产的，免征土地增值税。

选项 A 不当选，以房地产抵债而发生房地产产权转让的，属于土地增值税的征税范围，应照常征收土地增值税。

选项 B 不当选，整体改制重组中，改制前企业将房地产转移至改制后企业的行为，暂不征收土地增值税，但房地产转移任意一方为房地产开发企业的除外。

选项 D 不当选，转让普通标准住宅及转让旧房作为改造安置住房、公租房时增值率未超过 20% 的，免征土地增值税，转让写字楼应照常征收土地增值税。

5.19 斯尔解析 D 本题考查土地增值税征收管理。

选项 D 当选，对于符合清算条件应进行土地增值税清算的项目，纳税人应当在满足条件之日起 90 日内到主管税务机关办理清算手续。

5.20 斯尔解析 B 本题考查土地增值税清算的相关规定。

选项 A 不当选，主管税务机关已受理的清算申请，纳税人无正当理由不得撤销。

选项 C 不当选，将开发的部分房地产转为企业自用，产权未发生转移，不确认收入，同时对应的成本费用不得扣除。

选项 D 不当选，房地产开发企业办理土地增值税清算所附送的开发成本中"前期工程费、建筑安装工程费、基础设施费、开发间接费用"的凭证或资料不符合清算要求或不实的，税务机关可参照当地建设工程造价管理部门公布的建安造价定额资料，结合房屋结构、用途、区位等因素，核定上述四项开发成本的单位面积金额标准，并据以计算扣除。开发费用按照取得土地使用权所支付的金额和房地产开发成本之和的一定比例扣除。

二、多项选择题

5.21 斯尔解析 BC 本题考查土地增值税征税范围的辨析。

选项 B 当选，企业、单位和个人等经济主体转让国有土地使用权，需要缴纳土地增值税。

选项 C 当选、选项 D 不当选，不征收土地增值税的赠与行为只包括以下两种：（1）将房地产赠与直系亲属或承担直接赡养义务人；（2）公益性赠与。除此之外的房地产赠与行为都要征收土地增值税。

选项 A 不当选，土地增值税是对转让国有土地使用权及其地上建筑物和附着物的行为征税，不包括出让国有土地使用权所取得的收入。

选项 E 不当选，对闲置厂房进行改造，权属未发生转移，不征收土地增值税。

5.22 斯尔解析 ACDE 本题考查土地增值税的视同销售。

选项 ACDE 当选，都涉及开发产品权属的转移，应视同销售缴纳土地增值税。

选项 B 不当选，房地产开发公司将开发产品对外出租，开发的产品没有发生权属转移，不属于土地增值税的征税范围，不需要视同销售。

5.23 斯尔解析 ABE 本题考查土地增值税清算的扣除项目。

选项 ABE 当选，开发间接费用、前期工程费和支付给回迁户的补偿差价属于房地产开发成本，允许据实扣除。

选项 C 不当选，对于售房时的代收费用，如果是计入房价向购买方一并收取，需计入收入，允许扣除，但不得作为加计 20% 扣除的基数；如果未计入房价，在房价之外单独收取，不计入收入，不得扣除。

选项 D 不当选，房地产开发费用不按会计制度上核算的实际发生的费用进行扣除，必须按照土地增值税法的下列规定扣除。

利息支出是否可明确区分	允许扣除的房地产开发费用	提示
纳税人能够按转让房地产项目计算分摊利息支出并能提供金融机构贷款证明	公式一：利息 +（取得土地使用权所支付的金额 + 房地产开发成本）×5%（以内）	利息最高不能超过按商业银行同期同类贷款利率计算的金额，且加息、罚息等均不可扣除
纳税人不能按转让房地产项目计算分摊利息支出或不能提供金融机构贷款证明	公式二：（取得土地使用权所支付的金额 + 房地产开发成本）×10%（以内）	纳税人全部使用自有资金，没有利息支出的，按此公式扣除（具体比例按规定）

5.24 斯尔解析 BCDE 本题考查土地增值税扣除项目。

选项 BCDE 当选，房地产开发成本包括土地征用及拆迁补偿费、前期工程费、建筑安装工程费、基础设施费、公共配套设施费、开发间接费用。房地产开发成本中土地征用及拆迁补偿费包括土地征用费、耕地占用税、劳动力安置费及有关地上、地下附着物拆迁补偿的净支出、安置动迁用房支出等。

选项 A 不当选，房地产开发企业为取得土地使用权所支付的契税，应视同“按国家统一规定缴纳的有关费用”，计入“取得土地使用权所支付的金额”中扣除。

5.25 斯尔解析 BCE 本题考查按房地产的评估价格计算征收土地增值税的情形。

纳税人有下列情形之一的，按照房地产评估价格计算征收：

（1）隐瞒、虚报房地产成交价格的。（选项 B 当选）

（2）提供扣除项目金额不实的。（选项 C 当选）

（3）转让房地产的成交价格低于房地产评估价格，又无正当理由的。（选项 E 当选）

选项 AD 不当选，属于核定征收土地增值税的情形。

5.26 斯尔解析 AD 本题考查土地增值税清算时扣除项目的规定。

选项 A 当选，房地产开发企业销售已装修的房屋，其装修费用可以计入房地产开发成本中扣除。

选项 D 当选，房地产开发企业支付给回迁户的补差价款，应计入拆迁补偿款；回迁户支付给房地产开发企业的补差价款，应抵减拆迁补偿费扣除项目的金额。

选项 B 不当选，属于多个房地产项目共同的成本费用的，应按清算项目可售建筑面积占多个项目可售总建筑面积的比例或其他合理的方法，计算确定清算项目的扣除金额。

选项 C 不当选，与清算项目配套的公共基础设施，建成后有偿出租的，成本费用不得扣除；有偿转让的，成本费用准予扣除。

选项 E 不当选，已经计入房地产开发成本的利息支出，应调整至财务费用中计算扣除。

5.27 斯尔解析 CE 本题考查土地增值税税收优惠。

选项 C 当选、选项 B 不当选，企业整体改制重组中，改制前企业将房地产转移至改制后企业的行为，暂不征收土地增值税，但该税收优惠不适用于房地产转移任意一方为房地产开发企业的情形。

选项 E 当选，企事业单位、社会团体以及其他组织转让旧房作为改造安置住房房源且增值额未超过扣除项目金额 20% 的，免征土地增值税。

选项 A 不当选，转让闲置仓库无优惠政策，需要按规定计算缴纳土地增值税。

选项 D 不当选，对闲置房产进行改造，未发生房地产权属的转移，不属于土地增值税征税范围。

5.28 斯尔解析 ACE 本题考查土地增值税的税收优惠。

选项 ACE 当选，均属于土地增值税免征项目。

选项 B 不当选，以分期收款方式转让房地产的，应缴纳土地增值税。

选项 D 不当选，与改制重组有关的土地增值税免税政策不适用于房地产转移任意一方为房地产开发企业的情形。

5.29 斯尔解析 BC 本题考查土地增值税的清算条件。

纳税人符合下列条件之一的，应进行土地增值税的清算：

（1）房地产开发项目全部竣工、完成销售的。（选项 C 当选）

（2）整体转让未竣工决算房地产开发项目的。（选项 B 当选）

（3）直接转让土地使用权的。

选项 AE 不当选，不属于应进行土地增值税清算的情形，也未达到税务机关可要求纳税人进行土地增值税的清算的条件：竣工验收的房地产开发项目，已转让的房地产建筑面积占整个项目可售面积的比例在 85% 以上，或该比例虽未超过 85%，但剩余的可售建筑面积已经出租或者自用的，税务机关可要求纳税人进行土地增值税的清算。

选项 D 不当选，取得销售（预售）许可证满 3 年仍未销售完毕的，税务机关可要求纳税人进行土地增值税的清算。

提示：区分土地增值税的清算条件中“应进行清算”和“主管税务机关可要求纳税人进行清算”的情况。

5.30 斯尔解析 ACD 本题考查土地增值税征收管理。

选项 B 不当选，纳税人应自转让房地产合同签订之日起 7 日内，向房地产所在地的主管税务机关办理纳税申报，并在税务机关核定的期限内缴纳土地增值税。

选项 E 不当选，纳税人应当在满足土地清算条件之日起 90 日内到主管税务机关办理清算手续。

三、计算题

5.31 (1) 斯尔解析 D 本小问考查允许扣除的取得土地使用权所支付的金额。

选项 D 当选，取得土地使用权所支付的金额包括两部分：①取得土地使用权所支付的金额。②取得土地使用权按国家统一规定缴纳的有关费用。它是指纳税人在取得土地使用权过程中为办理有关手续，按国家统一规定缴纳的有关登记、过户手续费。其中房地产开发企业为取得土地使用权所支付的契税，应视同“按国家统一规定缴纳的有关费用”，计入“取得土地使用权所支付的金额”中扣除。

故允许扣除的取得土地使用权所支付的金额 =6 000+180+3=6 183（万元）。

选项 A 不当选，仅计算已销售可售面积对应的取得土地使用权所支付的金额。

选项 B 不当选，未将登记过户手续费计入取得土地使用权所支付的金额。

选项 C 不当选，未将缴纳的契税计入取得土地使用权所支付的金额。

(2) 斯尔解析 D 本小问考查与转让环节相关的税金。

选项 D 当选，准予扣除的转让环节的税金有城市维护建设税和教育费附加。房地产开发企业中的一般纳税人销售自行开发的房地产项目，选择适用简易计税方法的，以取得的全部价款和价外费用按照 5% 征收率计税。房地产开发企业将自己开发的产品用于对外投资，发生所有权转移的应视同销售房地产。

故缴纳增值税 =20 000 ÷ 80% ÷（1+5%）× 5%=1 190.48（万元）。

城市维护建设税和教育费附加合计 =1 190.48 ×（7%+3%）=119.05（万元）

选项 A 不当选，城市维护建设税误用税率 5%。

选项 B 不当选，误以 20 000 万元计算缴纳增值税。

选项 C 不当选，误以取得的全部价款和价外费用扣除取得的土地使用权所支付的金额计算缴纳增值税。

(3) 斯尔解析 A 本小问考查土地增值税扣除项目。

选项 A 当选，具体计算过程如下：

①取得土地使用权所支付的金额为 6 183 万元。

②房地产开发成本包括土地征用及拆迁补偿费、前期工程费、建筑安装工程费、基础设施费、公共配套设施费、开发间接费用。房地产开发企业逾期开发缴纳的土地闲置费不得扣除。故准予扣除的房地产开发成本 =125+3 500+500+800+73=4 998（万元）。

③对于房地产开发费用，纳税人能够按转让房地产项目计算分摊利息支出并能够提供金融机构贷款证明的，允许扣除的房地产开发费用 = 利息 +（取得土地使用权所支付的金额 + 房地产开发成本）× 5%=（450−50）+（6 183+4 998）× 5%=959.05（万元）。

提示：加息、罚息不可扣除。

④准予扣除的与转让房地产有关的税金为 119.05 万元。

⑤对从事房地产开发的纳税人，允许按取得土地使用权时所支付的金额和房地产开发成本之和，加计 20% 扣除。

综上，准予扣除的项目金额合计 =6 183+4 998+959.05+119.05+（6 183+4 998）× 20%=14 495.3（万元）。

（4）斯尔解析 B 本小问考查土地增值税的计算。

选项 B 当选，具体计算过程如下：

①不含税收入 =20 000 ÷ 80%−1 190.48=23 809.52（万元）。

②允许扣除的项目金额合计 14 495.3 万元。

③增值额 =23 809.52−14 495.3=9 314.22（万元）。

④增值率 =9 314.22 ÷ 14 495.3 × 100%=64.26%，适用税率为 40%、速算扣除系数为 5%。

综上，应缴纳土地增值税 =9 314.22 × 40%−14 495.3 × 5%=3 000.92（万元）。

5.32 （1）斯尔解析 B 本小问考查转让房地产时应纳增值税的计算。

选项 B 当选，具体计算过程如下：

①一般纳税人转让其外购的不动产，选择简易计税方法的，已取得全部价款和价外费用扣除不动产购置原价或者取得不动产时的作价后的余额为销售额，按照 5% 的征收率计算应纳税额。

②纳税人以契税的计税金额进行差额扣除的，2016 年 4 月 30 日及以前缴纳契税的，增值税的应纳税额 =（全部交易价格 − 契税计税金额）÷（1+5%）× 5%。

综上，该机械厂转让厂房应缴纳增值税 =（3 100−1 560）÷（1+5%）× 5%=73.33（万元）。

选项 A 不当选，误用作营改增后缴纳契税的公式。

选项 C 不当选，没有作价税分离。

选项 D 不当选，没有差额计税，而是全额计税。

（2）斯尔解析 B 本小问考查土地增值税准予扣除的转让环节的税金的计算。

选项 B 当选，在不考虑印花税和地方教育附加的情况下，准予扣除的转让环节的税金有城市维护建设税和教育费附加，该机械厂位于市区，城市维护建设税适用 7% 的税率，教育费附加的比率为 3%，故该机械厂转让厂房计算土地增值税时准予扣除的转让环节的税金 =73.33 ×（7%+3%）=7.33（万元）。

选项 A 不当选，城市维护建设税的税率适用错误，误用 5% 的税率。

选项 C 不当选，第一小问的增值税计算错误，误用 147.62 万元作为计算城市维护建设税和教育费附加的计征依据。

选项 D 不当选，误将题目中给出的契税也考虑在内。

(3) 斯尔解析　C　本小问考查土地增值税准予扣除项目金额的计算。

选项 C 当选，具体计算过程如下：

①纳税人转让旧房能够取得评估价格的，应按房屋及建筑物的评估价格、取得土地使用权所支付的地价款和按国家统一规定缴纳的有关费用，以及在转让环节缴纳的税金作为扣除项目金额计征土地增值税。

②本题中的旧房属于外购厂房，不涉及取得土地使用权所支付的金额的扣除，旧房及建筑物的评估价格 = 重置成本价 × 成新度折扣率。

综上，准予扣除项目金额 = 评估价格 + 转让环节有关税金 =3 800×40%+7.33=1 527.33（万元）。

选项 A 不当选，误直接按照房屋的账面净值进行扣除。

选项 B 不当选，评估价格计算错误，误用房屋原价乘以成新度折扣率计算。

选项 D 不当选，税金计算错误，误以 54.13 万元作为税金扣除。

(4) 斯尔解析　B　本小问考查土地增值税应纳税额的计算。

选项 B 当选，具体过程如下：

应税收入 =3 100−73.33=3 026.67（万元）

增值额 =3 026.67−1 527.33=1 499.34（万元）

增值率 =1 499.34÷1 527.33×100%=98.17%，适用税率为 40%、速算扣除系数为 5%。

应缴纳的土地增值税额 =1 499.34×40%−1 527.33×5%=523.37（万元）

5.33　(1) 斯尔解析　B　本小问考查转让房地产时应纳增值税的计算。

选项 B 当选，一般纳税人转让其 2016 年 4 月 30 日前自建取得的不动产，选择适用简易计税方法的，以取得的全部价款和价外费用为销售额，按照 5% 的征收率计算应纳税额，故该公司转让办公楼应缴纳增值税 =9 000÷（1+5%）×5%=428.57（万元）。

选项 A 不当选，误按照差额计算增值税。

选项 C 不当选，误按照一般计税方法适用税率计算增值税，并且按照差额纳税。

选项 D 不当选，误按照一般计税方法适用税率计算增值税。

(2) 斯尔解析　D　本小问考查与转让房地产有关的税金的计算。

选项 D 当选，可扣除与转让房地产有关的税金包括印花税、城市维护建设税、教育费附加和地方教育附加。该公司位于市区，城市维护建设税适用 7% 的税率。

故可扣除与转让房地产有关的税金 =428.57×（7%+3%+2%）+4.5=55.93（万元）。

选项 A 不当选，城市维护建设税税率适用错误，误用 5% 的税率。

选项 B 不当选，第一小问增值税计算错误，误以 390.48 万元作为城市维护建设税、教育费附加和地方教育附加的计征依据。

选项 C 不当选，没有将印花税考虑在内。

(3) 斯尔解析　D　本小问考查土地增值税准予扣除项目金额的计算。

选项 D 当选，具体计算过程如下：

①纳税人转让旧房能够取得评估价格的，应按房屋及建筑物的评估价格、取得土地使用权所支付的地价款和按国家统一规定缴纳的有关费用，以及在转让环节缴纳的税金作为扣除项目

金额计征土地增值税。

②旧房及建筑物的评估价格 = 重置成本价 × 成新度折扣率 =5 000×50%=2 500（万元）。

③支付的评估费用允许在计算土地增值税时扣除。

综上，可扣除项目金额 =2 500+310+10+55.93=2 875.93（万元）。

选项 A 不当选，误以造价 800 万元乘以成新度折扣率作为评估价格。

选项 B 不当选，误以办公楼的造价和税金之和作为可扣除项目金额。

选项 C 不当选，没有考虑评估费的扣除。

(4) 斯尔解析 A 本小问考查土地增值税应纳税额的计算。

选项 A 当选，具体计算过程如下：

①应税收入 =9 000−428.57=8 571.43（万元）。

②增值额 =8 571.43−2 875.93=5 695.5（万元）。

③增值率 =5 695.5÷2 875.93×100%=198.04%，适用税率为 50%、速算扣除系数为 15%。

④应缴纳的土地增值税额 =5 695.5×50%−2 875.93×15%=2 416.36（万元）。

5.34 (1) 斯尔解析 B 本小问考查增值税不含税收入的计算。

选项 B 当选，一般纳税人转让非自建取得的不动产，以取得的全部价款和价外费用扣除不动产购置原价或者取得不动产的作价之后的余额为销售额，采用简易计税方法计算增值税，营改增之前的购房发票金额包含营业税。按照下列公式计算增值税的应纳税额：

增值税应纳税额 =［全部交易价格（含增值税）− 购房发票金额（含营业税）］÷（1+5%）×5%

转让仓库应缴纳的增值税 =（815−500）÷（1+5%）×5%=15（万元）

不含税收入 =815−15=800（万元）

选项 A 不当选，误以全额计算增值税。

选项 C 不当选，误用成营改增后取得购房发票的公式。

选项 D 不当选，误以一般计税方法计算增值税。

(2) 斯尔解析 C 本小问考查土地增值税允许扣除的与转让房地产有关的税金的计算。

选项 C 当选，对纳税人购房时缴纳的契税，凡能提供契税完税凭证的，准予作为“与转让房地产有关的税金”予以扣除。

应缴纳城市维护建设税、教育费附加和地方教育附加 =15×（7%+3%+2%）=1.8（万元）

转让仓库应纳印花税（价税未分开单独列示）=815×0.5‰=0.41（万元）

允许扣除的与房地产转让有关的税金合计 =20+1.8+0.41=22.21（万元）

选项 A 不当选，误以不含税金额计算印花税，且没有考虑契税。

选项 B 不当选，没有考虑契税。

选项 D 不当选，误以不含税金额计算印花税。

(3) 斯尔解析 D 本小问考查转让旧房且没有评估价格时土地增值税允许扣除的金额的计算。

选项 D 当选，具体计算过程如下：

①纳税人转让旧房及建筑物，凡不能取得评估价格，但能提供购房发票的，可按发票所载金

额并从购买年度起至转让年度止每年加计 5% 计算扣除。按购房发票所载日期起至售房发票开具之日止，每满 12 个月计一年；超过一年，未满 12 个月但超过 6 个月的，可以视同为一年。对纳税人购房时缴纳的契税，不作为加计 5% 的基数。

2016 年 4 月 1 日至 2024 年 6 月 1 日，一共 8 年 2 个月，视为 8 年。

仓库原值的加计扣除额 =500×（1+5%×8）=700（万元）

②允许扣除的税金为 22.21 万元。

综上，扣除项目金额 =700+22.21=722.21（万元）。

选项 A 不当选，没有考虑使用年限的加计。

选项 B 不当选，使用年限计算错误，误按照 9 年加计。

选项 C 不当选，没有考虑税金的扣除。

(4) 斯尔解析　C　本小问考查土地增值税应纳税额的计算。

选项 C 当选，转让仓库应纳土地增值税的增值额 =800−722.21=77.79（万元）。

增值率 =77.79÷722.21×100%=10.77%，适用税率为 30%、速算扣除系数为 0。

故应纳土地增值税 =77.79×30%=23.34（万元）。

四、综合分析题

5.35　(1) 斯尔解析　C　本小问考查土地增值税允许扣除的土地使用权金额。

选项 C 当选，取得土地使用权支付的金额包括土地价款和契税。截至 2023 年 6 月，该项目已销售 90%，另外 10% 赠与本企业职工作为福利视同销售，故计算土地增值税时，各项扣除项目可 100% 扣除。

故允许扣除的取得土地使用权支付的金额 =18 000+540=18 540（万元）。

(2) 斯尔解析　C　本小问考查土地增值税允许扣除的房地产开发成本。

选项 C 当选，房地产开发企业在工程竣工验收后，根据合同约定扣留的建筑安装施工企业质量保证金，在计算土地增值税时，建筑安装施工企业就质量保证金对房地产开发企业开具发票的，按发票所载金额予以扣除。未开具发票的，不予扣除。

此外，缴纳的耕地占用税应作为房地产开发成本进行扣除，准予扣除的开发成本 =6 000−600+100=5 500（万元）。

(3) 斯尔解析　D　本小问考查土地增值税扣除项目。

选项 D 当选，纳税人对于利息支出能够提供金融机构贷款证明的，允许扣除的房地产开发费用 = 利息 +（取得土地使用权所支付的金额 + 房地产开发成本）×5%。其中公式中的“利息”，不能超过按商业银行同类同期贷款利率计算的金额。

开发费用 =2 000+（18 540+5 500）×5%=3 202（万元）

房地产企业加计扣除金额 =（18 540+5 500）×20%=4 808（万元）

扣除项目合计 =18 540+5 500+3 202+300+4 808=32 350（万元）

(4) 斯尔解析　C　本小问考查增值税相关规定。

选项 C 当选，赠与职工的 10% 需要视同销售缴纳增值税和土地增值税，含税销售额 =57 402÷90%=63 780（万元）。

房地产开发企业销售自行开发的商品房，以取得的全部价款和价外费用扣除支付给政府的地价款后的余额为销售额，计算销项税额。

销项税额 =（63 780−18 000）÷（1+9%）×9%=3 780（万元）

（5）斯尔解析 D 本小问考查土地增值税的计算。

选项 D 当选，具体计算过程如下：

①销售收入 =63 780−3 780=60 000（万元）。

②土地增值额 =60 000−32 350=27 650（万元）。

③增值率 =27 650÷32 350×100%=85.47%，适用税率为 40%、速算扣除率为 5%。

综上，应纳土地增值税 =27 650×40%−32 350×5%=9 442.5（万元）。

（6）斯尔解析 AD 本小问考查土地增值税清算的相关规定。

选项 B 不当选，销售（预售）许可证满 3 年仍未销售完毕的，主管税务机关可要求纳税人进行土地增值税清算。

选项 C 不当选，对于符合清算条件应进行土地增值税清算的项目，纳税人应当在满足条件之日起 90 日内到主管税务机关办理清算手续。

选项 E 不当选，销售已装修的房屋，其装修费用可以计入房地产开发成本。

5.36 （1）斯尔解析 D 本小问考查应纳增值税税额的计算。

选项 D 当选，房地产开发企业销售自行开发的商品房，选择适用一般计税方法的，可以扣除从政府手中受让土地时支付的地价款，但是要考虑开发比例和销售比例。

销售商品房的销项税额 =（24 000−6 000×60%×80%）÷（1+9%）×9%=1 743.85（万元）

甲公司出租商品房销项税额 =1 080×9%=97.2（万元）

甲公司销售、出租商品房应缴纳增值税 =1 743.85+97.2−378=1 463.05（万元）

选项 A 不当选，计算销售商品房的销售额时没有扣除地价款。

选项 B 不当选，计算销售商品房的销售额时扣除的地价款没有考虑扣除比例。

选项 C 不当选，计算销售商品房的销售额时扣除的地价款的扣除比例计算错误。

（2）斯尔解析 C 本小问考查土地增值税可扣除的与转让房地产有关的税金的计算。

选项 C 当选，具体计算过程如下：

①转让环节可扣除的税金及附加包括城市维护建设税、教育费附加和地方教育附加。

②总共发生进项税额 378 万元，销售商品房应分摊 80% 的进项税额。应缴纳的增值税 = 销项税额 − 准予抵扣的进项税额 =1 743.85−378×80%=1 441.45（万元）。

③可扣除的与转让房地产有关的税金 =1 441.45×（7%+3%+2%）=172.97（万元）。

选项 ABD 不当选，销售商品房应缴纳的增值税计算错误。

（3）斯尔解析 B 本小问考查土地增值税可扣除取得土地使用权所支付的金额与房地产开发成本的计算。

选项 B 当选，可扣除的土地使用权所支付的金额包括地价款和契税，同时要考虑开发比例和销售比例。

可扣除取得土地使用权所支付的金额 =（6 000+210）×60%×80%=2 980.8（万元）

可扣除的房地产开发成本即为题目中的施工劳务费，按照销售比例扣除：

可扣除的房地产开发成本 =4 200 × 80%=3 360（万元）

可扣除取得土地使用权所支付的金额与房地产开发成本合计 =2 980.8+3 360=6 340.8（万元）

选项 A 不当选，没有考虑开发比例和销售比例。

选项 C 不当选，可扣除取得土地使用权所支付的金额没有考虑开发比例。

选项 D 不当选，可扣除取得土地使用权所支付的金额没有考虑契税。

（4）斯尔解析　D　本小问考查土地增值税可扣除房地产开发费用的计算。

选项 D 当选，利息能够提供金融机构的证明并能够按建筑项目合理分摊的，利息可单独扣除，但是超息、罚息不能扣除，同时，利息也要按照销售比例分摊扣除。

可扣除房地产开发费用 =（500–20）× 80%+6 340.8 × 5%=701.04（万元）

选项 A 不当选，误将罚息也进行扣除。

选项 B 不当选，单独扣除的利息没有考虑销售比例。

选项 C 不当选，误将罚息进行扣除，且利息的扣除没有考虑销售比例。

（5）斯尔解析　D　本小问考查土地增值税应纳税额的计算。

选项 D 当选，具体计算过程如下：

①房地产开发企业加计扣除 =（2 980.8+3 360）× 20%=1 268.16（万元）。

②扣除项目总额 =2 980.8+3 360+172.97+701.04+1 268.16=8 482.97（万元）。

③不含税收入 =24 000–1 743.85=22 256.15（万元）。

④增值额 =22 256.15–8 482.97=13 773.18（万元）。

⑤增值率 =13 773.18 ÷ 8 482.97=162.36%，适用 50% 税率、速算扣除系数为 15%。

综上，应纳土地增值税 =13 773.18 × 50%–8 482.97 × 15%=5 614.14（万元）。

（6）斯尔解析　ABE　本小问考查土地增值税的各项税务处理。

选项 C 不当选，为取得土地使用权支付的契税，应计入“取得土地使用权所支付的金额”中。

选项 D 不当选，房地产开发企业实际缴纳的城市维护建设税、教育费附加，凡能够按清算项目准确计算的，允许据实扣除；凡不能按清算项目准确计算的，则按清算项目预缴增值税时实际缴纳的城市维护建设税、教育费附加扣除。

new

多项选择题

5.37 ▶ ABCD

多项选择题

5.37 斯尔解析 ABCD 本题考查土地增值税税收优惠。

选项 D 当选，选项 E 不当选。纳税人建造普通标准住宅出售，增值额未超过扣除项目金额之和 20% 的，免征土地增值税。

选项 ABC 当选，企业转让旧房作为为改造安置住房、公租房、保障性住房房源，且增值额未超过扣除项目金额之和 20% 的，免征土地增值税。

第六章　资源税
答案与解析

一、单项选择题

6.1 ▶ D	6.2 ▶ C	6.3 ▶ A	6.4 ▶ A	6.5 ▶ C
6.6 ▶ B	6.7 ▶ B	6.8 ▶ B	6.9 ▶ A	6.10 ▶ C
6.11 ▶ B	6.12 ▶ B	6.13 ▶ C	6.14 ▶ B	6.15 ▶ B
6.16 ▶ A	6.17 ▶ C	6.18 ▶ B		

二、多项选择题

6.19 ▶ BDE	6.20 ▶ ACD	6.21 ▶ BC	6.22 ▶ BDE	6.23 ▶ BCD
6.24 ▶ ACD	6.25 ▶ BE	6.26 ▶ BE	6.27 ▶ ABE	

三、计算题

6.28 (1) ▶ C	6.28 (2) ▶ B	6.28 (3) ▶ A	6.28 (4) ▶ D
6.29 (1) ▶ C	6.29 (2) ▶ C	6.29 (3) ▶ B	6.29 (4) ▶ C
6.30 (1) ▶ B	6.30 (2) ▶ A	6.30 (3) ▶ B	6.30 (4) ▶ B

一、单项选择题

6.1 斯尔解析 D 本题考查资源税的纳税义务人。

选项 A 不当选，原油和天然气属于能源矿产税目下的二级子税目，适用税率均为 6%。

选项 B 不当选，有色金属选矿采用幅度比例税率和固定比例税率两种比例税率。

选项 C 不当选，具体适用税率由省、自治区、直辖市人民政府提出，报同级人民代表大会常务委员会决定，并报全国人民代表大会常务委员会和国务院备案。

6.2 斯尔解析 C 本题考查资源税的纳税义务人。

选项 C 当选，在中华人民共和国领域和中华人民共和国管辖的其他海域开发应税资源的单位和个人，为资源税的纳税义务人。进口金属矿产的单位和个人，不属于资源税的纳税义务人。

选项 ABD 不当选，均为在境内开采应税资源产品（石油、天然矿泉水、宝玉石）的单位和个人，均属于资源税纳税义务人。

6.3 斯尔解析 A 本题考查资源税和增值税的纳税义务人。

选项 B 不当选，既不是增值税的纳税义务人，也不是资源税的纳税义务人。

选项 C 不当选，在中华人民共和国领域和中华人民共和国管辖的其他海域开发应税资源的单位和个人，为资源税的纳税义务人。销售有色金属矿产品的贸易公司只缴纳增值税，不缴纳资源税。

选项 D 不当选，进口环节不征收资源税，只征收增值税。

6.4 斯尔解析 A 本题考查资源税的计征方式。

选项 A 当选，地热、砂石、石灰岩、其他粘土、矿泉水、天然卤水六类资源产品可以采用从价计征或从量计征的方式，其他应税产品统一适用从价定率征收的方式。

6.5 斯尔解析 C 本题考查资源税的征税范围。

选项 C 当选，稠油、高凝油属于资源税的征税范围，资源税减征 40%。

选项 ABD 不当选，均为成品油，属于消费税的征税范围，不属于资源税的征税范围。

6.6 斯尔解析 B 本题考查资源税的征税范围。

选项 B 当选，资源税税目中的“能源矿产”类不包括人造石油。

选项 A 不当选，中重稀土属于金属矿产类征税范围。

选项 C 不当选，天然卤水属于盐类征税范围。

选项 D 不当选，煤层气属于能源矿产类征税范围。

6.7 斯尔解析 B 本题考查资源税的计税依据。

选项 B 当选，原煤的资源税从价计征，计税依据为应税资源产品的销售额，按照纳税人销售应税产品向购买方收取的全部价款确定，不含增值税。

选项 A 不当选，原油的资源税从价计征，以销售额为资源税的计税依据，而非销售数量。

选项 C 不当选，成品油（包括汽油）不属于资源税的征税范围，无须缴纳资源税。

选项 D 不当选，天然气的资源税从价计征，以销售额为计税依据，而非体积数量。

6.8 斯尔解析 B 本题考查资源税的计税依据。

选项 B 当选、选项 A 不当选，计税销售额按照纳税人销售应税产品向购买方收取的不含增值税的全部价款确定，不包括价外费用和其他相关费用。

选项 C 不当选，已税产品购进金额当期不足抵减的，可结转下期扣减。

选项 D 不当选，资源税是价内税，组成计税价格包含资源税，组成计税价格 = 成本 ×（1+ 成本利润率）÷（1– 资源税税率）。

6.9 斯尔解析　A　本题考查资源税应纳税额的计算。

选项 A 当选，具体计算过程如下：

（1）征税对象为原矿或者选矿的，应当分别确定具体适用税率，自采原矿直接销售，按照原矿计征资源税，应缴纳资源税 =500 × 6.5%=32.5（万元）。

（2）纳税人以自采原矿洗选加工为选矿产品，按照选矿产品计征资源税，在原矿移送环节不缴纳资源税，应缴纳资源税 =240 × 5%=12（万元）。

综上，该企业应缴纳资源税 =32.5+12=44.5（万元）。

选项 B 不当选，误将移送加工选矿的 100 吨原矿在移送环节计征资源税，选矿出售环节没有计算资源税。

选项 C 不当选，误将移送加工选矿的 100 吨原矿在移送环节计征资源税，选矿出售环节再次计征资源税。

选项 D 不当选，仅计算原矿产品的资源税。

6.10 斯尔解析　C　本题考查外购应税资源产品的扣除。

选项 C 当选、选项 D 不当选，纳税人以外购原矿与自采原矿混合为原矿销售的，或者纳税人以外购选矿与自采选矿混合加工为选矿产品销售的，直接扣减外购原矿或选矿后的余额为计税依据。

选项 A 不当选，纳税人应当准确核算外购应税产品的购进金额或者购进数量，未准确核算的，一并计算缴纳资源税。

选项 B 不当选，纳税人以外购原矿与自采原矿混合洗选加工为选矿产品销售的，在计算应税产品销售额时，按照下列方法进行扣减：准予扣减的外购应税产品购进金额（数量）= 外购原矿购进金额（数量）×（本地区原矿适用税率 ÷ 本地区选矿产品适用税率）。

6.11 斯尔解析　B　本题考查资源税应纳税额的计算。

选项 B 当选，计入销售额中的相关运杂费用，凡取得增值税发票或者其他合法有效凭据的，准予从销售额中扣除。相关运杂费用，是指应税产品从坑口或者洗选（加工）地到车站、码头或者购买方指定地点的运输费用、建设基金以及随运销产生的装卸、仓储、港杂费用。

纳税人外购应税产品与自采应税产品混合销售或者混合加工为应税产品销售的，在计算应税产品销售额或者销售数量时，准予扣减外购应税产品的购进金额或者购进数量；当期不足扣减的，可结转下期扣减。

故甲煤矿本月应缴纳资源税 =（180–8–2–50）× 3%=3.6（万元）。

选项 A 不当选，未抵减上月未抵减的外购原煤不含税购进额。

选项 C 不当选，未扣除从坑口到车站站场的运输费用、装卸费。

选项 D 不当选，误认为减半征收资源税。

提示：自 2023 年 1 月 1 日至 2027 年 12 月 31 日，对增值税小规模纳税人、小型微利企业和个体工商户减半征收资源税（不含水资源税）。

6.12 斯尔解析 B 本题考查资源税应纳税额的计算。

选项 B 当选，纳税人以外购应税产品与自采应税产品混合销售或者混合加工为应税产品销售的，在计算应税产品销售额或者销售数量时，准予扣减外购应税产品的购进金额或者数量。

本题中，准予扣减的外购应税产品购进金额 = 外购原矿购进金额 ×（本地区原矿适用税率 ÷ 本地区选矿适用税率）=300×（3%÷2%）=450（万元）。

该企业铁矿石选矿业务应缴纳资源税 =（600–450）×2%=3（万元）

选项 A 不当选，误直接以自采原矿 100 万元作为计税依据。

选项 C 不当选，误直接扣减外购金额。

选项 D 不当选，没有扣减外购金额。

6.13 斯尔解析 C 本题考查资源税应纳税额的计算。

选项 C 当选，具体计算过程如下：

（1）当月销售 6 万吨，以不含税收入 24 000 万元为计税依据缴纳资源税，应纳资源税 = 24 000×6%=1 440（万元）。

（2）自产资源税应税产品 3 万吨原油用于连续加工资源税非应税的成品油，在移送环节视同销售缴纳资源税，纳税人有最近时期同类应税产品销售价格的，按纳税人同类应税产品平均销售价格确定销售额，应纳资源税 =24 000÷6×3×6%=720（万元）。

（3）1 万吨用于加热的原油，免征资源税。

综上，当月应纳的资源税 1 440+720=2 160（万元）。

选项 A 不当选，没有将用于加工成品油的 3 万吨视同销售并入计税依据。

选项 B 不当选，没有将用于加工成品油的 3 万吨并入计税依据，而将用于加热的 1 万吨并入计税依据。

选项 D 不当选，误将用于加热的 1 万吨也并入计税依据。

6.14 斯尔解析 B 本题考查资源税应纳税额的计算。

选项 B 当选，开采原油过程中，对外捐赠的原油要作为视同销售处理，纳税人有最近时期同类应税产品销售价格的，按纳税人同类应税产品平均销售价格确定销售额。资源税应以不含增值税价格为计税依据，故当月应缴纳资源税 =（300+2）×678÷（1+13%）×6%= 10 872（万元）。

选项 A 不当选，没有将对外捐赠的 2 万吨原油视同销售并入计税依据。

选项 C 不当选，误直接以开采量确定计税依据。

选项 D 不当选，误以开采的 500 万吨原油和对外捐赠的 2 万吨原油确定计税依据。

6.15 斯尔解析 B 本题考查资源税应纳税额的计算。

选项 B 当选，原煤的资源税计税依据为应税产品的销售额，销售额按照纳税人销售应税产品向购买方收取的全部价款确定，不包括增值税税款。计入销售额中的相关运杂费用，凡取得增值税发票或者其他合法有效凭据的，准予从销售额中扣除。本题运输费用为“另收取”，本身未包含在销售额中，因此无须从中扣除，该部分运输费用也不应作为资源税计税依据。

综上，该煤矿企业当月应纳资源税 =48 000×3%=1 440（元）。

选项 A 不当选，误将运杂费作为含税收入从销售额中扣除。

选项 C 不当选，误将运杂费作为含税收入并入销售额中。

选项 D 不当选，误将运杂费作为不含税收入并入销售额中。

6.16 斯尔解析　A　本题考查资源税应纳税额的计算。

选项 A 当选，具体计算过程如下：

（1）纳税人以外购原矿与自采原矿混合为原矿销售，直接扣减外购原矿的购进金额，外购原矿与自采原矿的混合比例为 1 ∶ 4，总共销售 1 000 吨，外购原矿数量 =1 000 ÷（1+4）= 200（吨），外购原矿金额 =200 × 280=56 000（元）。

（2）计入销售额中的相关运杂费用，凡取得增值税发票或其他合法有效凭据的，准予从销售额中扣除，该企业当月应缴纳资源税 =［（33–1）× 10 000–56 000］× 6%=15 840（元）。

选项 B 不当选，只扣除了外购原矿的金额，没有扣除运杂费。

选项 C 不当选，只扣除了运杂费，没有扣除外购原矿的金额。

选项 D 不当选，外购原矿的购进金额和运杂费均未扣除。

6.17 斯尔解析　C　本题考查资源税税收优惠的相关规定。

选项 C 当选，纳税人开采或者生产同一应税产品，同时符合两项或者两项以上减征资源税优惠政策的，除另有规定外，只能选择其中一项执行。

6.18 斯尔解析　B　本题考查水资源税的征税范围。

选项 B 当选，水力发电和火力发电贯流式（不含循环式）冷却取用水按照实际发电量征收水资源税。

选项 A 不当选，抽水蓄能发电取用水，免征水资源税。

选项 CD 不当选，农村集体经济组织从本集体经济组织的水库中取用水，以及水利工程管理单位调度水资源取水，均不缴纳水资源税。

二、多项选择题

6.19 斯尔解析　BDE　本题考查资源税的计征方式。

资源税法规定，对绝大部分资源应税产品实行从价计征，对部分应税产品实行从量计征。可以选择从价计征或者从量计征的应税产品有：地热、石灰岩（选项 D 当选）、其他粘土、砂石（选项 E 当选）、矿泉水（选项 B 当选）、天然卤水六个。

选项 AC 不当选，只能从价计征。

6.20 斯尔解析　ACD　本题考查资源税的征税对象。

选项 AC 当选，二氧化碳气、矿泉水属于水气矿产征税范围。

选项 D 当选，地热属于能源矿产。

选项 BE 不当选，钠盐、钨矿均以选矿为征税对象。

6.21 斯尔解析　BC　本题考查资源税征税对象和税率的相关规定。

选项 AD 不当选，纳税人以自采原矿洗选加工为选矿产品（通过破碎、切割、洗选、筛分、磨矿、分级、提纯、脱水、干燥等过程形成的产品，包括富集的精矿和研磨成粉、粒级成型、切割成型的原矿加工品）销售，或者将选矿产品自用于应当缴纳资源税情形的，按照选矿产品计征资源税，在原矿移送环节不缴纳资源税。

选项 E 不当选，纳税人开采或者生产同一税目下适用不同税率应税产品的，应当分别核算不同税率应税产品的销售额或者销售数量；未分别核算不同税率应税产品的销售额或者销售数量的，从高适用税率。

6.22 斯尔解析 **BDE** 本题考查资源税的视同销售及征税对象。

选项 B 当选、选项 C 不当选，以自采原矿（原煤）加工为选矿（洗选煤）自用或赠送的，在原矿（原煤）移送使用环节不缴纳资源税，自用或赠送选矿（洗选煤）视同销售选矿（洗选煤）缴纳资源税。

选项 D 当选、选项 A 不当选，以自采原矿加工为非应税产品的，视同销售原矿缴纳资源税。

选项 E 当选，以自采原矿洗选后的选矿连续生产非应税产品的，在原矿移送环节不缴纳资源税，在选矿移送环节视同销售选矿缴纳资源税。

6.23 斯尔解析 **BCD** 本题考查资源税的征税规定。

选项 B 当选、选项 AE 不当选，资源税仅对在中华人民共和国领域和中华人民共和国管辖的其他海域开发应税资源的单位和个人征收，因此，进口资源产品不征收资源税；相应地，对出口应税产品也不免征或是退还已纳资源税。

选项 CD 当选，开采原油以及在油田范围内运输原油过程中用于加热的原油、天然气免征资源税。

6.24 斯尔解析 **ACD** 本题考查资源税的征税范围、计征方式和应纳税额的计算。

选项 A 当选，纳税人自采应税产品用于连续生产应税产品的，不缴纳资源税。

选项 C 当选、选项 B 不当选，纳税人以自采原矿直接销售，按照原矿税率计征资源税，故应纳资源税 =1 000 × 4%=40（万元）。

选项 D 当选，铜矿、铝土矿属于金属矿产中的有色金属。

选项 E 不当选，铜矿、铝土矿都是从价计征资源税，石灰岩既适用从价计征资源税又适用从量计征资源税。

6.25 斯尔解析 **BE** 本题考查资源税的税收优惠。

选项 A 不当选，稠油和高凝油资源税减征 40%。

选项 C 不当选，低丰度油气田资源税减征 20%。

选项 D 不当选，对充填开采置换出来的煤炭，资源税减征 50%。

6.26 斯尔解析 **BE** 本题考查资源税的征收管理。

选项 B 当选，纳税人应当向矿产品开采地或者海盐生产地的税务机关申报缴纳资源税。

选项 E 当选，按月或按季申报纳税的，应当自月度或季度终了之日起 15 日内，向税务机关申报纳税；按次申报的，应当自纳税义务发生之日起 15 日内，向税务机关申报纳税。

选项 A 不当选，资源税按月或者按季申报纳税，不能按固定期限申报缴纳的，可以按次申报缴纳。

选项 C 不当选，自用应税产品的，缴纳资源税的纳税义务发生时间为移送应税产品的当日。

选项 D 不当选，纳税人销售应税产品，缴纳资源税的纳税义务发生时间为收讫销售款或者取得索取销售款凭据的当日。

6.27 斯尔解析 **ABE** 本题考查水资源的税收优惠。

选项 ABE 当选，免征水资源税。

选项 C 不当选，对采矿和工程建设疏干排水按照排水量征税。

选项 D 不当选，水利工程管理单位为配置或者调度水资源取水不征收水资源税。

三、计算题

6.28 (1) 斯尔解析 C 本小问考查资源税应纳税额的计算。

选项 C 当选，纳税人以自采原矿直接销售，按照原矿计征资源税；以自采原矿洗选加工为选矿产品销售，按照选矿产品计征资源税，在原矿移送环节不缴纳资源税。

故应缴纳资源税 =6 000×5%+12 000×4.5%=840（万元）。

选项 A 不当选，误以原矿税率计算选矿产品资源税。

选项 B 不当选，误认为锡矿原矿移送环节应按照原矿缴纳资源税，且未计算选矿产品资源税。

选项 D 不当选，误认为锡矿原矿移送环节应按照原矿缴纳资源税。

(2) 斯尔解析 B 本小问考查外购资源税应税产品的扣除。

选项 B 当选，纳税人以外购原矿与自采原矿混合为原矿销售，在计算应税产品销售额或者销售数量时，直接扣减外购原矿产品的购进金额或者购进数量。

故应缴纳资源税 =（4 900–1 800）×5%=155（万元）。

选项 A 不当选，误用锡矿选矿资源税税率。

选项 B 不当选，未扣减外购锡矿原矿购进金额，且误用锡矿选矿资源税税率。

选项 D 不当选，未扣减外购锡矿原矿购进金额。

(3) 斯尔解析 A 本小问考查外购资源税应税产品的扣除。

纳税人以外购原矿与自采原矿混合洗选加工为选矿产品销售的，在计算应税产品销售额或者销售数量时，按照下列方法进行扣减：

准予扣减的外购应税产品购进金额（数量）= 外购原矿购进金额（数量）×（本地区原矿适用税率 ÷ 本地区选矿产品适用税率）

故应缴纳资源税 =（8 500–3 000×5%÷4.5%）×4.5%=232.5（万元）。

选项 B 不当选，误扣减外购锡矿原矿金额。

选项 C 不当选，误用锡矿原矿资源税税率计算应纳资源税。

选项 D 不当选，未扣减准予扣减的外购应税产品购进金额。

(4) 斯尔解析 D 本小问考查资源税的计算缴纳。

选项 D 当选，具体计算过程如下：

①业务（1）~（3）应缴纳资源税 =840+155+232.5=1 227.5（万元）。

②业务（4）应缴纳资源税 =（7 200–3 500）×4.5%=166.5（万元）。

③纳税人以自产应税产品用于偿债、赞助等应视同销售，应当缴纳资源税。故业务（5）应缴纳资源税 =208×（1+10%）÷（1–6%）×6%=14.60（万元）。

综上，甲企业当月应缴纳资源税 =1 227.5+166.5+14.60=1 408.6（万元）。

6.29 (1) 斯尔解析 C 本小问考查资源税和增值税的视同销售。

将自产货物用于集体福利、个人消费、对外投资、分配、赠送时，需要视同销售征收增值税，用于生产经营时，不征收增值税。将开采的应税产品除了用于连续生产应税产品之外，用于其他方面的，都要在移送环节征收资源税。

选项 C 当选、选项 A 不当选，将原油移送用于生产加工成品油征收资源税，不征收增值税，销售成品油时征收增值税。

选项 B 不当选，将开采的原油对外投资，需要视同销售征收增值税和资源税。

选项 D 不当选，销售汽油征收增值税和消费税，汽油不属于资源税的征税范围，不征收资源税。

（2）斯尔解析 C 本小问结合纳税义务发生时间考查资源税应纳税额的计算。

选项 C 当选，纳税人采取直接收款方式销售应税产品的，其纳税义务发生时间为收讫销售款或者取得索取销售款凭据的当天；计税依据为应税产品的销售额，销售额按照纳税人销售应税产品向购买方收取的全部价款确定，不包括增值税税款。

应纳资源税 =［9 322.5 ÷（1+13%）］× 6%=495（万元）

选项 A 不当选，误认为纳税义务没有发生。

选项 B 不当选，误以生产成本作为计税依据。

选项 D 不当选，没有作价税分离。

（3）斯尔解析 B 本小问结合纳税义务发生时间考查资源税应纳税额的计算。

选项 B 当选，纳税人采取分期收款结算方式销售应税产品的，其纳税义务发生时间为销售合同规定的收款日期的当天。上月应收未收含税价款 113 万元纳税义务发生时间为 2 月份，需要在 2 月份计算缴纳资源税。

3 月应纳资源税 =2 800 × 6%=168（万元）

选项 A 不当选，误认为纳税义务没有发生。

选项 C 不当选，纳税义务时间判断错误，将收到的上月应收未收含税价款 113 万元作价税分离后并入 3 月的计税依据中。

选项 D 不当选，纳税义务时间判断错误，并且没有作价税分离，直接将 113 万元并入销售额。

（4）斯尔解析 C 本小问考查资源税应纳税额的计算。

选项 C 当选，具体计算过程如下：

①开采原油过程中用于加热的原油，免征资源税。

②将开采的原油对外投资，视同销售缴纳资源税，应纳资源税 =1.2 × 1 650 × 6%=118.8（万元）。

③将开采的原油（应税产品）加工生产成品油（非应税产品），于移送使用时视同销售缴纳资源税。纳税人有最近时期同类应税产品销售价格的，按纳税人同类应税产品平均销售价格确定销售额，应纳资源税 =2 × 1 650 × 6%=198（万元）。

综上，应纳资源税 =118.8+198=316.8（万元）。

选项 A 不当选，只将对外投资的 1.2 万吨原油计征资源税，没有将移送非独立炼油部门加工生产成品油的 2 万吨原油视同销售。

选项 B 不当选，将对外投资的 1.2 万吨和用于加热的 0.1 万吨原油计征资源税，没有将移送非独立炼油部门加工生产成品油的 2 万吨原油视同销售。

选项 D 不当选，误将用于加热的 0.1 万吨原油计征资源税。

6.30　(1) 斯尔解析　B　本小问考查资源税应纳税额的计算。

选项 B 当选，具体计算过程如下：

①纳税人以外购原矿与自采原矿混合洗选加工为选矿产品销售的，在计算应税产品销售额或者销售数量时，按照下列方法进行扣减：准予扣减的外购应税产品购进金额（购进数量）= 外购原矿购进金额（数量）×（本地区原矿税率 ÷ 本地区选矿产品适用税率）。

准予扣减的外购原煤的购进金额 =600 × 2 900 ×（6% ÷ 4%）÷ 10 000=261（万元）

②纳税人自用 20% 洗选煤用于偿债，属于应当缴纳资源税的情形，销售额按纳税人最近时期同类产品的平均销售价格确定，洗选煤的销售额 =400 ÷ 80%=500（万元）。

综上，业务（1）应当缴纳的资源税 =（500−261）× 4%=9.56（万元）。

选项 A 不当选，没有将用于偿债的 20% 洗选煤视同销售，且按照 100% 的比例扣减外购原煤的金额。

选项 C 不当选，直接扣减外购原煤的金额，没有按照公式进行换算。

选项 D 不当选，没有将用于偿债的 20% 洗选煤视同销售，且扣减外购原煤金额时，没有按照公式进行换算。

(2) 斯尔解析　A　本小问考查资源税应纳税额的计算。

选项 A 当选，具体计算过程如下：

①从坑口或者洗选（加工）地到车站、码头或者购买方指定地点的运杂费，凡取得增值税发票或者其他合法有效凭据的，不缴纳资源税，所以题目中另外支付的 7.02 万元运杂费不计入销售额中。

②从衰竭期矿山开采的矿产品，减征 30% 资源税。

综上，业务（2）应缴纳的资源税 =2 034 ÷（1+13%）× 6% ×（1−30%）=75.6（万元）。

选项 B 不当选，误将运杂费并入计税依据。

选项 C 不当选，没有考虑衰竭期矿山减征 30% 的税收优惠。

选项 D 不当选，误将运杂费并入计税依据，且没有考虑衰竭期矿山减征 30% 的税收优惠。

(3) 斯尔解析　B　本小问考查资源税应纳税额的计算。

选项 B 当选，纳税人自用应税产品连续生产非应税产品的，应当在移送环节缴纳资源税。

业务（3）应缴纳资源税 =1 000 × 2 800 × 6% ÷ 10 000=16.8（万元）

选项 A 不当选，误作了价税分离。

选项 C 不当选，误以 400 万元作为计税依据，且对 400 万元作了价税分离。

选项 D 不当选，误以 400 万元作为计税依据。

(4) 斯尔解析　B　本小问考查资源税应纳税额的计算。

选项 B 当选，天然气的增值税税率为 9%，开采原油过程中用于加热的天然气免征资源税。

业务（4）应缴纳的资源税 =5 × 4 × 90% ÷（1+9%）× 6%=0.99（万元）

选项 A 不当选，误以 13% 的税率作价税分离。

选项 C 不当选，没有考虑用于加热的天然气免征资源税的规定，且误以 13% 的税率作了价税分离。

选项 D 不当选，没有考虑用于加热的天然气免征资源税的规定。

new

单项选择题

6.31 ▶ B

单项选择题

6.31 斯尔解析 B 本题考查资源税的税收优惠。

选项 A 不当选，对页岩气资源税（按 6% 的规定税率）减征 30% 。

选项 C 不当选，增值税小规模纳税人、小型微利企业和个体工商户已依法享受资源税等其他优惠政策的，可叠加享受减半征收资源税优惠政策。

选项 D 不当选，三次采油开采的原油、天然气，资源税减征 30%。

第七章　车辆购置税
答案与解析

一、单项选择题

题号	答案	题号	答案	题号	答案	题号	答案	题号	答案
7.1	A	7.2	D	7.3	C	7.4	D	7.5	A
7.6	B	7.7	C	7.8	D	7.9	C	7.10	B
7.11	C	7.12	D	7.13	A	7.14	C	7.15	A
7.16	C	7.17	B						

二、多项选择题

题号	答案	题号	答案	题号	答案	题号	答案	题号	答案
7.18	ABDE	7.19	CD	7.20	AC	7.21	ACD	7.22	ABCD
7.23	ABDE	7.24	BE	7.25	ACDE	7.26	ABD	7.27	DE

一、单项选择题

7.1 斯尔解析 A 本题考查车辆购置税的征税范围。

选项 BCD 不当选，地铁、轻轨等城市轨道交通车辆，装载机、平地机、挖掘机、推土机等轮式专用机械车，以及起重机（吊车）、叉车、电动摩托车，不属于应税车辆。

提示：车辆购置税以列举的车辆为征税对象，未列举的车辆不征税。其征税范围包括汽车、有轨电车、汽车挂车、排气量超过 150 毫升的摩托车。

7.2 斯尔解析 D 本题综合考查消费税和车辆购置税的征税范围。

选项 ABC 均不属于消费税的征税范围。

7.3 斯尔解析 C 本题考查车辆购置税税法要素的相关规定。

选项 C 当选，车辆购置税的纳税人是指在中华人民共和国境内购置应税车辆的单位和个人。除另有规定外，外国公民在中国境内购置车辆也应缴纳车辆购置税。

选项 A 不当选，我国的车辆购置税实行统一比例税率，税率为 10%。

选项 B 不当选，车辆购置税的纳税人和负税人一致，所以属于直接税范畴。

选项 D 不当选，车辆购置税的征税范围，是指在中华人民共和国境内购置应税车辆的行为，其中包括受赠使用。

7.4 斯尔解析 D 本题考查车辆购置税的计税依据。

选项 D 当选，进口自用应税车辆的计税依据为组成计税价格，组成计税价格 = 关税完税价格 + 关税 + 消费税。

选项 AC 不当选，受赠、获奖或其他方式取得自用应税车辆的计税价格，按照购置应税车辆时相关凭证载明的价格确定，不含增值税税款。

选项 B 不当选，购买自用应税车辆的计税依据，为实际支付给销售者的全部价款，不含增值税。

7.5 斯尔解析 A 本题考查车辆购置税应纳税额的计算。

选项 A 当选，购买自用应税车辆的计税价格，为纳税人实际支付给销售者的全部价款，即机动车销售统一发票上载明的不含增值税的价款。支付的保险费为代收款项，不计入计税价格。

车辆购置税 =226 000 ÷（1+13%）× 10%=20 000（元）

选项 B 不当选，误将支付的代收保险费计入计税价格。

选项 C 不当选，没有作价税分离。

选项 D 不当选，误将支付的代收保险费计入计税价格，并且没有作价税分离。

7.6 斯尔解析 B 本题考查车辆购置税应纳税额的计算。

选项 B 当选，具体计算过程如下：

（1）车辆购置税对“取得”并“自用”的行为征税。汽车制造厂将自产 10 辆乘用车无偿划转给全资子公司，汽车制造厂不需要缴纳车辆购置税，由子公司来缴纳。

（2）纳税人自产自用应税车辆的计税价格，按照纳税人生产的同类应税车辆的销售价格确定，不包括增值税税款。

综上，汽车制造厂应纳车辆购置税额 =20 × 5 × 10%=10（万元）。

选项 A 不当选，误以发票注明金额作为计税依据。

选项 C 不当选，误将划转给子公司的 10 辆乘用车判断为由汽车制造厂计算缴纳车辆购置税。

选项 D 不当选，误将划转给子公司的 10 辆乘用车判断为由汽车制造厂计算缴纳车辆购置税，并且按照出具发票上注明的金额作为计税依据。

7.7 斯尔解析 C 本题考查车辆购置税应纳税额的计算。

选项 C 当选，具体计算过程如下：

（1）车辆购置税对“取得”并“自用”的行为征税。销售的小汽车，由购买方缴纳车辆购置税；抵债的小汽车，由债权人缴纳车辆购置税。

（2）留作自用的小汽车，需要 4S 店缴纳车辆购置税，计税依据为纳税人实际支付的全部价款，不含增值税。所以以发票注明金额作为计税依据。

综上，应纳的车辆购置税 =15.6×10%=1.56（万元）。

选项 A 不当选，对于自用的 1 辆没有考虑纳税义务。

选项 B 不当选，误将抵债的 18 辆也并入计税依据。

选项 D 不当选，误以对外售价 18 万元作为计税依据。

7.8 斯尔解析 D 本题考查以受赠方式取得的自用应税车辆的车辆购置税计税依据。

选项 D 当选，纳税人以受赠、获奖或者其他方式取得自用应税车辆的计税价格，按照购置应税车辆时相关凭证载明的价格确定，不包括增值税税款；无法提供相关凭证的，参照同类应税车辆市场平均交易价格确定。

7.9 斯尔解析 C 本题考查进口自用应税车辆的计税依据。

选项 C 当选，纳税人进口自用应税车辆的计税依据为组成计税价格。

7.10 斯尔解析 B 本题考查不同应税行为下车辆购置税计税依据的判定。

选项 B 当选，进口车辆的计税依据 = 关税完税价格 + 关税 + 消费税，由于进口的是载货汽车，不是消费税应税范围，所以不包含消费税。

选项 AC 不当选，国内购置载货汽车的计税依据为不含增值税的价款和价外费用 75 万元，支付的车辆牌照费、保险费为代收款项，不计入计税依据。

选项 D 不当选，纳税人以受赠、获奖或者其他方式取得自用应税车辆的计税价格，按照购置应税车辆时相关凭证载明的价格确定。

7.11 斯尔解析 C 本题综合考查进口环节增值税、消费税和车辆购置税的计算缴纳。

选项 C 当选、选项 B 不当选，进口应税消费品，应按照组成计税价格和规定的税率计算消费税，应纳税额 = 组成计税价格 × 消费税比例税率 =（关税完税价格 + 关税）÷（1- 消费税比例税率）× 消费税比例税率。

应缴纳进口环节消费税 =30×（1+20%）÷（1-5%）×5%=1.89（万元）

选项 A 不当选，应缴纳进口环节增值税 =30×（1+20%）÷（1-5%）×13%=4.93（万元）。

选项 D 不当选，依照法律规定，外国驻华使馆、领事馆和国际组织驻华机构及其外交人员自用车辆，免征车辆购置税。

7.12 斯尔解析 D 本题考查车辆购置税补税、退税的相关规定。

选项 D 当选，车辆退回生产企业或者销售企业的，纳税人申请退税时，主管税务机关自纳税人办理纳税申报之日起，按已缴纳税款每满 1 年扣减 10% 计算退税额；未满 1 年的，按已缴纳税款全额退税。

7.13 斯尔解析 A 本题考查车辆购置税应补缴税额的计算。

选项 A 当选，设有固定装置的非运输车辆免征车辆购置税，拆除固定装置后用于运输的车辆应缴纳车辆购置税。已经办理减税、免税手续的车辆因改变用途不再属于免税、减税范围时，应纳税额 = 初次办理纳税申报时确定的计税价格 ×（1- 使用年限 ×10%）×10%- 已纳税额，使用年限不满 1 年的不计算在内。

故应补缴的车辆购置税 =85 000×（1-6×10%）×10%-0=3 400（元）。

选项 B 不当选，使用年限判断错误，误判断为 7 年。

选项 C 不当选，误按照使用年限 6 年计征 60% 的车辆购置税。

选项 D 不当选，误按照购买时的金额全额计征车辆购置税。

提示：需要补缴的税额其实就是车辆剩余使用年限内的应纳税额。

7.14 斯尔解析 C 本题考查车辆购置税应退税额的计算。

选项 C 当选，纳税人将已征车辆购置税的车辆退回车辆生产企业或者销售企业的，可以向主管税务机关申请退还车辆购置税。退税额以已缴税款为基准，自缴纳税款之日至申请退税之日，每满 1 年扣减 10%。使用年限取整计算，不满 1 年的不计算在内。

王某使用车辆仅满 1 年，应退税额 = 已纳税额 ×（1– 使用年限 ×10%）=19 293.1×（1–1×10%）=17 363.79（元）。

选项 A 不当选，误按照使用 2 年来计算应退税额。

选项 B 不当选，误按照使用 1.5 年来计算应退税额。

选项 D 不当选，误按照已纳税额全额退税。

7.15 斯尔解析 A 本题考查车辆购置税的税收优惠。

选项 A 当选，回国服务的在外留学人员用现汇购买 1 辆个人自用国产小汽车免税，进口小汽车按规定纳税。

7.16 斯尔解析 C 本题考查车辆购置税的税收优惠。

选项 A 不当选，节能汽车应按规定纳税。对购置日期在 2024 年 1 月 1 日至 2025 年 12 月 31 日期间的新能源汽车免征车辆购置税，其中，每辆新能源乘用车免税额不超过 3 万元；对购置日期在 2026 年 1 月 1 日至 2027 年 12 月 31 日期间的新能源汽车减半征收车辆购置税，其中，每辆新能源乘用车减税额不超过 1.5 万元。

选项 B 不当选，购置汽车挂车自用减半征收车辆购置税。

选项 D 不当选，长期来华定居专家进口 1 辆自用小汽车免征车辆购置税，进口自用汽车是指纳税人直接从境外进口或者委托代理进口自用应税车辆，不包括在境内购买的进口车辆。

7.17 斯尔解析 B 本题考查车辆购置税的纳税地点。

选项 B 当选，需要办理车辆登记注册手续的应税车辆，应当向车辆登记注册地的主管税务机关申报纳税。不需要办理车辆登记注册手续的应税车辆，单位纳税人向其机构所在地的主管税务机关办理纳税申报；个人纳税人向其户籍所在地或者经常居住地的主管税务机关办理纳税申报。

二、多项选择题

7.18 斯尔解析 ABDE 本题考查车辆购置税的征税范围。

选项 C 不当选，电动摩托车不属于车辆购置税的征税范围。

7.19 斯尔解析 CD 本题考查车辆购置税的征税范围和税收优惠。

选项 C 当选，免征车辆购置税。

选项 D 当选，不属于车辆购置税的征税范围。

选项 ABE 不当选，车辆购置税的征税对象包括汽车、有轨电车、汽车挂车、排气量超过 150 毫升的摩托车；货车属于汽车的征税范围。节能汽车无税收优惠。

7.20 斯尔解析　AC　本题考查车辆购置税的计税依据。

选项 A 当选，进口自用应税车辆的计税价格为组成计税价格，即关税完税价格加上关税和消费税（适用于进口消费税应税车辆的情形）。

选项 C 当选、选项 E 不当选，纳税人购买自用应税车辆的计税依据，为纳税人实际支付给销售者的全部价款，不包括增值税税款。

选项 B 不当选，征收车辆购置税的计税价格中不含车辆购置税税额，车辆购置税是附加在价格之外的。

选项 D 不当选，车船税与车辆购置税的计税依据无关。

7.21 斯尔解析　ACD　本题考查车辆购置税的计税依据和纳税义务人。

选项 B 不当选，车辆购置税的纳税义务人是“取得”并“自用”的单位和个人，不是销售者。

选项 E 不当选，受赠应税车辆的纳税义务人是受赠者，而非捐赠者。

7.22 斯尔解析　ABCD　本题考查进口应税车辆计税依据的确定。

选项 ABCD 当选、选项 E 不当选，进口自用应税车辆的计税依据为组成计税价格，组成计税价格 = 关税完税价格 + 关税 + 消费税（适用于进口消费税应税车辆的情形），运抵我国输入地点起卸前的运费要计入关税的完税价格。

7.23 斯尔解析　ABDE　本题考查车辆购置税的纳税义务人。

选项 ABDE 当选、选项 C 不当选，在中华人民共和国境内购置应税车辆的单位和个人为车辆购置税的纳税义务人，需要缴纳车辆购置税。五个选项中的车辆均属于应税车辆，但是购置是指以购买、进口、自产、受赠、获奖或者其他方式取得并自用应税车辆的行为。其他方式包括投资和抵债，不包括租赁。

7.24 斯尔解析　BE　本题考查车辆购置税的税收优惠。

选项 BE 当选，应按规定缴纳车辆购置税，无车辆购置税优惠政策。

选项 ACD 不当选，均免征车辆购置税。

7.25 斯尔解析　ACDE　本题考查车辆购置税的征收管理和税收优惠。

选项 A 当选，纳税人应当在向公安机关交通管理部门办理车辆登记注册手续前，缴纳车辆购置税。

选项 C 当选，车辆购置税实行“一车一申报”制度，车辆购置税一次性征收，购置已征车辆购置税的车辆，不再征收车辆购置税。

选项 D 当选，纳税人将已征车辆购置税的车辆退回车辆生产企业或者销售企业的，可以向主管税务机关申请退还车辆购置税。

选项 E 当选，回国服务的在外留学人员用现汇购买 1 辆个人自用国产小汽车免税，来华留学人员无免税规定。

选项 B 不当选，获奖并自用的汽车应该缴纳车辆购置税。

7.26 斯尔解析　ABD　本题考查车辆购置税的征收管理。

选项 C 不当选，不需要办理车辆登记注册手续的应税车辆，单位纳税人向其机构所在地的主管税务机关申报纳税，个人纳税人向其户籍所在地或者经常居住地的主管税务机关申报纳税。

选项 E 不当选，车辆购置税的纳税义务发生时间以纳税人购置应税车辆所取得的车辆相关凭证上注明的时间为准。进口自用应税车辆为《海关进口增值税专用缴款书》或者其他有效凭证的开具日期。

7.27 斯尔解析 DE 本题考查车辆购置税的相关规定。

选项 D 当选，城市公交企业购置的公共汽电车辆免征车辆购置税。

选项 E 当选，车辆购置税实行一次性征收，购置已征车辆购置税的车辆，不再征收车辆购置税。

选项 A 不当选，车辆购置税纳税人应当自纳税义务发生之日起 60 日内申报缴纳车辆购置税。

选项 B 不当选，纳税人购置应税车辆，需要办理车辆登记的，向车辆登记地的主管税务机关申报纳税；不需要办理车辆登记的，单位纳税人向其机构所在地的主管税务机关申报纳税，个人纳税人向其户籍所在地或者经常居住地的主管税务机关申报纳税。

选项 C 不当选，车辆购置税为中央税。

new

单项选择题

7.28 ▶ B

单项选择题

7.28 斯尔解析 B　本题考查新能源汽车车辆购置税的税收优惠。

选项B当选，对购置日期在2024年1月1日至2025年12月31日期间的新能源汽车免征车辆购置税，其中每辆新能源乘用车免税额不超过3万元。

应纳税额为 =50×10%=5（万元），免税限额为3万元，超过免税限额2万元，超过免税限额的部分需要缴纳车辆购置税。

选项A不当选，误按照全额免税处理。

选项C不当选，误按照减半征收处理。

选项D不当选，未考虑税收优惠。

第八章　环境保护税
答案与解析

一、单项选择题

8.1 ▶ A	8.2 ▶ D	8.3 ▶ C	8.4 ▶ A	8.5 ▶ B
8.6 ▶ D	8.7 ▶ D	8.8 ▶ C	8.9 ▶ B	8.10 ▶ D
8.11 ▶ B	8.12 ▶ B	8.13 ▶ B	8.14 ▶ A	

二、多项选择题

8.15 ▶ ADE	8.16 ▶ ABE	8.17 ▶ ABCE	8.18 ▶ ACE	8.19 ▶ ABC
8.20 ▶ ACDE	8.21 ▶ AC	8.22 ▶ ABD	8.23 ▶ CDE	

三、计算题

8.24 (1) ▶ D	8.24 (2) ▶ C	8.24 (3) ▶ B	8.24 (4) ▶ C

一、单项选择题

8.1 斯尔解析　A　本题考查环境保护税征税范围。

选项 A 当选，环境保护税的纳税义务人不包括个人和家庭。

选项 B 不当选，纳税人排放应税大气污染物或者水污染物的浓度值低于国家和地方规定的污染物排放标准 30% 的，减按 75% 征收环境保护税；低于国家和地方规定的污染物排放标准 50% 的，减按 50% 征收环境保护税。

选项C不当选，达到省级人民政府确定的规模标准并且有污染物排放口的畜禽养殖场直接向外排放的污染物，应当依法缴纳环境保护税，但依法对畜禽养殖废弃物进行综合利用和无害化处理的，不属于直接向环境排放污染物，不缴纳环境保护税。

选项D不当选，依法设立的城乡污水集中处理、生活垃圾集中处理场所排放应税污染物，不超过国家和地方规定的排放标准的，暂免征收环境保护税；超过国家和地方规定的排放标准的，应依法缴纳环境保护税。

8.2 斯尔解析 D 本题考查环境保护税的征税对象。

选项D当选、选项ABC不当选，环境保护税的税目包括大气污染物（二氧化硫）、水污染物（总汞）、固体废物（尾矿）和噪声，其中应税噪声污染目前只包括工业噪声，不包括建筑噪声和交通噪声。

8.3 斯尔解析 C 本题考查环境保护税征税范围。

选项C当选，环境保护税的应税噪声目前仅针对工业噪声。

选项A不当选，依法设立的城乡污水集中处理、生活垃圾集中处理场所排放应税污染物，不超过国家和地方规定的排放标准的，暂免征收环境保护税；超过国家和地方规定的排放标准的，应依法缴纳环境保护税。

选项B不当选，对存栏规模大于50头牛，500头猪，5 000羽鸡、鸭的禽畜养殖场向环境排放污染物，应当征收环境保护税。

选项D不当选，应税水污染物包括饮食娱乐服务业造成的污染。

8.4 斯尔解析 A 本题考查环境保护税的计税依据。

选项A当选，应税固体废物按照固体废物的排放量确定计税依据。应税固体废物的排放量=当期固体废物的产生量－当期固体废物的综合利用量－当期固体废物的贮存量－当期固体废物的处置量。

8.5 斯尔解析 B 本题考查环境保护税的计税依据。

选项B当选，应税噪声计税依据按照超过国家规定标准的分贝数确定。

8.6 斯尔解析 D 本题考查环境保护税的计税依据。

选项A不当选，每一排放口的应税大气污染物按照污染当量数从大到小排序，对前三项征税。

选项B不当选，每一排放口的应税水污染物按照污染当量数从大到小排序，对第一类水污染物的前五项征税，对其他类水污染物的前三征税。

选项C不当选，应税固体废物按照固体废物的排放量作为计税依据。

8.7 斯尔解析 D 本题考查环境保护税应纳税额的计算。

选项D当选，应税水污染物按污染当量数确定计税依据，污染当量数=污染物排放量÷污染当量值=3÷0.02=150，应纳环境保护税=污染当量数×税额=150×12=1 800（元）。

选项A不当选，误以污染物排放量乘以污染当量值作为计税依据。

选项B不当选，误以污染当量值除以每污染当量计算应纳税额。

选项C不当选，误以水污染物排放量作为计税依据。

8.8 斯尔解析 C 本题考查色度污染物环境保护税应纳税额的计算。

选项C当选，具体计算过程如下：

（1）应税水污染物的计税依据按照污染物排放量折合的污染当量数确定：污染当量数 = 该污染物的排放量 ÷ 该污染物的污染当量值。

（2）色度的污染当量数，以污水排放量乘以色度超标倍数再除以适用的污染当量值计算。

色度的超标倍数 =（240−80）÷ 80=2（倍）

色度超标排放量 =24 000 × 2=48 000（吨水・倍）

色度的污染当量数 =48 000 吨水・倍 ÷ 5 吨水・倍 =9 600

应缴纳的环境保护税 =9 600 × 3=28 800（元）

选项 A 不当选，直接以排放量除以污染当量值作为计税依据，没有考虑超标倍数。

选项 B 不当选，直接以排放量作为计税依据。

选项 D 不当选，超标倍数计算错误，误以超标 3 倍计算污染当量数。

8.9 斯尔解析　B　本题考查环境保护税应纳税额的计算。

选项 B 当选，应税水污染物的计税依据按照污染物排放量折合的污染当量数确定：

污染当量数 = 该污染物的排放量 ÷ 该污染物的污染当量值

畜禽养殖业水污染物的污染当量数，以该畜禽养殖场的月均存栏量除以适用的污染当量值计算。

污染当量数 =3 × 10 000 ÷ 30=1 000

应缴纳环境保护税 =1 000 × 2=2 000（元）

选项 A 不当选，误用污染当量数除以税额计算缴纳环境保护税。

选项 C 不当选，误以月均存栏量作为计税依据，且除以税额计算缴纳环境保护税。

选项 D 不当选，误以月均存栏量作为计税依据。

提示：规模化养殖指存栏规模大于 50 头牛，500 头猪，5 000 羽鸡、鸭等的畜禽养殖场。

8.10 斯尔解析　D　本题考查环境保护税应纳税额的计算。

选项 D 当选，具体计算过程如下：

（1）应税水污染物的计税依据按照污染物排放量折合的污染当量数确定。污染当量数 = 该污染物的排放量 ÷ 该污染物的污染当量值。

畜禽养殖业水污染物的污染当量数，以该畜禽养殖场的月均存栏量除以适用的污染当量值计算。

水污染物当量数 =3 000 ÷ 1=3 000

（2）应纳税额 = 污染当量数 × 定额税率。

故应缴纳环境保护税 =3 000 × 2=6 000（元）。

8.11 斯尔解析　B　本题考查固体废物环境保护税应纳税额的计算。

选项 B 当选，固体废物的计税依据按照排放量确定：

固体废物的排放量 = 当期固体废物的产生量 − 当期固体废物的综合利用量 − 当期固体废物的贮存量 − 当期固体废物的处置量

其中，没有达到环境保护标准填埋的 20 吨不能减除。

故排放量 =100−30−20=50（吨）。

综上，应缴纳环境保护税 =50 × 25=1 250（元）。

选项A不当选，计算排放量时误将没有达到环境保护标准填埋的20吨减除。

选项C不当选，计算排放量时，只减除了合规贮存的20吨。

选项D不当选，误将产生量作为计税依据。

8.12 斯尔解析 B 本题考查环境保护税的纳税地点。

选项B当选、选项ACD不当选，纳税人应当向应税污染物排放地的税务机关申报缴纳环境保护税。应税污染物排放地是指：

（1）应税大气污染物、水污染物排放口所在地。

（2）应税固体废物产生地。

（3）应税噪声产生地。

8.13 斯尔解析 B 本题考查环境保护税的纳税期限。

选项B当选，环境保护税按月计算，按季申报缴纳。不能按固定期限计算缴纳的，可以按次申报缴纳。

8.14 斯尔解析 A 本题考查环境保护税的征收管理。

选项B不当选，纳税人应当向应税污染物排放地的税务机关申报缴纳环境保护税。

选项C不当选，环境保护税按月计算，按季申报缴纳。不能按固定期限计算缴纳的，可以按次申报缴纳。

选项D不当选，纳税人按次申报缴纳的，应当自纳税义务发生之日起15日内，向税务机关办理纳税申报并缴纳税款。

二、多项选择题

8.15 斯尔解析 ADE 本题考查环境保护税的纳税义务人。

选项ADE当选、选项BC不当选，环境保护税的纳税人是指在中华人民共和国领域和中华人民共和国管辖的其他海域，直接向环境排放应税污染物的企业事业单位和其他生产经营者，不包括家庭和个人。

8.16 斯尔解析 ABE 本题考查环境保护税的征税对象。

选项A当选、选项C不当选，征收环境保护税的大气污染物中不包括二氧化碳。

选项BE当选，煤矸石、液态废物属于固体废物的征收范围。

选项D不当选，光污染物不在环境保护税的征收范围内。

8.17 斯尔解析 ABCE 本题考查环境保护税征税范围。

有下列情形之一的，不属于直接向环境排放污染物，不缴纳相应污染物的环境保护税：

（1）企业事业单位和其他生产经营者向依法设立的污水集中处理、生活垃圾集中处理场所排放应税污染物的。（选项AC当选）

（2）企业事业单位和其他生产经营者在符合国家和地方环境保护标准的设施、场所贮存或者处置固体废物的。（选项E当选）

（3）禽畜养殖场依法对禽畜养殖废弃物进行综合利用和无害化处理的。（选项B当选）

选项D不当选，纳税人排放应税大气污染物浓度值低于国家和地方规定的污染物排放标准有减征规定，而非不征税。

提示：

（1）排放应税大气污染物或者水污染物的浓度值低于国家和地方规定的污染物排放标准 30% 的，减按 75% 征收环境保护税。

（2）排放应税大气污染物或者水污染物的浓度值低于国家和地方规定的污染物排放标准 50% 的，减按 50% 征收环境保护税。

8.18 斯尔解析 **ACE** 本题考查环境保护税的特点。

选项 A 当选，目前环境保护税实行统一定额税和浮动定额税相结合的方法。对于固体废弃物和噪声实行全国统一定额税制，对于大气和水污染物实行各省浮动定额税制。

选项 C 当选，机动车、铁路机车、非道路移动机械、船舶和航空器等流动污染源排放应税污染物的，暂予免征环境保护税。

选项 E 当选，环境保护税收入全部归地方，中央不参加收入分成。

选项 B 不当选，环境保护税的征税环节是直接向环境排放应税污染物的排放环节，不是生产销售环节。

选项 D 不当选，应税大气污染物和水污染物的具体适用税额的确定和调整，由省、自治区、直辖市人民政府在《环境保护税税目税额表》规定的税额幅度内提出，报同级人民代表大会常务委员会决定，并报全国人民代表大会常务委员会和国务院备案。

提示：本题考查细节知识点，结合本题识记各选项。

8.19 斯尔解析 **ABC** 本题考查环境保护税的税目。

选项 D 不当选，目前只对工业企业产生的噪声超标情况征收环境保护税。

选项 E 不当选，家庭排放污水不征收环境保护税，所以不属于应税水污染物。

8.20 斯尔解析 **ACDE** 本题考查环境保护税的相关规定。

选项 A 当选，环境保护税纳税人为直接向环境排放应税污染物的企业事业单位和其他生产经营者，家庭和个人不属于环境保护税的纳税人。

选项 C 当选，纳税人排放应税水污染物的浓度值低于国家和地方规定的污染物排放标准 30% 的，予以减按 75% 征收环境保护税。

选项 D 当选，依法对畜禽养殖废弃物进行综合利用和无害化处理，不属于直接向环境排放污染物，不缴纳环境保护税。

选项 E 当选，环境保护税开征是原有的排污费“平移”费改税的结果，根据排污费项目设置税目，对大气污染物、水污染物、固体废物、噪声四类重点污染物征税。

选项 B 不当选，环境保护税税额为统一定额税和浮动定额税相结合。

提示：本题综合考查环境保护税的特点、征税范围及税收优惠，考查较为综合、细致，结合本题识记各选项。

8.21 斯尔解析 **AC** 本题考查环境保护税的计税依据。

纳税人有下列情形之一的，以其当期应税固体废物的产生量作为固体废物的排放量：

（1）非法倾倒应税固体废物。（选项 C 当选）

（2）进行虚假纳税申报。（选项 A 当选）

选项 BDE 不当选，属于大气污染物、水污染物的产生量作为污染物的排放量的规定。

8.22 斯尔解析 ABD 本题考查环境保护税的税收优惠。

符合环境保护税免征规定的如下：

（1）农业生产（不包括规模化养殖）排放应税污染物的。（选项 C 不当选）

（2）机动车、铁路机车、非道路移动机械、船舶和航空器等流动污染源排放应税污染物的。

（3）依法设立的城乡污水集中处理、生活垃圾集中处理场所（如生活垃圾焚烧发电厂、生活垃圾填埋场、生活垃圾堆肥厂）排放相应应税污染物，不超过国家和地方规定的排放标准的。（选项 BD 当选、选项 E 不当选）

（4）纳税人综合利用的固体废物，符合国家和地方环境保护标准的。（选项 A 当选）

8.23 斯尔解析 CDE 本题考查环境保护税征收管理。

选项 CD 当选，环境保护税按月计算，按季申报缴纳。不能按固定期限计算缴纳的，可以按次申报缴纳。

选项 E 当选，纳税人按季申报缴纳的，应当自季度终了之日起 15 日内，向税务机关办理纳税申报并缴纳税款。

选项 A 不当选，环境保护税纳税义务发生时间为纳税人排放应税污染物的当日。

选项 B 不当选，纳税人应当向应税污染物排放地的税务机关申报缴纳环境保护税。

三、计算题

8.24 (1) 斯尔解析 D 本小问考查应税水污染物环境保护税的计算。

选项 D 当选，污染当量数 = 该污染物的排放量 ÷ 污染当量值。

1 立方米 =1 000 升

6 万立方米 =60 000 × 1 000=60 000 000 升

六价铬的排放量 = 污水排放量 × 六价铬浓度 =60 000 000 升 ×0.5 毫克 / 升 =30 000 000 毫克 = 30 千克

六价铬污染当量数 =30 ÷ 0.02=1 500，应纳税额 =1 500 × 2.8=4 200（元）。

提示：注意单位换算。

(2) 斯尔解析 C 本小问考查大气污染物环境保护税的计算。

选项 C 当选，具体计算过程如下：

（1）计算各污染物的污染当量数，污染当量数 = 该污染物排放量 ÷ 该污染物污染当量值。

二氧化硫污染当量数 =100 ÷ 0.95=105.26

氟化物污染当量数 =100 ÷ 0.87=114.94

一氧化碳污染当量数 =200 ÷ 16.7=11.98

氯化氢污染当量数 =80 ÷ 10.75=7.44

（2）按污染当量数排序：氟化物污染当量数（114.94）＞二氧化硫污染当量数（105.26）＞一氧化碳污染当量数（11.98）＞氯化氢污染当量数（7.44），该企业只有一个排放口，选取排序前三项污染物计税，即选取氟化物、二氧化硫、一氧化碳计税。

综上，应纳税额 =（114.94+105.26+11.98）× 1.2=278.62（元）。

(3) 斯尔解析 B 本小问考查固体废物环境保护税的计算。

选项 B 当选，固体废物的排放量 = 产生量 - 综合利用量 - 贮存量 - 处置量。

化工厂固体废物的排放量 =80-10-15-5=50（吨）

故应纳税额 =50 × 1 000=50 000（元）。

（4）斯尔解析　C　本小问考查应税大气污染物、水污染物的计税依据。

大气污染物和水污染物以排放量折合的污染当量数作为计税依据，但纳税人有下列情形之一的，以产生量作为污染物的排放量：

（1）未依法安装使用监测设备或者未将监测设备联网。

（2）损毁或者擅自移动、改变监测设备。

（3）篡改、伪造监测数据。（选项 C 当选）

（4）通过暗管、渗井、渗坑、灌注或者稀释排放以及不正常运行设施等方式违法排放。

（5）进行虚假纳税申报。

选项 A 不当选，监测时限内当月无监测数据的，可以跨越沿用最近一次的监测数据。

选项 B 不当选，当月同一个排放口的同一种污染物有多个监测数据的，以平均值计算排放量。

选项 D 不当选，因排放污染物种类多不具备监测条件的，纳税人应当按照规定计算应税污染物的排放量。

第九章　烟叶税
答案与解析

一、单项选择题

9.1 ▶ A　9.2 ▶ D　9.3 ▶ B　9.4 ▶ C　9.5 ▶ B

二、多项选择题

9.6 ▶ AE　9.7 ▶ BC　9.8 ▶ BDE　9.9 ▶ AE

一、单项选择题

9.1 斯尔解析　A　本题考查烟叶税的各项规定。

选项 A 当选，烟叶税的征税范围包括晾晒烟叶、烤烟叶。

9.2 斯尔解析　D　本题考查烟叶税应纳税额的计算。

选项 D 当选，烟叶税应纳税额 = 实际支付的价款总额 × 烟叶税税率（20%），实际支付的价款总额 = 烟叶收购价款 + 价外补贴（烟叶税计税的价外补贴统一为收购价款的 10%）。

故该厂应缴纳烟叶税 =600×（1+10%）×20%=132（万元）。

选项 A 不当选，误将销售价款按照 9% 的税率作价税分离之后作为烟叶税的计税依据。

选项 B 不当选，误直接以收购价款 600 万元作为烟叶税的计税依据。

选项 C 不当选，误将销售价款按照 9% 的税率作价税分离之后作为收购价款，再加上 10% 的价外补贴作为烟叶税的计税依据。

9.3 斯尔解析　B　本题考查烟叶税的纳税义务人和应纳税额的计算。

选项 B 当选，烟叶税收购方为烟叶税的纳税人，因此卷烟厂自行缴纳烟叶税。

烟叶税应纳税额 = 实际支付的价款总额 × 烟叶税税率（20%）

故该厂应缴纳烟叶税 =65×20%=13（万元）。

选项 A 不当选，误将 65 万元作为收购价款，又另外加了 10% 的价外补贴。

提示：实际支付的价款总额 = 烟叶收购价款 ×（1+10%），本题所列示金额为实际支付的价款总额，已包含价外补贴。

9.4 斯尔解析 C 本题考查烟叶税征收管理。

选项 AB 不当选，烟叶税按月计征，纳税人应当于纳税义务发生月终了之日起 15 日内申报并缴纳税款。

选项 D 不当选，应当向烟叶收购地的主管税务机关申报缴纳烟叶税。

9.5 斯尔解析 B 本题考查烟叶税的税率和征收管理。

选项 B 当选、选项 C 不当选，烟叶税的纳税人是在中华人民共和国境内依照规定收购烟叶的单位。

选项 A 不当选，烟叶税实行比例税率，税率为 20%。

选项 D 不当选，烟叶税的纳税地点为烟叶的收购地。

二、多项选择题

9.6 斯尔解析 AE 本题考查烟叶税的相关规定。

选项 A 当选，烟叶税计税依据为纳税人收购烟叶实际支付的价款总额，实际支付的价款总额包括纳税人支付给烟叶生产销售单位和个人的烟叶收购价款和价外补贴。

选项 E 当选、选项 D 不当选，烟叶税的纳税人为中华人民共和国境内依照规定收购烟叶的单位。

选项 B 不当选，烟叶税的比例税率为 20%。

选项 C 不当选，烟叶税法律依据为《中华人民共和国烟叶税法》。

9.7 斯尔解析 BC 本题考查烟叶税的征收管理和应纳税额的计算。

选项 B 当选、选项 E 不当选，纳税人收购烟叶实际支付的价款总额包括纳税人支付给烟叶生产销售单位和个人的烟叶收购价款和价外补贴。其中，价外补贴统一按烟叶收购价款的 10% 计算，应该缴纳的烟叶税 =80×（1+10%）×20%=17.6（万元）。

选项 C 当选，纳税人收购烟叶应当向烟叶收购地（乙县）的主管税务机关申报纳税。

选项 A 不当选，烟叶税按月计征，在纳税义务发生月终了之日起 15 日内申报并缴纳税款，所以应于 7 月 15 日前申报缴纳烟叶税。

选项 D 不当选，收购烟叶的纳税义务发生时间为收购烟叶的当天（6 月 17 日）。

9.8 斯尔解析 BDE 本题考查烟叶税的征收管理和应纳税额的计算。

选项 BD 当选，烟叶税的计税依据为烟叶收购价款和价外补贴。其中，价外补贴统一按烟叶收购价款的 10% 计算，计税依据 =90×（1+10%）=99（万元），应纳税额 =99×20%=19.8（万元）。

选项 E 当选、选项 A 不当选，烟叶税的纳税人是烟叶的收购方（烟草公司），而不是烟叶的生产销售方（烟叶种植户）。

选项 C 不当选，纳税人收购烟叶，应当向烟叶收购地（A 县）的主管税务机关申报缴纳烟叶税。

9.9 斯尔解析 AE 本题考查烟叶税的相关规定。

选项 A 当选，烟叶税的纳税人是收购烟叶的单位，所以其本身就是纳税人，而不是代扣代缴义务人。

选项 E 当选，纳税人应当于纳税义务发生月终了之日起 15 日内申报并缴纳税款。

第十章　关　税
答案与解析

一、单项选择题

10.1 ▶ A	10.2 ▶ C	10.3 ▶ B	10.4 ▶ C	10.5 ▶ A
10.6 ▶ D	10.7 ▶ D	10.8 ▶ B	10.9 ▶ C	10.10 ▶ C
10.11 ▶ A	10.12 ▶ B	10.13 ▶ D	10.14 ▶ A	10.15 ▶ B
10.16 ▶ D	10.17 ▶ A	10.18 ▶ C	10.19 ▶ D	10.20 ▶ C
10.21 ▶ D	10.22 ▶ D			

二、多项选择题

10.23 ▶ ABDE	10.24 ▶ CD	10.25 ▶ BCD	10.26 ▶ ACD	10.27 ▶ CDE
10.28 ▶ ABE	10.29 ▶ ABCD	10.30 ▶ BCD	10.31 ▶ ACD	10.32 ▶ ADE
10.33 ▶ BDE	10.34 ▶ BE	10.35 ▶ ABDE		

一、单项选择题

10.1 斯尔解析　**A**　本题考查关税的特点。

关税具有以下特点：

（1）征收的对象是准许进出口的货物和进出境物品。（选项 BC 不当选）

（2）关税是单一环节的价外税。（选项 A 当选）

（3）有较强涉外性。（选项 D 不当选）

10.2 斯尔解析 **C** 本题考查关税的税率形式。

选项 C 当选，滑准税是在税则中预先按产品的价格高低分档制定若干不同的税率，商品价格上涨时，采用较低税率；商品价格下跌则采用较高税率，其目的是使该种商品的国内市场价格保持稳定，免受或少受国际市场价格波动的影响。

选项 A 不当选，选择税是在税则的同一税目中，有从价和从量两种税率，海关一般选择税额较高的一种征税。

选项 B 不当选，复合税的税率形式既有比例税率也有定额税率。

选项 D 不当选，从量税的税率形式是定额税率。

10.3 斯尔解析 **B** 本题考查进口关税税率。

选项 A 不当选，对实行关税配额管理的进口货物，关税配额内的，适用配额税率，配额外的，按不同情况分别适用最惠国税率、协定税率、特惠税率或普通税率。

选项 C 不当选，原产地不明的进口货物，适用普通税率。

选项 D 不当选，原产于我国境内的进口货物，适用于最惠国税率。

10.4 斯尔解析 **C** 本题考查关税税率的适用原则。

选项 C 当选，适用最惠国税率的进口货物有暂定税率的，应当适用暂定税率。

选项 A 不当选，最惠国税率低于或等于协定税率时，协定有规定的，按相关协定的规定执行；协定无规定的，二者从低适用税率。

选项 B 不当选，适用协定税率、特惠税率的进口货物有暂定税率的，应当从低适用税率。

选项 D 不当选，适用普通税率的进口货物，不适用暂定税率，经国务院关税税则委员会特别批准，可以适用最惠国税率。

10.5 斯尔解析 **A** 本题考查关税税率的适用。

选项 A 当选，因纳税义务人违反规定需要追征税款的进出口货物，应当适用违反规定的行为发生之日实施的税率；行为发生之日不能确定的，适用海关发现该行为之日实施的税率。

10.6 斯尔解析 **D** 本题考查关税税率的适用。

有下列情形之一需缴纳税款的，应当适用海关接受纳税义务人申报办理纳税手续之日实施的税率：

（1）保税货物经批准不复运出境的。（选项 C 不当选）

（2）减免税货物经批准转让或者移作他用的。（选项 D 当选）

（3）暂时进境货物经批准不复运出境，以及暂时出境货物经批准不复运进境的。（选项 B 不当选）

（4）租赁进口货物，分期缴纳税款的。（选项 A 不当选）

10.7 斯尔解析 **D** 本题考查关税税率的运用。

选项 D 当选，已报关进境并放行的减免税货物经批准转让或者移作他用的，适用海关接受纳税义务人申报办理纳税手续之日实施的税率。

10.8 斯尔解析 **B** 本题考查进口货物关税价格。

选项 B 当选，购货佣金不计入关税的完税价格。由买方负担的除购货佣金以外的佣金和经纪费应计入关税的完税价格。

选项 ACD 不当选，均应计入关税的完税价格。

10.9 斯尔解析 C 本题考查关税公式定价进口货物完税价格的确定。

同时符合下列条件的进口货物，以合同约定定价公式所确定的结算价格为基础确定完税价格：

（1）在货物运抵中华人民共和国境内前或保税货物内销前，买卖双方已书面约定定价公式。（选项 B 不当选）

（2）结算价格取决于买卖双方均无法控制的客观条件和因素。（选项 C 当选）

（3）自货物申报进口之日起 6 个月内，能够根据合同约定的定价公式确定结算价格。（选项 D 不当选）

（4）结算价格符合《中华人民共和国海关审定进出口货物完税价格办法》中成交价格的有关规定。

选项 A 不当选，公式定价货物进口时结算价格不能确定，以暂定价格申报的，纳税义务人应当向海关办理税款担保。

10.10 斯尔解析 C 本题考查关税应纳税额的计算。

选项 C 当选，具体计算过程如下：

购货佣金不计入关税的完税价格，与进口货物有关的特许权使用费要计入关税的完税价格。

关税的完税价格包括货价、运费和保险费，运费无法确定的，海关应当按照该货物进口同期的正常运输成本审查确定。

保险费无法确定的，按照“货价”和“运费”两者总额的 3‰计算保险费。

故该公司进口设备应缴纳的关税 =（200–5+20）×（1+3‰）×20%=43.13（万元）。

选项 A 不当选，特许权使用费没有计入关税的完税价格。

选项 B 不当选，没有计算保险费。

选项 D 不当选，误将购货佣金也计入完税价格。

10.11 斯尔解析 A 本题考查特殊进口货物的完税价格。

选项 B 不当选，易货贸易、寄售、捐赠、赠送等不存在成交价格的进口货物，由海关与纳税人进行价格磋商后，按照“进口货物海关估价方法”的规定，估定完税价格。

选项 C 不当选，运往境外加工的货物，应以境外加工费、料件费、复运进境的运输及其相关费用和保险费为基础确定完税价格。

选项 D 不当选，租赁进口的货物，在租赁期间以海关审定的租金作为完税价格，利息应予以计入。

10.12 斯尔解析 B 本题考查特殊进口货物关税完税价格。

选项 B 当选，寄售、捐赠等不存在成交价格的进口货物，由海关与纳税人进行价格磋商后，依次以下列方法审查确定该货物的完税价格：

（1）相同货物成交价格估价方法。

（2）类似货物成交价格估价方法。

（3）倒扣价格估价方法。

（4）计算价格估价方法。

（5）其他合理估价方法。

10.13 斯尔解析 D 本题考查特殊进口货物的完税价格和关税的应纳税额的计算。

选项 D 当选，留购的租赁货物，以海关审定的留购价格作为完税价格。

该企业 2024 年 4 月应缴纳关税 =65×10%=6.5（万元）

选项 A 不当选，误以租金作为完税价格。

选项 B 不当选，误以租金加上运费和保险费作为完税价格。

选项 C 不当选，误以成交价格作为完税价格。

10.14 斯尔解析 A 本题考查特殊进口货物关税应纳税额的计算。

选项 A 当选，运往境外修理的机械器具运输工具或其他货物，出境时已向海关报明，并在海关规定期限内复运进境的，以海关审定的境外修理费、料件费为基础确定完税价格。

故关税完税价格 =5+1.2=6.2（万元），应纳关税 =6.2×10%=0.62（万元）。

选项 B 不当选，误将复运进境时运费和保险费也计入完税价格。

选项 C 不当选，误将机器的净值和复运进境发生的运费和保险费计入完税价格。

选项 D 不当选，误将机器的净值、报关出境前发生的运费和保险费、复运进境发生的运费和保险费都计入完税价格。

10.15 斯尔解析 B 本题考查特殊进口货物关税应纳税额的计算。

选项 B 当选，运往境外加工的货物，出境时已向海关报明，并在海关规定期限内复运进境的，应当以境外加工费、料件费、复运进境的运输及相关费用、保险费为基础审查确定完税价格。

该公司上述业务应缴纳关税税额 =（50+2+1）×10%=5.3（万元）

选项 A 不当选，没有将运费和保险费计入完税价格。

选项 C 不当选，误将价值 150 万元的布料计入完税价格，而没有将运费和保险费计入完税价格。

选项 D 不当选，误将价值 150 万元的布料计入完税价格。

10.16 斯尔解析 D 本题考查出口货物完税价格。

选项 D 当选，出口货物的完税价格，由海关以该货物向境外销售的成交价格为基础审查确定，并应包括货物运至我国境内输出地点装载前的运输及其相关费用、保险费，但其中包含的出口关税税额，应当扣除。

10.17 斯尔解析 A 本题考查进口减免税货物的监管年限。

选项 A 当选，特定地区、特定企业或者有特定用途的特定减免税进口货物，应当接受海关监管。特定减免税进口货物的监管年限为：（1）船舶、飞机 8 年；（2）机动车辆 6 年；（3）其他货物 3 年。科教用品属于其他货物，所以监管年限为 3 年。

10.18 斯尔解析 C 本题考查关税的补税。

选项 C 当选，科教用品属于关税的特定减免税进口货物，应当接受海关监管，其监管年限为 3 年；在监管年限内转让或移作他用需要补税的，应当以海关审定的该货物原进口时的价格，扣除使用年限部分对应的价值作为完税价格，其计算公式为：完税价格 = 海关审定的该货物原进口时的价格 ×［1− 申请补税时实际已使用的时间（月）÷（监管年限 ×12）］。

综上，转让时应该缴纳的关税 =30×［1−9÷（3×12）］×20%=4.5（万元）。

选项 A 不当选，误将转让价格作为计算补交关税的计税依据。

选项 B 不当选，误将进口时海关审定的完税价格减去折旧费作为计算补交关税的计税依据。

选项 D 不当选，误以进口时海关审定的完税价格作为计算补交关税的计税依据。

10.19 斯尔解析　**D**　本题考查关税的退还。

选项 D 当选，已征进口关税的货物，因品质或者规格原因，原状退货复运出境的，纳税义务人自缴纳税款之日起 1 年内，可以申请退还关税，并应当以书面形式向海关说明理由，提供原缴款凭证及相关资料。

10.20 斯尔解析　**C**　本题考查关税的强制执行措施。

选项 C 当选，纳税义务人、担保人自缴纳税款期限届满之日起超过 3 个月仍未缴纳税款的，经直属海关关长或者授权的隶属海关关长批准，海关可以采取下列强制措施：

（1）书面通知其开户银行或者其他金融机构从其存款中扣缴税款。

（2）将应税货物依法变卖，以变卖所得抵缴税款。

（3）扣留并依法变卖其价值相当于应纳税款的货物或者其他财产，以变卖所得抵缴税款。

10.21 斯尔解析　**D**　本题考查关税延期期限。

选项 D 当选，纳税义务人因不可抗力或者国家税收政策调整不能按期缴纳税款的，依法提供税款担保后，可以直接向海关办理延期缴纳税款手续，延期纳税最长不超过 6 个月。

10.22 斯尔解析　**D**　本题考查关税的补征和追征。

选项 D 当选，因纳税义务人违反规定而造成的少征或者漏征税款，海关可自纳税义务人缴纳税款或者货物、物品放行之日起 3 年内追征，并从缴纳税款或者货物、物品放行之日起按日加收少征或者漏征税款万分之五的滞纳金。

选项 A 不当选，进口货物放行后，海关发现少征或者漏征税款的，应当自缴纳税款或者货物、物品放行之日起 1 年内，向纳税人补征。

二、多项选择题

10.23 斯尔解析　**ABDE**　本题考查关税的纳税义务人。

选项 C 不当选，出口货物的发货人为关税纳税义务人

10.24 斯尔解析　**CD**　本题考查关税税率的适用。

选项 A 不当选，进出口货物，应当适用海关接受该货物申报进口或者出口之日实施的税率。

选项 B 不当选，协定税率适用原产于与我国签订含有关税优惠条款的区域性贸易协定的国家或者地区的进口货物，特惠税率适用原产于与我国签订含有特殊关税优惠条款的贸易协定的国家或者地区的进口货物，注意两者区分。

选项 E 不当选，关税配额内的，适用配额税率；配额外的，按不同情况分别适用于最惠国税率、协定税率、特惠税率或普通税率。

10.25 斯尔解析　**BCD**　本题考查进口货物的估价方法。

对于进口货物的成交价格不符合规定条件或成交价格不能确定，在客观上无法采用货物的实际成交价格时，海关经了解有关情况，并与纳税义务人进行价格磋商后，依次以下列方法估定该货物的完税价格：

（1）相同货物的成交价格估价方法。（选项 B 当选）

（2）类似货物的成交价格估价方法。

（3）倒扣价格估价方法。（选项 C 当选）

（4）计算价格估价方法。（选项 D 当选）

（5）合理估价方法。

选项 A 不当选，为不得使用的价格。

10.26 斯尔解析 ACD 本题考查进口货物估价方法中，不得使用的价格。

海关在采用合理方法确定进口货物的完税价格时，不得使用以下价格：

（1）境内生产的货物在境内的销售价格。（选项 A 当选）

（2）可供选择的价格中较高的价格。

（3）货物在出口地市场的销售价格。（选项 C 当选）

（4）以计算价格估价方法规定之外的价值或者费用计算的相同或者类似货物的价格。

（5）出口到第三国或者地区的货物的销售价格。

（6）最低限价或者武断、虚构的价格。（选项 D 当选）

10.27 斯尔解析 CDE 本题考查出口货物关税完税价格。

选项 CE 当选、选项 B 不当选，出口货物的完税价格由海关以该货物的成交价格以及该货物运至中华人民共和国境内输出地点装载前的运输及其相关费用、保险费为基础审查确定。装载后的运费、保险费不计入完税价格。

选项 D 当选，完税价格不包括关税。

选项 A 不当选，出口货物完税价格不包含增值税。

10.28 斯尔解析 ABE 本题考查公式定价进口货物完税价格的确定。

同时符合下列条件的进口货物，以合同约定定价公式所确定的结算价格为基础确定完税价格。

（1）在货物运抵中华人民共和国境内前或保税货物内销前，买卖双方已书面约定定价公式。（选项 B 当选、选项 C 不当选）

（2）结算价格取决于买卖双方均无法控制的客观条件和因素。（选项 E 当选）

（3）自货物申报进口之日起 6 个月内，能够根据合同约定的定价公式确定结算价格。（选项 A 当选）

（4）结算价格符合《中华人民共和国海关审定进出口货物完税价格办法》中成交价格的有关规定。

选项 D 不当选，公式定价货物进口时结算价格不能确定，以暂定价格申报的，无须根据合同约定评估价格。

10.29 斯尔解析 ABCD 本题考查关税的减免规定。

下列进出口货物予以免征关税：

（1）关税税额在人民币 50 元以下的一票货物。

（2）无商业价值的广告品和货样。（选项 A 当选）

（3）外国政府、国际组织无偿赠送的物资。（选项 BC 当选）

（4）在海关放行前遭受损失的货物。（选项 D 当选）

（5）规定数额以内的物品。

（6）进出境运输工具装载的途中必需的燃料、物料和饮食用品。

选项 E 不当选，在海关放行前遭受损坏的货物，可以根据海关认定的受损程度减征关税。

10.30 斯尔解析　**BCD**　本题考查关税减免税。

选项 B 当选，符合条件的企业和核电项目为生产国家支持发展的重大技术装备或产品而确有必要进口的部分关键零部件及原材料，免征进口关税和进口环节增值税。

选项 C 当选，展览会、交易会中用于展示或者使用的货物属于暂时进境货物，暂时进境的货物，已缴纳相当于应纳税款的保证金或提供担保的，暂不缴纳关税。

选项 D 当选，对残疾人专用品、有关单位进口国内不能生产的特定残疾人专用品，免征进口关税和进口环节增值税、消费税。

选项 A 不当选，关税税额为人民币 50 元以下的一票货物，可免征关税。

选项 E 不当选，因残损、短少、品质不良或者规格不符等原因，由进出口货物的发货人、承运人或者保险公司免费补偿或者更换的相同货物，进出口时不征收关税。被免费更换的原进口货物不退运出境或者原出口货物不退运进境的，海关应当对原进出口货物重新按照规定征收关税。

10.31 斯尔解析　**ACD**　本题考查关税特定减免税政策的相关规定。

实行特定减免税的货物包括：

（1）科教用品。（选项 A 当选）

（2）残疾人专用品。（选项 D 当选）

（3）慈善捐赠物资。

（4）符合条件的重大技术装备。

（5）集成电路和软件产业。

（6）科普用品。（选项 C 当选）

（7）海南自由贸易港原辅料、交通工具及游艇、生产设备。

选项 BE 不当选，属于法定减免税，不属于特定减免税。

10.32 斯尔解析　**ADE**　本题考查关税的减免规定。

选项 B 不当选，进出境运输工具装载的途中必需的燃料、物料和饮食用品（不含娱乐设施）免征关税。

选项 C 不当选，慈善捐赠物资享受特定减免，不是法定减免。

10.33 斯尔解析　**BDE**　本题考查关税的征收管理。

选项 A 不当选，进口货物自运输工具申报进境之日起 14 日内，由进口货物的纳税人向进境地海关申报。

选项 C 不当选，纳税义务人应自海关填发税款缴款书之日起 15 日内向指定银行缴纳税款。

10.34 斯尔解析　**BE**　本题考查关税的征收管理。

选项 A 不当选，对海关监管年限内的减免税货物，减免税申请人要求提前解除监管的，应当向主管海关提出申请，并办理补缴税款手续。

选项 C 不当选，对在纳税期限内有逃税迹象且拒绝提供纳税担保的纳税人，海关可采取关税保全措施。

选项 D 不当选，纳税人应在运输工具申报进境之日起 14 日内，进行关税申报。

10.35 斯尔解析　**ABDE**　本题考查关税的征收管理。

选项 C 不当选，进出口货物的纳税人，应当自海关填发税款缴款书之日起 15 日内缴纳税款。

new

一、单项选择题

10.36 ▶ B

二、多项选择题

10.37 ▶ ACDE

一、单项选择题

10.36 斯尔解析 B 本题考查海关行政复议的相关规定。

选项 A 不当选，公民法人或者其他组织认为海关行政行为侵犯其合法权益的，可以自知道或者应当知道该行政行为之日起 60 日内提出行政复议申请 .

选项 C 不当选，认为海关未履行法定职责，申请人应当先向海关申请行政复议，对海关行政复议决定不服的，可以再依法向人民法院提起行政诉讼。

选项 D 不当选，海关行政复议机关应当自收到行政复议申请之日起 5 日内进行审查。

二、多项选择题

10.37 斯尔解析 ACDE 本题考查关税的减免规定。

适用关税特定减免税政策的有：

（1）科教用品。

（2）残疾人专用品。

（3）慈善捐赠物资。

（4）重大技术装备。（选项 D 当选）

（5）集成电路产业和软件产业进口货物。（选项 E 当选）

（6）科普用品。（选项 C 当选）

（7）国家综合性消防救援队伍进口国内不能生产或性能不能满足需求的消防救援装备。（选项 A 当选）

选项 B 不当选，外国政府无偿捐赠的物资享受关税的法定减免。

第十一章　非税收入

一、单项选择题

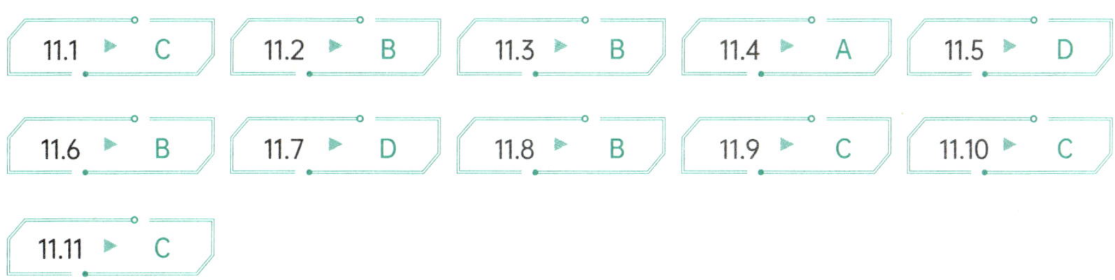

题号	答案	题号	答案	题号	答案	题号	答案	题号	答案
11.1	C	11.2	B	11.3	B	11.4	A	11.5	D
11.6	B	11.7	D	11.8	B	11.9	C	11.10	C
11.11	C								

二、多项选择题

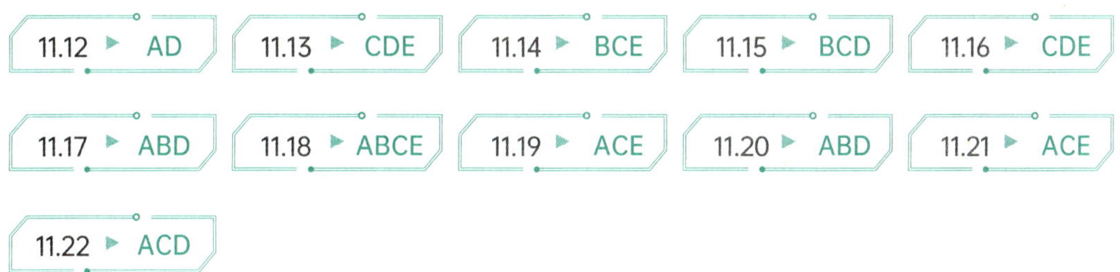

题号	答案	题号	答案	题号	答案	题号	答案	题号	答案
11.12	AD	11.13	CDE	11.14	BCE	11.15	BCD	11.16	CDE
11.17	ABD	11.18	ABCE	11.19	ACE	11.20	ABD	11.21	ACE
11.22	ACD								

一、单项选择题

11.1 斯尔解析　C　本题考查非税收入的范围。

选项 C 当选，税收和非税收入产生的利息收入都属于非税收入。

选项 A 不当选，社会保险费、计入缴存人个人账户部分的住房公积金不属于非税收入。

选项 B 不当选，政府向特定对象出售其生产的商品和服务取得的收入，属于非税收入。政府将从私人部门或“第三方机构”购买的公共服务提供给特定主体而取得的收入，不属于非税收入。

11.2 斯尔解析　B　本题考查城市维护建设税和教育费附加应纳税费的计算。

选项 B 当选，城市维护建设税的计税依据是纳税人实际缴纳的增值税、消费税税额。包括纳税人被税务机关查补的消费税、增值税税额，不包括加收的滞纳金和罚款，也不包括企业所得税税额。企业位于市区，适用的城市维护建设税税率及教育费附加比率分别为 7% 和 3%。

应补缴的城市维护建设税和教育费附加 =（45 000+25 000）×（7%+3%）=7 000（元）

选项 A 不当选，城市维护建设税税率适用错误，误用 5% 的税率。

选项 C 不当选，误将被查补的企业所得税并入计税依据。

选项 D 不当选，误将加收的滞纳金和罚款并入计税依据。

11.3 斯尔解析 B 本题考查文化事业建设费的计算。

选项 B 当选，广告服务的计费依据为缴纳义务人提供广告服务取得的全部含税价款和价外费用，减除支付给其他广告公司或广告发布者的含税广告发布费后的余额。

应缴费额 = 计费依据 ×3%=（106−16）×3%=2.7（万元）

选项 A 不当选，误以不含税价款计算。

选项 C 不当选，误以不含税价款计算，且未减除支付给广告发布者的广告发布费。

选项 D 不当选，未减除支付给广告发布者的广告发布费。

11.4 斯尔解析 A 本题考查残疾人就业保障金。

选项 A 当选，具体计算过程如下：

（1）用人单位安排 1 名持有《中华人民共和国残疾人证》（1 至 2 级）或《中华人民共和国残疾军人证》（1 至 3 级）的人员就业的，按照安排 2 名残疾人就业计算。

（2）用人单位在职职工平均工资未超过当地社会平均工资 2 倍（含）的，按用人单位在职职工年平均工资计征残疾人就业保障金；超过当地社会平均工资 2 倍的，按当地社会平均工资 2 倍计征残疾人就业保障金。

（3）自 2020 年 1 月 1 日起至 2027 年 12 月 31 日，对残疾人就业保障金实行分档减缴政策。其中：用人单位安排残疾人就业比例达到 1%（含）以上，但未达到所在地省、自治区、直辖市人民政府规定比例的，按规定应缴费额的 50% 缴纳残疾人就业保障金；用人单位安排残疾人就业比例在 1% 以下的，按规定应缴费额的 90% 缴纳残疾人就业保障金。

安排残疾人就业人数：3−1+2=4（人）。

安排比例 =4÷350×100%=1.14%，超过 1%，但未达到所在地要求的安排比例，按规定应缴费额的 50% 缴纳残疾人就业保障金。

年人均均工资 28 749 000÷350=82 140（元）＜60 000×2=120 000（元），未超过限额。

综上，2024 年甲公司应缴纳残疾人就业保障金 =（上年用人单位在职职工人数 × 所在地省、自治区、直辖市人民政府规定的安排残疾人就业比例 − 上年用人单位实际安排的残疾人就业人数））× 上年用人单位在职职工年平均工资 ×50%=（350×1.5%−4）×82 140×50%=51 337.5（元）。

选项 B 不当选，未考虑按规定应缴费额的 50% 计算缴纳的规定，全额计算应缴费额。

选项 C 不当选，误按应缴费额的 90% 计算。

选项 D 不当选，安排人数计算错误，未将 1 人持有《中华人民共和国残疾人证》（2 级）按照 2 人计算。导致减征比例也计算错误，误按照安排 3 人，按应缴费额的 90% 计算。

11.5 斯尔解析 D 本题考查残疾人就业保障金的政策。

选项 A 不当选，残保金列为一般公共预算收入科目，是中央和地方共用收入科目。

选项 B 不当选，用人单位遇不可抗力自然灾害或其他突发事件遭受重大直接经济损失，可以申请减免或者缓缴残保金。用人单位申请减免残保金的最高限额不得超过 1 年的残保金应缴额，申请缓缴残保金的最长期限不得超过 6 个月。

选项 C 不当选，用人单位跨地区招用残疾人的，应当计入所安排的残疾人就业人数。

11.6 斯尔解析 B 本题考查可再生能源电价附加的征收范围。

可再生能源电价附加对各省、自治区、直辖市扣除农业生产用电（含农业排灌用电）后的销售电量征收。（选项 A 不当选）

具体包括：

（1）省级电网企业（含各级子公司）销售给电力用户的电量。

（2）省级电网企业扣除合理线损后的趸售电量（即实际销售给转供单位的电量，不含趸售给各级子公司的电量）。

（3）省级电网企业对境外销售电量。（选项 B 当选）

（4）企业自备电厂自发自用电量。

（5）地方独立电网（含地方供电企业）销售电量（不含省级电网企业销售给地方独立电网的电量）。（选项 D 不当选）

（6）大用户与发电企业直接交易的电量。

选项 C 不当选，对分布式光伏发电自发自用电量免收可再生能源电价附加。

11.7 斯尔解析 D 本题考查油价调控风险准备金的计征依据。

选项 D 当选，来料加工贸易以及直接用于一般贸易出口的汽油、柴油，不纳入油价调控风险准备金征收范围。

11.8 斯尔解析 B 本题考查石油特别收益金的征收规定。

选项 B 当选，石油特别收益金实行五级超额累进从价定率计征。

选项 A 不当选，凡在中华人民共和国陆地领域和所辖海域开采的石油，无论其是否在中国境内销售，均应按规定缴纳石油特别收益金。

选项 C 不当选，石油特别收益金实行按月计算、按季申报，按月缴纳。

选项 D 不当选，石油特别收益金列为一般公共预算收入科目。

11.9 斯尔解析 C 本题考查矿业权出让收益的征收规定。

选项 C 当选，按出让金额形式征收的，矿业权人在收到缴款通知书之日起 30 日内，按缴款通知及时缴纳矿业权出让收益。分期缴纳矿业权出让收益的矿业权人，首期出让收益按缴款通知书缴纳，剩余部分按矿业权合同约定的时间缴纳。

选项 D 不当选，按矿业权出让收益率形式征收的，矿业权人在收到缴款通知书之日起 30 日内，按缴款通知及时缴纳矿业权出让收益（成交价部分）。按矿业权出让收益率逐年缴纳的部分，缴款时间最迟不晚于次年 2 月底。

选项 A 不当选，按照出让金额形式征收的出让收益，分期缴纳的，首次征收比例不得低于出让收益的 10% 且不高于 20%。

选项 B 不当选，矿业权转让时，未缴纳的矿业权出让收益及涉及的相关费用，缴纳义务由受让人承担。

11.10 斯尔解析 C 本题考查海域使用金的计费方法。

选项 A 不当选，对填海造地、非透水构筑物、跨海桥梁和海底隧道等项目用海实行一次性计征海域使用金，对其他项目用海按照使用年限逐年计征海域使用金。

选项 B 不当选，使用海域不超过 6 个月的，按年收标准的 50% 一次性计征；超过 6 个月不足 1 年的，按年征收标准一次性计征。

选项 D 不当选，金额度超过 1 亿元的，可以在 3 年时间内分次缴纳。首次缴纳额度不得低于总额度的 50%。

11.11 斯尔解析 C 本题考查水土保持补偿费的征收规定。

选项 C 当选，开采矿产资源的，建设期间，按照征占用土地面积一次性计征。开采期间，石油、天然气以外的矿产资源按照开采量（采掘、采剥总量）计征。石油、天然气根据油、气生产井（不包括水井、勘探井）占地面积按年征收。

选项 A 不当选，水土保持补偿费是中央和地方共用的收入科目。

选项 B 不当选，对一般性生产建设项目，按照征占用土地面积一次性计征。

选项 D 不当选，按次缴纳的，应于项目开工前或建设活动开始前缴纳。按期缴纳的，在期满之日起 15 日内申报缴纳。

二、多项选择题

11.12 斯尔解析 AD 本题考查非税收入的特点。

选项 AD 当选、选项 BC 不当选，非税收入具有灵活性非普遍性、不稳定性和资金使用上的特定性等特点。

选项 E 不当选，是税收收入的特点。

11.13 斯尔解析 CDE 本题考查教育费附加的相关规定。

选项 A 不当选，教育费附加实行统一的征收率 3%。

选项 B 不当选，出口产品退还的增值税、消费税，不退还教育费附加。

11.14 斯尔解析 BCE 本题考查出口业务增值税和附加税费的计算。

选项 B 当选、选项 A 不当选，技术转让取得的不含税收入 80 万元免征增值税，应纳税额 =500–780=–280（万元），故应退还该企业增值税税额 280 万元。

选项 CE 当选、选项 D 不当选，生产企业出口货物实行免、抵、退税办法后，当期免抵的增值税税额应纳入城市维护建设税的计征范围，分别按规定的税（费）率征收城市维护建设税和教育费附加。

“免抵退”税额为 400 万元，退税额为 280 万元。

免抵税额 =400–280=120（万元）

综上，应缴纳的城市维护建设税 =（400–280）×7%=8.4（万元）。

应缴纳的教育费附加 =（400–280）×3%=3.6（万元）

应缴纳的地方教育附加 =（400–280）×2%=2.4（万元）

11.15 斯尔解析 BCD 本题考查城市维护建设税、教育费附加和地方教育附加的征收规定。

选项 BCD 当选，对进口货物或者境外单位和个人向境内销售劳务、服务、无形资产缴纳的增值税、消费税税额，不征收城市维护建设税（“进口不征”），对出口产品退还增值税、消费税的，不退还已缴纳的城市维护建设税（“出口不退”），教育费附加和地方教育附加也同样适用此规定。

11.16 斯尔解析　**CDE**　本题考查文化事业建设费的征收范围。

文化事业建设费的征收范围是增值税征税范围中的广告服务和娱乐服务。

选项 CD 当选，属于广告服务。

选项 E 当选，属于娱乐服务。

选项 A 不当选，广告设计属于设计服务。

选项 B 不当选，广告位的出租属于租赁服务。

11.17 斯尔解析　**ABD**　本题考查大中型水库移民后期扶持基金的免征规定。

选项 ABD 当选，免征大中型水库移民后期扶持基金。

选项 CE 不当选，没有免征规定。

11.18 斯尔解析　**ABCE**　本题考查非税收入中央和地方收入的划分。

选项 ABCE 当选，均为中央和地方共用的收入科目。

选项 D 不当选，属于中央收入的科目。

提示：中央和地方共用的收入科目有包括，教育费附加、文化事业建设费、残疾人就业保障金、矿产资源专项收入、海域使用金和无居民海岛使用金、水土保持补偿费和防空地下室易地建设费。

11.19 斯尔解析　**ACE**　本题考查非税收入的征收管理。

选项 A 当选，国家留成油收入，中海油按月申报缴纳，中石化、中石油按年申报缴纳。

选项 C 当选，缴费人可以选择按季度或者按年度缴纳油价调控风险准备金。按季度缴纳的，缴费人应于季度终了 2 个月内申报并缴纳应缴费款。按年度缴纳的，缴费人应于次年 2 月底前申报缴纳应缴费款。

选项 E 当选，水土保持补偿费按次缴纳的，应于项目开工前或建设活动开始前缴纳。按期缴纳的，在期满之日起 15 日内申报缴纳。

选项 B 不当选，免税商品特许经营费缴纳企业应于年度终了后 5 个月内向税务部门申报缴纳。

选项 D 不当选，可再生能源电价附加按月申报，次年 3 月底前省级电网企业和地方独立电网企业根据全年实际销售电量进行汇算清缴。

11.20 斯尔解析　**ABD**　本题考查国有土地使用权出让收入的征收范围。

国有土地使用权出让收入的征收范围包括：

（1）以招标、拍卖、挂牌和协议方式出让国有土地使用权所确定的总成交价款（不含代收代缴的税费）。

（2）转让划拨国有土地使用权或依法利用原划拨土地进行经营性建设应当补缴的土地价款。（选项 A 当选）

（3）处置抵押划拨国有土地使用权应当补缴的土地价款。（选项 D 当选）

（4）转让房改房、经济适用住房按照规定应当补缴的土地价款，改变出让国有土地使用权土地用途、容积率等土地使用条件应当补缴的土地价款。

（5）其他和国有土地使用权出让或变更有关的收入。

还包括：

（1）国土资源管理部门依法出租国有土地向承租者收取的土地租金收入。（选项 B 当选）

（2）出租划拨土地上的房屋应当上缴的土地收益。

（3）土地使用者以划拨方式取得国有土地使用权，依法向市、县人民政府缴纳的土地补偿费、安置补助费、地上附着物和青苗补偿费、拆迁补偿费等费用（不含征地管理费）。（选项 C 不当选）

选项 E 不当选，国有土地使用权的出让是指国家以土地所有者的身份将土地使用权在一定年限内让渡给土地使用者，并由土地使用者向国家支付土地使用权出让金的行为。是土地交易的一级市场，取得的收益归国家所有，属于非税收入。

土地使用权转让是指土地使用者将土地使用权再转移的行为，包括出售、交换和赠与。是土地交易的二级市场，取得的收入归转让方所有，无须上交国家，不属于财政收入。

11.21 斯尔解析 **ACE** 本题考查无居民海岛使用金的优惠政策。

下列用岛免缴无居民海岛使用金：

（1）国防用岛。

（2）公务用岛，指各级国家行政机关或者其他承担公共事务管理任务的单位依法履行公共事务管理职责的用岛。（选项 A 当选）

（3）教学用岛，指非经营性的教学和科研项目用岛。（选项 B 不当选）

（4）防灾减灾用岛。（选项 C 当选）

（5）非经营性公用基础设施建设用岛，包括非经营性码头、桥梁、道路建设用岛，非经营性供水、供电设施建设用岛，不包括为上述非经营性基础设施提供配套服务的经营性用岛。（选项 D 不当选）

（6）基础测绘和气象观测用岛。（选项 E 当选）

（7）国务院财政部门、海洋主管部门认定的其他公益事业用岛。

11.22 斯尔解析 **ACD** 本题考查防空地下室易地建设费的优惠政策。

优惠方式	具体情形
减半收取	(1) 享受政府优惠政策建设的廉租房、经济适用房等居民住房。（选项 B 不当选） (2) 新建幼儿园、学校教学楼、养老院及为残疾人修建的生活服务设施等民用建筑（选项 E 不当选）
免收	(1) 临时民用建筑和不增加面积的危房翻新改造商品住宅项目。（选项 A 当选） (2) 因遭受水灾、火灾或其他不可抗拒的灾害造成损坏后按原面积修复的民用建筑。（选项 C 当选） (3) 对廉租住房和经济适用住房建设、棚户区改造、旧住宅区整治。 (4) 对所有中小学校”校舍安全工程”建设所涉及的防空地下室易地建设费。 (5) 用于提供社区养老、托育、家政服务的房产、土地，确因地质条件等原因无法修建防空地下室的。 (6) 保障性住房项目。 提示：保障性住房项目免收各项行政事业性收费和政府性基金，包括防空地下室易地建设费城市基础设施配套费、教育费附加和地方教育附加等（选项 D 当选）

综合题演练
答案与解析

做经典

12.1（1）▸ BD	12.1（2）▸ C	12.1（3）▸ A	12.1（4）▸ D
12.1（5）▸ B	12.1（6）▸ A	12.2（1）▸ ACE	12.2（2）▸ C
12.2（3）▸ A	12.2（4）▸ C	12.2（5）▸ D	12.2（6）▸ D
12.3（1）▸ AC	12.3（2）▸ B	12.3（3）▸ C	12.3（4）▸ B
12.3（5）▸ A	12.3（6）▸ C	12.4（1）▸ ABDE	12.4（2）▸ A
12.4（3）▸ D	12.4（4）▸ B	12.4（5）▸ C	12.4（6）▸ B

12.1　（1） 斯尔解析　**BD**　本小问考查环境保护税计税依据和应纳税额的计算。

选项 B 当选、选项 E 不当选，水污染物分为第一类水污染物和其他类水污染物，第一类水污染物按照前五项污染物征收环境保护税；其他类水污染物按照前三项征收环境保护税。

选项 D 当选、选项 A 不当选，大气污染物按照污染当量数从大到小排序，对前三项污染物征收环境保护税。

选项 C 不当选，纳税人申请资源综合利用产品和劳务即征即退政策时，申请退税税款所属期前 6 个月（含所属期当期）不得发生以下情形：①因违反生态环境保护的法律法规受到行政处罚（警告、通报批评或单次 10 万元以下罚款、没收违法所得、没收非法财物除外；单次 10 万元以下含本数，下同）。②因违反税收法律法规被税务机关处罚（单次 10 万元以下罚款除外），或发生骗取出口退税、虚开发票的情形。甲造纸厂 2023 年 3 月曾因违反生态环境保护的法律法规受到行政处罚，被罚款 20 万元，属于不得发生的情形，所以不得享受即征即退政策。

（2） 斯尔解析　**C**　本小问考查增值税进项税额的抵扣。

选项 C 当选，具体计算过程如下：

①从一般纳税人取得增值税专用发票，可凭票抵扣进项税额。

②从按照简易计税方法依照 3% 征收率的小规模纳税人取得增值税专用发票，按照专用发票上注明的不含税金额，适用 9% 扣除率计算抵扣进项税额；取得农产品收购发票，按照发票上注明的价款，适用 9% 扣除率计算抵扣进项税额。

③购进农产品用于生产销售或委托加工 13% 税率货物的，在生产领用当期按 1% 加计扣除进项税额。

综上，可抵扣进项税额 =45+（150+20）×9%+（500+150+20）×1%=67（万元）。

选项 A 不当选，未考虑生产领用当期按 1% 加计扣除进项税额。

选项 B 不当选，误以为取得小规模纳税人按 3% 征收率开具的增值税专用发票应凭票抵扣进项税额。

选项 D 不当选，误认为购进棉花不得抵扣进项税额。

（3）斯尔解析 A 本小问考查 3% 征收率减按 2% 征收情形及计算。

选项 A 当选，一般纳税人销售不得抵扣且未抵扣进项税额的固定资产，按照简易计税办法依照 3% 征收率减按 2% 征收增值税；也可以放弃减税，按照简易计税办法依照 3% 征收率缴纳增值税，可以开具增值税专用发票。本题甲公司已开具增值税专用发票，应按照 3% 征收率计算缴纳增值税。

故应缴纳增值税 =1.03÷（1+3%）×3%=0.03（万元）。

选项 B 不当选，误按 3% 征收率减按 2% 计算增值税应纳税额。

选项 C 不当选，误按 3% 征收率减按 1% 计算增值税应纳税额。

选项 D 不当选，误按 13% 税率计算缴纳增值税。

（4）斯尔解析 D 本小问考查增值税特殊销售行为的相关规定。

纳税人受托对垃圾、污泥、污水、废气等废弃物进行专业化处理（即运用填埋、焚烧、净化、制肥等方式，对废弃物进行减量化、资源化和无害化处置）后产生货物，且货物归属委托方的，受托方属于提供加工劳务，适用 13% 税率。

故应缴纳的增值税销项税额 =5×13%+280×13%+15×13%=39（万元）。

说明：未产生货物，以及专业化处理后产生货物且货物归属受托方的，受托方属于提供专业技术服务，适用 6% 税率；受托方将产生的货物用于销售时，属于销售货物。

选项 A 不当选，误将收取的不含税加工费按照 6% 税率计算销项税额。

选项 B 不当选，误认为销售处理废纸后再生产品取得的收入免征增值税。

选项 C 不当选，未考虑收取的不含税加工费。

（5）斯尔解析 B 本小问考查增值税应纳税额的计算。

选项 B 当选，具体计算过程如下：

①业务（3）销项税额 =1500×80%×13%+300×13%=195（万元）。

说明：采用分期收款方式销售货物，增值税纳税义务发生时间为书面合同约定的收款日期的当天；采用预收货款方式销售货物的，增值税纳税义务发生时间为发出货物的当天，如果开具了发票，则按照开具发票的时间。

业务（6）销项税额为 39 万元。

②业务（1）可以抵扣的进项税额为 67 万元。

业务（2）可抵扣进项税额 =（15.6+0.09）×（1–5%）=14.91（万元）

说明：非正常损失所对应的进项税额不得抵扣。

业务（4）已抵扣进项税额的不动产，改变用途，专用于集体福利，按照下列公式计算不得抵扣的进项税额，并从当期进项税额中扣减：

不得抵扣的进项税额 = 已抵扣进项税额 × 不动产净值率

业务（4）转出进项税额 =100×70%=70（万元）

业务（6）可抵扣进项税额 6.5 万元。

③业务（5）应纳增值税为 0.03 万元。

综上，应缴纳增值税 =195+39–（67+14.91+6.5–70）+0.03=215.62（万元）。

(6) 斯尔解析 **A** 本小问考查环境保护税应纳税额的计算。

选项 A 当选，具体计算过程如下：

①二类水污染物的污染当量数由大到小排列，对前三项污染物征收环境保护税：

总磷污染当量数 =200÷0.25=800；氨氮污染当量数 =200÷0.8=250；CODcr 污染当量数 =200÷1=200；SS 污染当量数 =200÷4=50。

故二类水污染物应缴纳环境保护税 =（800+250+200）×3.6÷10 000=0.45（万元）。

②大气污染物的污染当量数从大到小排列，对前三项污染物征收环境保护税：

苯污染当量数 =80÷0.05=1 600；甲醛污染当量数 =50÷0.09=555.56；硫化氢污染当量数 =120÷0.29=413.79；SO_2 污染当量数 =100÷0.95=105.26；CO 污染当量数 =100÷16.7=5.99。

故大气污染物应缴纳环境保护税 =（1 600+555.56+413.79）×1.2÷10 000=0.31（万元）。

综上，应缴纳环境保护税 =0.45+0.31=0.76（万元）。

说明：大气污染物、水污染物的应纳税额 = 污染当量数 × 适用税额，污染当量数 = 排放量 ÷ 污染当量值。

12.2 **(1)** 斯尔解析 **ACE** 本小问综合考查消费税征税范围、纳税环节，土地增值税税收优惠。

选项 A 当选，国内汽车生产企业直接销售给消费者的超豪华小汽车，消费税税率按照生产环节税率和零售环节税率加总计算。

选项 C 当选，超豪华小汽车是指每辆零售价格 130 万元（不含增值税）及以上的乘用车和中轻型商用客车。

选项 E 当选，转让旧房及建筑物，不能取得评估价但能提供购房发票的，取得土地使用权所支付的金额、旧房及建筑物的评估价格按发票所载金额并从购买年度起至转让年度止每年加计 5% 计算扣除。

选项 B 不当选，消费税的纳税人为在我国境内生产、委托加工和进口应税消费品的单位和个人，因此，甲厂应当缴纳消费税，乙公司不缴纳消费税。

选项 D 不当选，纳税人建造普通标准住宅出售，增值额未超过扣除项目金额之和 20% 的，免征土地增值税。甲厂转让的是综合楼而非普通标准住宅，应按规定缴纳土地增值税。

（2）斯尔解析 C 本小问考查消费税视同销售的相关规定。

选项C当选，纳税人以应税消费品对外投资，应当视同销售，以同类应税消费品最高销售价格计算缴纳消费税。A型小轿车最高不含税售价为140万元，故甲厂应缴纳消费税=140×10×25%=350（万元）。

选项A不当选，误以小轿车平均不含税售价计算缴纳消费税。

选项B不当选，误以小轿车不含税投资价计算缴纳消费税。

选项D不当选，误以最高含增值税售价计算缴纳消费税。

（3）斯尔解析 A 本题考查特殊环节消费税的计算。

选项A当选，超豪华小汽车在零售环节按10%税率加征一道消费税。业务（2）甲厂向消费者直接销售A型小轿车不含税售价=158.2÷（1+13%）=140（万元）＞130（万元），应加征零售环节消费税。

故甲厂在零售环节应加征消费税=140×300×10%=4 200（万元）。

选项B不当选，未作价税分离。

选项C不当选，误认为甲厂向本地4S店销售A型小轿车2 000辆需加征零售环节消费税。

选项D不当选，误认为甲厂向本地4S店销售A型小轿车2 000辆需加征零售环节消费税，且未作价税分离。

（4）斯尔解析 C 本小问考查消费税应纳税额的计算。

选项C当选，具体计算过程如下：

业务（1）应纳消费税=120×200×25%=6 000（万元）

业务（2）应纳消费税=132×2 000×25%+26×3 000×5%+158.2÷（1+13%）×300×（25%+10%）=84 600（万元）

业务（3）应纳消费税=140×10×25%=350（万元）

故应纳消费税=6 000+84 600+350=90 950（万元）。

（5）斯尔解析 D 本小问考查特殊环节应纳消费税的计算。

选项D当选，乙公司为甲厂全资销售子公司，因此仅应就零售环节销售超豪华小汽车计算缴纳消费税，故应纳消费税=158.2÷（1+13%）×400×10%=5 600（万元）。

选项A不当选，误认为向4S店销售A型小轿车、以B型小轿车抵偿租金均需计算缴纳消费税。

选项B不当选，误认为向4S店销售A型小轿车需计算缴纳消费税。

选项C不当选，误认为以B型小轿车抵偿租金需计算缴纳消费税。

（6）斯尔解析 D 本小问考查销售旧房及其建筑物土地增值税应纳税额的计算。

选项D当选，具体计算过程如下：

①土地增值税应税收入为3 200万元。

②销售旧房及其建筑物土地增值税扣除项目有房屋及建筑物的评估价格，取得土地使用权所支付的金额，与转让房地产有关的税金。

a.销售旧房及其建筑物未取得评估价格，但能够提供购房发票，取得土地使用权所支付的金额、旧房及其建筑物的评估价格按发票所载金额并从购买年度起至转让年度止每年加计 5% 计算扣除。

b. 与转让房地产有关的税金包括转让房地产时缴纳的印花税、城市维护建设税、教育费附加，以及购房时缴纳的契税。

故扣除项目金额 =2 000×（1+5%×6）+（3 200×9%–220）×（7%+3%）+60=2 666.8（万元）。

说明：使用年限按购房发票所载日期起至售房发票开具之日止，每满 12 个月计 1 年；超过 1 年，未满 12 个月但超过 6 个月的，可以视同为 1 年。

③增值额 =3 200–2 666.8=533.2（万元）。

增值率 =533.2÷2 666.8×100%=19.99%，适用税率为 30%。

综上，应纳土地增值税 =533.2×30%=159.96（万元）。

12.3 (1) 斯尔解析 AC 本小问综合考查消费税和增值税的税收优惠。

选项 B 不当选，将自产的货物移送用于生产经营，无须视同销售计算缴纳增值税。

选项 D 不当选，销售用废弃植物油生产的纯生物柴油，属于资源综合利用产品，可享受增值税即征即退政策。

选项 E 不当选，甲醇汽油属于消费税征税范围，销售甲醇汽油应照章纳税。

(2) 斯尔解析 B 本小问考查消费税视同销售的相关规定。

选项 B 当选，业务（2）符合条件的纯生物柴油免征消费税；业务（3）自产甲醇汽油用于运输车辆，应视同销售，按同类应税消费品平均售价计算。故应缴纳消费税 =（50+12）×1 388×1.52÷10 000=13.08（万元）。

选项 A 不当选，误认为自产甲醇汽油移送用于运输车辆免征消费税。

选项 C 不当选，误认为纯生物柴油需计算缴纳消费税，且自产甲醇汽油移送用于运输车辆免征消费税。

选项 D 不当选，误认为纯生物柴油需计算缴纳消费税。

(3) 斯尔解析 C 本小问考查增值税进项税额的抵扣。

选项 C 当选，具体计算过程如下：

①从农民手中收购玉米计算抵扣的进项税额 =500×9%+500×80%×1%=49（万元）。

②从小规模纳税人购入玉米计算抵扣的进项税额 =600×9%+600×60%×1%=57.6（万元）。

综上，准予抵扣的进项税额 =49+57.6=106.6（万元）。

选项 A 不当选，误将从小规模纳税人处购入玉米凭票抵扣。

选项 B 不当选，未计算用于生产 13% 税率货物加计抵扣的进项税额。

选项 D 不当选，均按照扣除率 10% 计算抵扣进项税额。

(4) 斯尔解析 B 本小问考查增值税应纳税额的计算。

选项 B 当选，A 炼油厂销项税额 =（980+60）×13%=135.2（万元），准予抵扣的进项税额为 106.6 万元。

故当月享受即征即退税之前应缴纳增值税 =135.2–106.6=28.6（万元）。

选项 A 不当选，准予抵扣的进项税额误算为 99 万元。

选项 C 不当选，准予抵扣的进项税额误算为 110 万元。

选项 D 不当选，误认为销售生物柴油免征增值税。

（5）斯尔解析 A 本小问考查增值税应纳税额的计算。

选项 A 当选，采油过程中加热使用自采原油 3 吨，免征资源税；用于加工生产成品油的自采原油 800 吨，移送环节需要视同销售。

当月应缴纳资源税 =1 320÷1 200×（1 200+800）×6%×（1-30%）=92.4（万元）

选项 B 不当选，误认为加热使用自采原油需计算缴纳资源税。

选项 C 不当选，误认为加工生产成品油的自采原油无须计算缴纳资源税。

选项 D 不当选，未减征 30% 资源税。

（6）斯尔解析 C 本小问考查增值税应纳税额的计算。

选项 C 当选，用于乙企业投资的 500 吨原油需视同销售。C 油田是专门生产高凝油的油田，减征 40% 资源税。

当月应缴纳资源税 =2 000÷2 000×（2 000+500）×6%×（1-40%）=90（万元）

选项 A 不当选，未减征 40% 资源税。

选项 B 不当选，误减征 30% 资源税。

选项 D 不当选，误认为对外投资原油无须计算缴纳资源税。

12.4 （1）斯尔解析 ABDE 本小问考查增值税、消费税的税务处理。

选项 C 不当选，以 B 型葡萄酒进行投资应以同类产品当月不含税最高售价计算缴纳消费税，以同类产品当月不含税平均售价计算缴纳增值税。

（2）斯尔解析 A 本小问考查委托加工环节消费税的计算。

选项 A 当选，委托加工应税消费品，受托方无同类售价时，按照组成计税价格计算缴纳消费税，组成计税价格 =（材料费 + 加工费）÷（1- 消费税比例税率），其中材料费和加工费均为不含增值税的价格，委托加工消费税的纳税义务发生时间为提货当天，所以代收代缴的消费税 =（600+30）÷（1-10%）×80%×10%=56（万元）。

选项 B 不当选，未考虑消费税为价内税。

选项 C 不当选，未考虑提货比例。

选项 D 不当选，未考虑加工费。

（3）斯尔解析 D 本小问考查委托加工收回的消费税处理。

选项 D 当选，具体计算过程如下：

①委托加工收回的应税消费品以高于委托加工收回时的计税依据对外出售的，需要计算缴纳消费税，同时准予扣除已纳消费税。

②用委托加工收回的葡萄酒连续生产葡萄酒的，不得扣除委托加工收回时的已纳消费税。

③用于投资的葡萄酒需要视同销售缴纳消费税，消费税的计税依据为同类产品的最高售价。

综上，业务（2）应缴纳的消费税 =（800+1 200）×10%-56×50%=172（万元）。

（4）斯尔解析 B 本小问考查增值税进项税额的转出。

选项 B 当选，在建工程因违法违规被强行拆除属于非正常损失，其购进货物、建筑服务及设计服务对应的进项税额均不得抵扣，要分别按照适用税率计算进项税额的转出，其中建筑服务适用 9% 的税率，设计与监理服务适用 6% 的税率。

综上，业务（3）应转出的进项税额 =400×9%+50×6%=39（万元）。

（5）斯尔解析　C　本小问综合考查增值税、消费税和车辆购置税的计算。

选项 C 当选，进口环节的增值税、消费税和车辆购置税均以组成计税价格为计税依据。

组成计税价格 =（关税完税价格 + 关税）÷（1- 消费税比例税率）=（30+30×15%）÷（1-25%）=46（万元）

应缴纳的增值税 =46×13%=5.98（万元）

应缴纳的消费税 =46×25%=11.5（万元）

应缴纳的车辆购置税 =46×10%=4.6（万元）

应缴纳的增值税、消费税和车辆购置税合计 =5.98+11.5+4.6=22.08（万元）

（6）斯尔解析　B　本小问考查增值税应纳税额的计算。

选项 B 当选，具体计算过程如下：

①将委托加工收回的货物用于投资，需要视同销售缴纳增值税，计税依据为同类产品的平均售价。

业务（2）的销项税额 =（800+1 000）×13%=234（万元）

②业务（1）的进项税额为 3.9 万元，业务（4）的进项税额为 5.98 万元，其他进项税额为 38.8 万元，转出进项税额 39 万元。故当月可抵扣的进项税额 =3.9+5.98+38.8-39=9.68（万元）。

综上，当月应纳增值税 =234-9.68=224.32（万元）。